CAMBRIDGE LIBRARY COLLECTION

Books of enduring scholarly value

Classics

From the Renaissance to the nineteenth century, Latin and Greek were compulsory subjects in almost all European universities, and most early modern scholars published their research and conducted international correspondence in Latin. Latin had continued in use in Western Europe long after the fall of the Roman empire as the lingua franca of the educated classes and of law, diplomacy, religion and university teaching. The flight of Greek scholars to the West after the fall of Constantinople in 1453 gave impetus to the study of ancient Greek literature and the Greek New Testament. Eventually, just as nineteenth-century reforms of university curricula were beginning to erode this ascendancy, developments in textual criticism and linguistic analysis, and new ways of studying ancient societies, especially archaeology, led to renewed enthusiasm for the Classics. This collection offers works of criticism, interpretation and synthesis by the outstanding scholars of the nineteenth century.

Quaestiones Archimedeae

Published in 1879, this Latin dissertation was the first substantial work on Archimedes by the Danish philologist and historian Johan Ludvig Heiberg (1854–1928), who the following year embarked on editing the three-volume *Archimedis Opera Omnia* (also reissued in this series). Much later, in 1906, he discovered a palimpsest containing previously unknown works by the Greek mathematician. The *Quaestiones* includes chapters on the life of the famous scientist of Syracuse, a discussion of his works and explanations of his mathematical and scientific ideas, as well as a survey of the extant codices known to the author. It also contains the Greek text, edited and annotated by Heiberg, of Archimedes' *Psammites* (*The Sand Reckoner*), a mathematical enquiry into how many grains of sand would fit in the universe. This includes mention of a heliocentric solar system, speculation about the size of the Earth, and Archimedes' other views on astronomy.

T0188081

Cambridge University Press has long been a pioneer in the reissuing of out-of-print titles from its own backlist, producing digital reprints of books that are still sought after by scholars and students but could not be reprinted economically using traditional technology. The Cambridge Library Collection extends this activity to a wider range of books which are still of importance to researchers and professionals, either for the source material they contain, or as landmarks in the history of their academic discipline.

Drawing from the world-renowned collections in the Cambridge University Library and other partner libraries, and guided by the advice of experts in each subject area, Cambridge University Press is using state-of-the-art scanning machines in its own Printing House to capture the content of each book selected for inclusion. The files are processed to give a consistently clear, crisp image, and the books finished to the high quality standard for which the Press is recognised around the world. The latest print-on-demand technology ensures that the books will remain available indefinitely, and that orders for single or multiple copies can quickly be supplied.

The Cambridge Library Collection brings back to life books of enduring scholarly value (including out-of-copyright works originally issued by other publishers) across a wide range of disciplines in the humanities and social sciences and in science and technology.

Quaestiones
Archimedeae

EDITED BY
JOHAN LUDVIG HEIBERG

CAMBRIDGE
UNIVERSITY PRESS

CAMBRIDGE UNIVERSITY PRESS

Cambridge, New York, Melbourne, Madrid, Cape Town,
Singapore, São Paolo, Delhi, Mexico City

Published in the United States of America by Cambridge University Press, New York

www.cambridge.org
Information on this title: www.cambridge.org/9781108062961

© in this compilation Cambridge University Press 2013

This edition first published 1879
This digitally printed version 2013

ISBN 978-1-108-06296-1 Paperback

QUAESTIONES

ARCHIMEDEAE.

SCRIPSIT

J. L. HEIBERG.

INEST DE ARENAE NUMERO LIBELLUS.

HAUNIAE.

SUMPTIBUS RUDOLPHI KLEINII.

MDCCCLXXIX.

Hanc dissertationem Facultas philosophica Uniuersitatis Hau-
niensis dignam iudicat, quae ad Doctoris honorem et nomen auc-
tori comparandum publico auditorum examini subiiciatur.

Ante diem III Id. Septbr. MDCCCLXXVIII.

J. L. Ussing,

pro decano

TYPIS I. COHENII.

Praefatio.

Mathematicorum Graecorum operibus haec fere fortuna fuit, ut statim renascentibus humanioribus litteris edita, a mathematicis uerterentur et uersa legerentur, a philologis uero neglegerentur tamquam ab humanitatis studiis communibus remotiora. Si qui historiae artis mathematicae cognoscendae studiosi ea tractabant, eorum nihil intererat artem criticam exercere. Qua re factum est, ut perpaucae sint editiones, ad eum codicem, qui primus se obtulerat, nec ea, qua nunc utimur, diligentia factae. His demum annis quorundam mathematicorum opera ex codicibus denuo collatis a uiris et matheseos et linguae Graecae peritis edita sunt, uelut Procli a Friedleinio (Lipsiae 1873), Heronis (Berolini 1864) et Pappi (ibid. 1875—1877) ab Hultschio. Quod nondum contigit Archimedi, omnium mathematicorum Graecorum facile principi. Nam editionem nouissimam eius scriptorum, quæ prodiit Oxonii 1792, incredibili neglegentia esse confectam, iam diu constat inter omnes, quicumque ea usi sunt. Uelut Nizzius in interpretatione Germanica (Stralsund. 1824) sic iudicat (p. IX): So viel Verdienst sich Torelli erworben hat, so sauber das Aüssere dieser Ausgabe ist, so streng muss man

1

doch die unverantwortliche Nachlässigkeit rügen, mit welcher Robertson, dem die Herausgabe übertragen war, die Correctur besorgt hat, indem fast keine Seite fehlerlos geblieben ist. Eodem modo iudicat Gomperz (Beiträge zur Kritik u. Erklärung griech. Schriftsteller III p. 24): Nur die tiefe Entfremdung, die bis vor nicht langer Zeit zwischen der classischen Philologie und der Geschichte der Wissenschaften bestanden hat, lässt es begreifen, kann es aber freilich nicht im mindesten entschuldigen, dass die Werke eines der grössten wissenschaftlichen Genies aller Zeiten, dass die Schriften des Archimedes sich noch im Zustande der traurigsten Verwahrlosung befinden — dass dies (die Oxforder Ausg.) die jüngste Ausgabe ist, gereicht den Philologen zu tiefer Schmach. Et magnam copiam argumentorum ipse postea adferam. Itaque operae pretium me facturum esse duxi, si aliquid ad nouam editionem Archimedis operum parandam conferre possem, ideoque codices, quorum quidem exstant collationes, recensere et aestimare institui, ut cognoscerem, quantum cuique tribuendum esset. Qua in re usus sum collationibus editioni Torellianae adiectis; sed de codicibus Parisiensibus multa mecum communicauit Carolus Graux, uir doctissimus et humanissimus, qui idem ab H. Omont, iuueni strenuo, impetrauit, ut ad opusculum de arenae numero codices Parisienses meum in usum summa diligentia totos conferret. Pro hac eorum summa beneuolentia et studio hoc loco gratias, quam possum maximas, utrique agere liceat. Quae his subsidiis adiutus de codicum auctoritate et origine reperire potui, hoc libello proposui, et ut appareret, quam rationem in edendo Archimede sequendam putarem, simulque ut magis etiam confirmarem, quae de codicibus aestimandis dixissem, Archimedis libellum de arenae numero e codicibus emendatum addidi. Simul praemisi nonnulla, quae ad illustranda Archimedis de mathematicis disciplinis merita pertinerent. Scio equidem, me hanc quaestionem latissime patentem minime absoluisse, sed tamen spero, hanc rem aliquanto plenius et copiosius, quam antea factum est, a me esse tractatam.

Caput I.

De uita Archimedis

Pauca sunt et dispersa, quae de uitis clarorum Graeciae mathematicorum traduntur; neque multo plura posteriores Graeci sciuisse uidentur. Uelut Proclus in commentario in Euclidem p. 68 de Euclidis tempore coniecturam tantummodo facere potuit ex mentione eius ab Archimede facta et ex narratiuncula quadam, qua sermonem cum Ptolemaeo rege habuisse ferebatur. Uiuebant uiri docti studiisque dediti seuerioribus a publicae uitae turba negotiisque remoti et uulgo ignoti, nec opera eorum fere quidquam continent, quod ad aetatem eorum uitamque priuatam cognoscendam pertineat. De Archimede tamen aliquanto uberiora comperimus, et quia defensio Syracusarum arte eius adiuta clarum eum reddiderat, et quia scriptis eius epistulae fere praemittuntur, in quibus de se ipse loquitur. Iam antiquitus Heraclides quidam uitam eius conscripserat 1), eademque de re complures recentiore tempore egerunt 2).

1). Eutocius comment. in Archimedis libellum de circuli dimensione p. 204 ed. Oxon. ὥς φησιν Ἡρακλείδης ἐν τῷ Ἀρχιμήδους βίῳ. Scio equidem, eundem in commentario in Apollonium p. 8 ed. Halley scribere: ὡς ἱστορεῖ Ἡράκλειος εἰς τὸν βίον Ἀρχιμήδους γράφων, sed sine dubio hoc loco Ἡράκλειος in Ἡρακλείδης mutandum; nam compendium nominis Ἡρακλείδης, de quo dixit Bastius in Schaeferi Gregorio p. 881, facile pro Ἡράκλειος acci-

piebatur. Hic Heraclides fortasse idem est, quem
Archimedes (p. 217. 218) ut amicum commemorat, cuius
officio in problematis suis Dositheo transmittendis usus
sit. Erat nomen Siculis usitatissimum (v. Pape-Benseler:
Wörterb. d. gr. Eigenn. s. v.).
2). Praeter eos, qui de historia mathematicae
in universum scripserunt, hos tantum nomino: D.
Rivaltus: Archimedis vita, in edit. Paris. 1615.
Mazzucchelli: Notizie istoriche intorno alla vita, alle
invenzioni ed agli scritti di A. siracusano. Brescia
1737. 4. J. Gutenäcker: Das Grabmal des Archimedes. Würzburg 1832. 4. (Programm der Studien-
anstalt zu Münnerstadt). G. Libri: Histoire des sciences mathématiques en Italie depuis la renaissance des
lettres. Paris 1838—41. 8. I p. 34—41. M. Cantor:
Euclid u. s. Jahrhundert p. 26—40.

Archimedes igitur, si Tzetzae 1) credimus, natus
erat Syracusis anno 287 a. Chr. n.; propinquus erat
Hieroni regi et eius Gelonisque filii consuetudine
utebatur. 2) In Aegyptum profectus ibi plures annos,
ut uidetur, egit 3), minime, ut uulgo opinantur, ut ab
Aegyptiis scientia mathematicae imbueretur; nam sicut
dubitari nequit, quin initia mathematicae ab iis tradita sint Graecis, ita constat, his saltem temporibus
Graecos Aegyptiis in hoc studiorum genere longe prae-
stitisse. Sine dubio Archimedes Alexandriae discipulos
Euclidis mathematicam docentes audire uoluit (nam ipse
ille mathematicus clarissimus tum, opinor, mortuus erat);
certe ueri simile est, tum eum ibi cum Conone Samio et
Eratosthene amicitiam iniisse, quibuscum eum postea
inuenta sua communicasse uidemus. 4) Quod quidam
narrant, eum in Hispaniam quoque esse profectum, id
totum commenticium est. 5) Postquam Syracusas reuer-
terat, ibi studiis paene obrutus aetatem degebat, cum
omnia mathematicae genera aequo acumine tractaret,
omnia mirabili sagacitate animi excoleret. Sed magis
etiam mirandus est ob diuinum mentis instinctum inge-
niumque sublime, quo artem et studium suum ipsum per

6

se amabat in eoque totus erat non curans, quid utilitatis aut quae externa commoda in praesentia adferret.
6) Itaque mechanica inuenta sua, quae summam uulgi
indocti admirationem excitabant, prae geometricis penitus contemnebat 7); nec fefellit eum animus. Nam
bellicae eius machinae posteritati nihil utilitatis adtu-
lerunt, quae uero scientiae mero studio et amore in
mathematica pura, quam uocant, inuenit, ea posteriores
summa admiratione adripuerunt, et ex iis non modo
scientia ipsa, sed etiam uitae usus postea maxima salu-
berrimaque cepit incrementa. Quanto opere Archimedes geometricis inuentis suis sit delectatus, inde perspici potest, quod in sepulcro figuram sphaerae ad
cylindrum circumscriptum rationem illam illustrantem
esse uoluit, quasi hoc theorema (de sphaera & cyl.
I, 37) pulcherrimum ingenii monumentum esset. Hoc
eius sepulcrum, a ciuibus ipsius neglectum et aetate
paene consumptum, Cicero quaestor Syracusis detexit
ac restituit. 8) Cum Syracusae bello Punico secundo
a M. Claudio Marcello obsiderentur, Archimedes Romanos clade maxima adfecit, machinis bellicis artificiose
constructis, maximeque eius arte urbs diu Marcello re-
stitit. Cum tandem ui capta esset, Archimedes, omnium
rerum prae studiis oblitus, a milite Romano, quis esset,
ignaro interfectus est. Marcellus, qui eum seruare uolu-
erat, mortem eius aegerrime tulisse dicitur (a. 212). 9).

1). Chiliad. II, 35 v. 105: χρόνους τε ἐβδομήκοντα
καὶ πέντε παρελαύνων. Hoc per se incertissimum testimonium confirmat Eratosthenes apud Proclum in Euclid. comm. p. 68: οὗτοι (Archimedes et Eratosthenes)
γὰρ σύγχρονοι ἀλλήλοις. ὥς πού φησιν Ἐρατοσθένης. Ex Proclo
eadem repetit anonymus in Hultschii Herone p. 253.
Πρεσβύτης uocatur a Polybio (VIII, 9, 8), aliis. Ridiculi
causa commemoro horoscopum siue genituram eius
exstare apud I. Firmicum Maternum p. 173 sq. (ed.
Basil. 1551 fol.): haec genitura diuinum facit artis me-
chanicae repertorem.

2). Plut. Marcell. 14: Ἁ. Ἱέρωνι τῷ βασιλεῖ συγγενὴς ὢν καὶ φίλος. Huic non repugnat, quod Cicero (Tusc. V, 64) eum «humilem homunculum» uocat; nam primum uerba Ciceronis dissimilitudinem Archimedis et Dionysii tyranni oratorum more augentis premenda non sunt; dein non tam ad genus eius quam ad·modicum uitae cultum referenda; cfr. Silius Ital. XIV, 343: nudus opum. Hieronem mechanica arte eius saepe usum esse, post uidebimus. Ad Gelonem librum de arenae numero misit.

3). Diod. V, 37: οὓς (τοὺς κοχλίας) Ἀρχιμήδης ὁ Συρακόσιος εὗρεν, ὅτε παρέβαλεν εἰς Αἴγυπτον unde patet eum aliquantum temporis ibi uixisse. In Casirii biblioth. Arab. I p. 383 Arabs nescio quis narrat, se a Copto quodam cognouisse, Archimedem in Aegypto plurima opera, uelut pontes et moles, struxisse.

4). De Conone, qui Alexandriae degebat (comam Berenices stellis quibusdam nomen imposuit), haec habet Archimedes p. 17: ἀκούσας Κόνωνα μὲν τετελευτηκέναι, ὅς ἦν ἔτι λοιπὸς(?)ἡμῖν ἐν φιλίᾳ, τένη δὲ Κόνωνος γνώριμον γεγενῆσθαι καὶ γεωμετρίας οἰκεῖον εἴμεν, τοῦ μὲν τετελευτηκότος εἴνεκεν ἐλυπήθημεν. ὡς καὶ φίλου τοῦ ἀνδρὸς γενομένου καὶ ἐν τοῖς μαθήμασι θαυμαστοῦ τινος, ἐπροχειριξάμεθα ὂ ἀποστεῖλαί τοι γράψαντες, ὡς Κόνωνι γράφειν εἰωθότες ἦμεν, γεωμετρικῶν θεωρημάτων, ὃ πρότερον μὲν οὐκ ἦν τεθεωρημένον, νῦν δὲ ὑφ' ἡμῶν τεθεώρηται. P. 64: ὤφειλε μὲν οὖν Κόνωνος ζῶντος ἐκδίδοσθαι ταῦτα (libros de sphaera et cyl.). τῆνον γὰρ ὑπολαμβάνομέν που μάλιστα δύνασθαι κατανοῆσαι ταῦτα καὶ τὴν ἁρμόζουσαν ὑπὲρ αὐτῶν ἀπόφανσιν ποιήσασθαι. P. 217 laudatur magno opere Cononis ingenium.*) Hinc apparet, Cononem potius amicum sociumque studiorum fuisse Archimedis quam magistrum, ut dicit Probus in Vergilii Eclog. III, 46: A. quoniam Cononis discipulus. — Eratostheni misit problema «bouinum», de quo u. infra. Inter amicos erat etiam Dositheus, astronomiae studiosus, cui pleraque scripta, quae quidem exstant, misit.

5). Libri 1. l. p. 208 fragmentum habet, ex codicibus Leonardi da Vinci petitum, ubi de Archimedis in Hispania rebus gestis ad similitudinem defensionis Syracusanae fictis multa narrantur.

6). De hac re multa habet Plutarchus (Marc. 17);

---

*) Eum etiam conica tractasse testatur Apollonius con. IV praef. p. 217—18.

8

narrant, eum, cum lauaretur, in unguento mathematicas
descripsisse figuras (Plut. 1. 1., Non posse suauiter cet.
11 (XIV p. 100 ed. Hutten). Stobaeus Floril. II p. 17
Meineke). Eodem pertinet illud: δός μοι, ποῦ στῶ, καὶ
τὴν γῆν κινήσω (Plut. Marc. 14: νεανιευσάμενος, ὥς φασιν, ῥώμῃ
τῆς ἀποδείξεως εἶπεν, ὡς, εἰ γῆν εἶχεν ἑτέραν, ἐκίνησεν ἂν ταύτην
μεταβὰς εἰς ἐκείνην. Pappus collect. VIII p. 330 (ed.
Gerhardt). Tzetzes Chil. III, 66 v. 66 sq.), et quod narratur, eum inuento theoremate de pondere specifico, quod
uocant, nudum per Syracusas cucurrisse clamantem:
εὕρηκα, εὕρηκα (Plut. Non posse cet. 11 p. 100. Uitruu.
IX praef. 9).

7). Plut. Marc. 14: ὧν (machinarum) ὡς μὲν ἔργον
ἄξιον σπουδῆς οὐδὲν ὁ ἀνὴρ προΰθετο, γεωμετρίας δὲ παιζούσης
ἐγεγόνει πάρεργα τὰ πλεῖστα. Ibid. 17: τηλικοῦτον μέντοι φρό-
νημα καὶ βάθος ψυχῆς καὶ τοσοῦτον ἐκέκτητο θεωρημάτων
πλοῦτον Ἀ., ὥστε, ἐφ' οἷς ὄνομα καὶ δόξαν οὐκ ἀνθρωπίνης, ἀλλὰ
δαιμονίου τινὸς ἔσχε συνέσεως, μηδὲν ἐθελῆσαι σύγγραμμα περὶ
τούτων ἀπολιπεῖν, ἀλλὰ τὴν περὶ τὰ μηχανικὰ πραγματείαν καὶ
πᾶσαν ὅλως τέχνην χρείας ἐφαπτομένην ἀγεννῆ καὶ βάναυσον
ἡγησάμενος, εἰς ἐκεῖνα καταθέσθαι μόνα τὴν αὑτοῦ φιλοτιμίαν
κτλ. Quod hic dicitur, eum de bellicis machinis (nam
de his tantum hoc loco loquitur Plutarchus) scribere
noluisse, confirmat Carpus apud Pappum VIII p. 306
Gerh.: ὁ Καρπὸς δέ πού φησιν ὁ Ἀντιοχεὺς, Ἀρχιμήδην τὸν
Συρακούσιον ἓν μόνον βιβλίον συντεταχέναι μηχανικόν, τὸ κατὰ
τὴν σφαιροποιίαν, τῶν δὲ ἄλλων οὐδὲν ἠξιωκέναι συντάξαι, καίτοι
παρὰ τοῖς πολλοῖς ἐπὶ μηχανικῆς δοξασθεὶς καὶ μεγαλοφυής τις
γενόμενος ὁ θαυμαστὸς ἐκεῖνος, ὥστε διαμεῖναι παρὰ πᾶσιν ἀν-
θρώποις ὑπερβαλλόντως ὑμνούμενος· τῶν δὲ προηγουμένων γεωμε-
τρικῆς καὶ ἀριθμητικῆς ἐχομένων θεωρίας καὶ τὰ βραχύτατα'
δοκοῦντα εἶναι σπουδαίως συνέγραφεν, ὡς φαίνεται τὰς εἰρημένας
ἐπιστήμας οὕτως ἀγαπήσας, ὡς μηδὲν ἔξωθεν ὑπομένειν αὐταῖς ἐπεισ-
άγειν. Hoc Tzetzes Chil. XII, 457 v. 970 sqq. ita intellexit,
quasi diceretur omnino unum tantummodo librum scripsisse Archimedes; quare uehementer irascitur homo sto-
lidus, se plures libros Archimedis legisse contendens.

8). Plut. Marc. 17: πολλῶν δὲ καὶ καλῶν εὑρετὴς γεγο-
νὼς λέγεται τῶν φίλων δεηθῆναι καὶ τῶν συγγενῶν, ὅπως αὐτοῦ
μετὰ τὴν τελευτὴν ἐπιστήσωσι τῷ. τάφῳ τὸν περιλαμβάνοντα τὴν
σφαῖραν ἐντὸς κύλινδρον, ἐπιγράψαντες τὸν λόγον τῆς ὑπεροχῆς
τοῦ περιέχοντος στερεοῦ πρὸς τὸ περιεχόμενον. Cic. Tusc. V,
64 sq.: cuius (Archimedis) ego quaestor ignoratum ab
Syracusanis, cum esse omnino negarent, saeptum undique

et uestitum uepribus et dumetis, indagaui sepulcrum; tenebam enim quosdam senariolos, quos in eius monumento esse inscriptos acceperam, qui declarabant in summo sepulcro sphaeram esse positam cum cylindro. ego autem, cum omnia conlustrarem oculis — est enim ad portas Agragianas (?) magna frequentia sepulcrorum — animum aduerti columellam non multum e dumis eminentem, in qua inerat sphaerae figura et cylindri; atque ego statim Syracusanis — erant autem principes mecum — dixi, me illud ipsum arbitrari esse, quod quaererem. inmissi cum falcibus famuli purgarunt et aperuerunt locum: quo cum patefactus esset aditus, ad aduersam basim accessimus; adparebat epigramma exesis posterioribus partibus uersiculorum dimidiatis fere. 9). De machinis u. caput III. Praeter Plutarchum Marc. 15—17, Polyb. VIII, 5—9, Liuium XXIV, 34 permulti huius. rei mentionem fecerunt, quos enumerare supersedeo. De morte eius u. uariae narrationes apud Plutarchum Marc. 19. Cfr. Cic. de finib. V, 50. Liu. XXV, 31, 9. Sil. Ital. XIV, 676. Notissimum illud: »Noli istum (puluerem, in quo figuras descripserat) disturbare« apud Ualerium Maximum demum traditur (VIII, 7, 7); cfr. Tzetzes Chil. II, 35 v. 135 sq. (ἀπόστηθι, ὦ ἄνθρωπε, τοῦ διαγράμματός μου). Zonaras IX, 5: καὶ τὸν Ἀ. ἀπέκτειναν· διάγραμμα γάρ τι διαγράφων καὶ ἀκούσας τοὺς πολεμίους ἐφίστασθαι: παρὰ κεφαλὰν, ἔφη, καὶ μὴ παρὰ γραμμάν. ἐπιστάντος δὲ αὐτῷ πολεμίου βραχύ τε ἐφρόντισε καὶ εἰπὼν: ἀπόστηθι, ἄνθρωπε, ἀπὸ τῆς γραμμῆς, παρώξυνέ τε αὐτὸν καὶ κατεκόπη. De Marcello Cic. in Uerr. IV, 131: etenim ille (Marcellus) requisisse etiam dicitur Archimedem illum, summo ingenio hominem ac disciplina, quem cum audisset interfectum, permoleste tulisse. Liu. XXV, 31, 10: aegre id Marcellum tulisse, sepulturaeque curam habitam, et propinquis etiam inquisitis honori praesidioque nomen ac memoriam eius fuisse. Plinius Hist. nat. VII, 125: grande et Archimedi geometricae ac machinalis scientiae testimonium M. Marcelli contigit, interdicto, cum Syracusae caperentur, ne uiolaretur unus, nisi fefellisset imperium militaris imprudentia. Ualer. Max. 1. 1. Plut. Marc. 19: ὅτι μέντοι Μάρκελλος ἤλγησε καὶ τὸν αὐτόχειρα τοῦ ἀνδρὸς ἀπεστράφη καθάπερ ἐναγῆ, τοὺς δὲ οἰκείους ἀνευρὼν ἐτίμησεν, ὁμολογεῖται.

Caput II.

De scriptis Archimedis.

Codices omnes, quorum quidem exstant collationes, scripta ab Archimede relicta hoc ordine praebent: *Περὶ σφαίρας καὶ κυλίνδρου* I—II, *κύκλου μέτρησις, περὶ κωνοειδέων καὶ σφαιρυειδέων, περὶ ἑλίκων, ἐπιπέδων ἰσορροπίαι* I-II, *ψαμμίτης, τετραγωνισμὸς παραβολῆς.* Qui ordo cum fortuitus. esse uideatur, ex ipsis scriptis quid ad libros ad temporum rationem digerendos elici possit, quaeramus Torellium in plerisque sequentes, qui in editione sua primus scripta secundum temporum rationes digessit (u. praef. p. XIII). Primum igitur constat, librum I *ἐπιπέδων ἰσορροπιῶν* scriptum esse ante librum, qui inscribitur quadratura parabolae; nam in huius libri prop. 6 p. 21 Archimedes utitur *ἐπιπ. ἰσορρ.* I, 14 et I, 6—7; item in prop. 10 p. 23 *ἐπιπ. ἰσορρ.* I, 15. Quadratura autem parabolae ante *ἐπιπ. ἰσορρ.* II edita est, quoniam huius libri prop. 5 demonstratur per quadr. parab. 21 et 24, prop. 8 p. 46 per quadr. parab. 24; praeterea in prop. 10 utitur quadr. parab. pp. 1 et 3 (p. 55 lin. 4 et lin. 32). Sed utrum *ἐπιπ. ἰσορρ.* II statim post quadr. parab. ponendus sit an multo post sit editus, id non liquet. Prius tamen ueri similius est, quoniam hic liber illorum duorum quodam modo summa et quasi prouentus est. Quadraturam parabolae, paulo post mortem Cononis editam (p. 17), secutus est lib. I *περὶ σφαίρας καὶ κυλίνδρου*; sic enim in praef. p. 63 loquitur Archimedes: *πρότερον μὲν ἀπεστάλκαμέν σοι τὰ ὑφ' ἡμῶν ἐσκεμμένα γράψαντες αὐτῶν ἀποδείξεις, ὡς ὅτι πᾶν τμῆμα τὸ περιεχόμενον ὑπό τε εὐθείας καὶ ὀρθογωνίου κώνου τομῆς ἐπίτριτόν ἐστι τριγώνου τοῦ ἔχοντος βάσιν* τὴν αὐτὴν τῷ τμήματι καὶ ὕψος ἴσον* (h. e. quadr. parab. 24). Hunc est secutus aliquanto post lib. II, qui continet solutiones quorundam problematum, quae Cononi miserat; 1) sic loquitur p. 131: πρότερον μὲν ἐπέστειλάς μοι γράψαι τῶν προβλημάτων τὰς ἀποδείξεις, ὧν αὐτὸς τὰς προτάσεις ἀπέστειλα Κόνωνι. Συμβαίνει δὲ αὐτῶν τὰ πλεῖστα γράφεσθαι διὰ τῶν θεωρημάτων, ὧν πρότερόν σοι ἀπέστειλα τὰς ἀποδείξεις; deinde citantur I, 35; 48; 49; 37; 50. Eodem loco p. 132: ὅσα δὲ, inquit, δι' ἄλλης εὑρίσκονται θεωρίας, τά τε περὶ ἑλίκων καὶ τὰ περὶ τῶν κωνοειδῶν, πειράσομαι διὰ τάχους ἀποστεῖλαι. Unde apparet, Archimedem iam Cononi problemata quaedam de helicibus et conoidibus misisse; quaenam haec fuerint, comperimus p. 219—20: μετὰ δὲ ταῦτα περὶ τᾶς ἕλικος ἦν προβεβλημένα ταῦτα. ἐντὶ δὲ ὥσπερ ἄλλο τι γένος προβλημάτων οὐδὲν ἐπίκοινον ἐχόντων τοῖς προειρημένοις, ὑπὲρ ὧν ἐν τῷδε τῷ βιβλίῳ τὰς ἀποδείξεις γεγραφήκαμέν τοι. ἔστι δὲ τάδε: deinde citantur περὶ ἑλίκ. 24; 18; 27; 28. Praeterea de conoidibus rectangulis nonnulla miserat, definitiones scilicet et περὶ κωνοειδ. 23 et 26 quod apparet ex p. 219; p. 257—58. Cum Conon mortuus esset, ante quam haec solueret problemata, satis magno temporis spatio interiecto Dositheo solutiones mittit Archimedes (p. 217: μὴ θαυμάσῃς δὲ, εἰ πλείονα χρόνον ποιήσαντες ἐκδίδομεν τὰς ἀποδείξεις αὐτῶν), prius librum de helicibus (p. 219: τούτων (sc. τῶν περὶ κωνοειδέων) δὲ αἱ ἀποδείξεις οὔπω ἀποστέλλονταί τοι; de helic. prop. 10 p. 227 –28 citat ipse de conoid. 3 p. 264: δέδεικται γὰρ τοῦτο ἐν τοῖς περὶ τᾶν ἑλίκων ἐκδεδομένοις), deinde de conoidibus, in quo praeter illa duo theoremata de conoidibus rectangulis permulta alia de conoidibus obtusiangulis et de sphaeroidibus, post longum tempus multo labore tandem inventa, proponit (p. 257: ἀποστέλλω τοι

---

*) Citaui ex editione Torelliana; de hoc toto loco emendando postea uidebimus; sententia quidem satis constat.

γράψας ἐν τῷδε τῷ βιβλίῳ τῶν τε λοιπῶν θεωρημάτων τὰς
ἀποδείξεις, ὧν οὐκ εἶχες ἐν τοῖς πρότερον ἀπεσταλμένοις, καὶ
ἄλλων ὕστερόν ποτε ἐξευρημένων· ἃ πρότερον μὲν ἤδη πολλάκις
ἐγχειρήσας ἐπισκέπτεσθαι, δύσκολον ἔχειν τι φανείσας μοι τᾶς
εὐρέσιως αὐτῶν, ἀπόρησα, διώπερ οὐδὲ συνεξέδοθεν τοῖς ἄλλοις
αὐτὰ τὰ προβεβλημένα. ὕστερον δὲ ἐπιμελέστερον ποτ' αὐτοῖς
γενόμενος ἐξεῦρον τὰ ἀπορηθέντα. ἦν δὴ τὰ μὲν λοιπὰ τῶν
προτέρων θεωρημάτων περὶ τοῦ ὀρθογωνίου κωνοειδέος προβεβλημένα, τὰ δὲ νῦν ἐντι ποτεξευρημένα περί τε τοῦ ἀμβλυγωνίου
κωνοειδέος καὶ περὶ σφαιροειδέων σχημάτων. Librum, qui
inscribitur κύκλου μέτρησις. post librum I de sphaera et
cylindro scriptum esse, apparet ex prop. 1; ibi. enim
p. 204 utitur de sph. et cyl. I, 7; neque plura de
eo dicere licet. Arenarium post librum de dimensione
circuli scriptum esse, inde colligi potest, quod huius
libri prop. 3 citatur p. 323 (ἐπίστασαι γὰρ δεδειγμένον ὑφ'
ἁμῶν, ὅτι παντὸς κύκλου ἁ περιφερεία μείζων ἐστὶν ἢ τριπλασίων τᾶς διαμέτρου ἐλάσσονι ἢ ἑβδόμῳ μέρει, μείζονι δὲ ἢ
δέκα ἑβδομηκοστομόνοις); sed ante a. 216 scriptus est,
quoniam hoc anno mortuus est Gelo Hieronis filius (Liu.
XXIII, 30, 10—11), ad quem missus est. Hinc igitur
hic efficitur ordo: ἐπιπέδων ἰσορροπίαι I, τετραγωνισμὸς παραβολῆς, ἐπιπέδων ἰσορροπίαι II, περὶ σφαίρας καὶ κυλίνδρου
I—II, περὶ ἑλίκων. περὶ κωνοειδέων καὶ σφαιροειδέων, κύκλου
μέτρησις (?), ψαμμίτης. His addendi libri II περὶ ὀχουμένων,
qui tantum Latine exstant 2); scripti sunt post librum
περὶ κωνοειδέων. cuius propositione 26 nititur περὶ ὀχουμ.
II, 8 p 345. De aliis nonnullis, quae sub Archimedis
nomine feruntur, infra agemus.

1) Inter problemata Cononi missa (quae erant ea,
quae continentur de sph. et cyl. II, 1; 2; 4; 5; 6; 7;
8) duo falsa erant, quae miserat: ὅπως οἱ φάμενοι μὲν πάντα
εὑρίσκειν. ἀπόδειξιν δὲ αὐτῶν οὐδεμίαν ἐκφέροντες ἐλέγχωνται
(p. 218); refelluntur haec duo theoremata, quae affe-
runtur p. 218—19, iis, quae proposita sunt de sph. et
cyl. II, 9 et 10. Unum addo, in praefatione libri περὶ
κωνοειδέων p. 260 proponi duo theoremata unumque

13

problema, quae per huius libri propositiones solui possint; neque dubitari potest, quin Archimedes ipse ea soluerit, sed num solutionem ediderit, nescimus; certe ad nos non peruenit.

2) Repperit eos Nicol. Tartalea et librum priorem edidit Uenet. 1543. 4., e codice Graeco Latine uersum una cum libris de aequeponderantibus I—II, de quadratura parabolae, de dimensone circuli (plura de hac editione infra dicentur). Eius editio libri primi repetita est a Troiano Curtio. Uenet. 1565. 4., qui idem ibidem eodem anno interpretationem Tartaleae libri II edidit. Uterque simul deinde editus est a F. Commandino Bononiae 1565. 4., qui in his libris edendis nullo Graeco codice usus est (praef. fol. 2: cum enim graecus Archimedis codex nondum in lucem venerit). Riualtus eos Graece restituit (p. 487: quoniam mutili erant, qui sequuntur libri, deficiebatque temporum omnia exedentium iniuria Graecus authoris contextus (habebatur enim duntaxat latina quaedam versio, etiam multa ex parta arrosa et detrita prae vetustate) nomine fragmentorum emittendi videbantur cet., Graecae propositiones, ut in ceteris libris leguntur, Dorica lingua Archimedi familiari a nobis restitutae cet.); et postea A. Maius Auct. class. I p. 427—30 libri I propp. VIII priores Graece edidit »e duobus codicibus Vaticanis«, demonstrationibus non additis. —

Iam singulos libros recenseamus summamque eorum breuissime indicemus; demonstrationes ipsas plerumque subtilissimas et longissimas hic referre a consilio huius libelli abhorret. Itaque primum de geometricis scriptis agamus.

In eo igitur libro, qui inscribitur τετραγωνισμὸς παραβολῆς: 1) praemissis elementis conicis sine demon strationibus (propp. I—III) prius mechanicis rationibus segmentum parabolae quoduis ad triangulum eandem basim eandemque altitudinem habentem eam rationem habere demonstratur, quam 4 ad 3 (propp. IV—XVII); dein idem geometrice ostenditur (propp. XVIII—XXIV). U. praef. p. 18: ἀναγράψαντες οὖν αὐτοῦ τὰς ἀποδείξεις ἀποστέλλομεν, πρῶτον μὲν ὡς διὰ τῶν μηχανικῶν ἐθεωρήθη, μετὰ ταῦτα δὲ καὶ ὡς διὰ τῶν γεωμετρουμένων ἀποδείκνυται.

14

1. Ut ita ab Archimede ipso hic liber inscriptus
sit, fieri non potest, cum parabolam semper ὀρθογωνίου
κώνου τομήν nominet, de qua re u. in primis Eutocius
in Apollon. p. 9. Eutocius p. 47 lin. 29 habet τὸ περὶ
τετραγωνισμοῦ τῆς ὀρθογωνίου κώνου τομῆς. Apud Tartaleam fol. 19 uerso »tetragonismus« uocatur. In catalogo operum Archimedis ab Arabe quodam confecto
(Casiri bibl. arab. I p. 383) errore aperto est: de circuli quadratura.

2. D. Hoffmann: Die Quadratur der Parabel des
A. mit Hülfsätzen versehen. Aschaffenburg 1817. 8.

In libr. περὶ σφαίρας καὶ κυλίνδρου I: praemissis
defitionibus (p. 64) et axiomatis (p. 65) post propositiones
nonnullas manifestissimas (I—III) exponuntur problemata quaedam de constructione polygonorum circulis
inscriptorum et circumscriptorum datam rationem in
uicem habentium (IV—VII); dein de superficie pyra-
midum conis inscriptarum uel circumscriptarum, de
superficie conorum et cylindrorum (VIII—XVII), de
uolumine conorum (XVIII—XXI). His deinde utitur
ad superficiem uolumenque inueniendum figurarum
sphaerae uel inscriptarum vel circumscriptarum, quae
compositae sunt ex conis conorumque truncis (XXII—
XXXIV). Quibus demonstratis ostendit, sphaerae
superficiem quadruplam esse circuli in ea maximi (prop.
XXXV), quam propositionem inter praeclarissimas
huius libri citat praef. p. 63. Tum reperto cono
sphaerae aequali (prop. XXXVI) exponitur prae-
clarum illud theorema de ratione sphaerae et cylindri
circumscripti (XXXVII; praef. p. 63), quo quanto opere
laetatus sit Archimedes, uidimus supra p. 8. Hoc
sequuntur quaestiones de superficie et uolumine figurarum similiter iis, de quibus supra, segmentis sphaerae
inscriptarum et circumscriptarum (XXXVIII—XLVII);
quibus nisus superficiem sphaerae segmenti aequalem
esse circulo ostendit, cuius radius aequalis sit lineae a
uertice segmenti ad peripheriam basis ductae (XLVIII—

IL; cfr. praef. p. 63). Postremo quiuis sphaerae sector aequalis demonstratur esse cono basim segmenti superficiei aequalem habenti, altitudinem autem radio sphaerae (prop. L).

In libr. *περὶ σφαίρας καὶ κυλίνδρου* II: soluuntur problemata de inueniendo spatio plano superficiei sphaerae aequali (I), de cono uel cylindro sphaerae aequali construendo (II); deinde demonstrato, quoduis sphaerae segmentum aequale esse cono eandem habenti basim, et cuius altitudo eam habeat ad segmenti altitudinem rationem, quam radius sphaerae et reliqui segmenti altitudo ad hanc ipsam (prop. III), per hanc propositionem soluuntur problemata quaedam de segmentis datas rationes habentibus inueniendis (IV—VIII). Postremo propositione de ratione, quae inter uolumina et superficies utriusque sphaerae segmenti intercedat, exposita (IX), hemisphaerium omnium segmentorum, quae eadem superficie contineantur, maximum esse demonstratur (X).

1. In libros de sphaera et cylindro commentarium habemus ab Eutocio confectum. In catalogo apud Casirium I p. 383 est: liber de sphaera et cylindro. Commemoratur ab Abulfarago p. 42 ed. Pococke: liber Archimedis de sphaera et cyl. Citatur: *Ἀρχιμήδης ἐν τοῖς περὶ σφαίρας καὶ κυλίνδρου* (I, 37) ab Herone stereom. I, 1 (cfr. I, 8, 2) et Proclo in Eucl. p. 71, 18; praeterea I *λαμβαν.* 1 p. 65 a Proclo p. 110, 10; I, 1 a Pappo V, 2 (I p. 312 ed. Hultsch.); I, 35— 36 ab eodem V, 19 (I p. 360) et 20 (I p. 362); idem V, 23 (I p. 366) citat I, 17; V, 24 (I p. 370) eandem propositionem; V, 33 (I p. 390) I, 15 (14); V, 35 (I p. 394) I, 14 (13); Pappus enim V, 43 praemissis lemmatis (V, 20—42) alia propriaque ratione demonstravit I, 37. (I p. 410: *καὶ τὰ μὲν περὶ τῶν ὑπὸ Ἀρχιμήδους δειχθέντων ἐν τῷ περὶ σφαίρας καὶ κυλίνδρου τοσαῦτά ἐστιν*). I, 35 et 37 citat Simplicius ad Aristot. de caelo IV p. 508, b. ed. Berol. Hos libros una cum libello de circuli dimensione in dialectum communem uersos et fortasse ab interprete refictos esse, infra exponam. Inde per-

spici potest, quanto studio mathematici hos libros
lectitauerint. Arabice eos uerterunt Honain ben Ishak
et Thabet ben Korrah. (Wenrich. de auct. Graec. vers.
arab. cet. p. 190). De commentariis Arabicis quibusdam in lib. II u. ibid. p. 196.

2. K. F. Hauber: A. über Kugel u. Cylinder
u. über Kreismessung, übersetzt m. Anm. Tübingen
1798. 8 (6 Tfln.) E. Torricelli: De sphaera et so-
lidis sphaeralibus libb. II, in quibus Archimedis doctrina de sphaera et cylindro denuo componitur, latius
promovetur. Florent. 1644. 4. I. Barrow: Lectio,
in qua theoremata A. de sph. et cyl. per methodum
indivisibilium investigata cet. exhibentur. Londini 1678.
8. P. Cuppini: I teoremi d'Archim. sul Cilindro e
sulla Sfera trattati numericamente. Torino 1860. 8
(con 33 figg.).

In libr. περὶ ἑλίκων: expositis lemmatis quibusdam
de constructionibus (propp. I—IX) et proportionibus
(X—XI) helix definitur (p. 230; cfr. p. 219) his verbis:
αἴ κα εὐθεῖα ἐπιζευχθῇ γραμμὰ ἐν ἐπιπέδῳ καὶ μένοντος τοῦ
ἑτέρου πέρατος αὐτᾶς ἰσοταχέως περιενεχθεῖσα ὁσακισοῦν ἀπο-
καταστὰθῇ πάλιν. ὅθεν ὥρμασεν,* ἅμα δὲ τᾷ γραμμᾷ περιαγο-
μένᾳ φέρηταί τι σαμεῖον ἰσοταχέως αὐτὸ ἑαυτῷ κατὰ τᾶς εὐθείας · ἀρξάμενον ἀπὸ τοῦ μένοντος πέρατος, τὸ σαμεῖον ἕλικα
γράψει ἐν τῷ ἐπιπέδῳ. Deinde praemissis definitionibus
(p. 230) et theorematis quibusdam facilioribus de lineis
helicem tangentibus et per punctum, a quo incipit,
secantibus (XII—XVII), demonstrat, quae intercedat
ratio inter lineam ab initio helicis ad lineam helicem
tangentem ductam, lineae circumactae perpendicularem,
et peripheriam circuli, qui centro initio helicis, radio autem
linea circumacta describitur (XVIII—XX; cfr. de prop.
XVIII praef. p. 219—20). Tum demonstrato, figuras
ex arcubus circularibus compositas helici circumscribi
et inscribi posse, ita ut figura circumscripta inscriptam
excedat spatio, quod minus est quam quodlibet spatium datum (XXI—XXIII), ostendit, quo modo spa-

---

*) De hoc loco emendando postea dicetur.

tium cuiusuis spirae helicis inueniri possit (XXIV—
XXVII); postremo de ratione figurarum quarundam
lineis rectis ab initio helicis ductis et peripheriis cir-
culorum et helice comprehensarum agitur (XXVIII).
(De propp. 24, 27, 28, huius libelli capitibus, u. praef.
p. 219—20).

1. Helix siue linea spiralis a Conone, Archimedis
amico et geometra clarissimo (p. 7 not. 4), inuenta
esse uidetur. Pappus I p. 234: τὸ ἐπὶ τῆς ἕλικος τῆς ἐν
ἐπιπέδῳ γραφομένης θεώρημα προὔτεινε μὲν Κόνων ὁ
Σάμιος γεωμέτρης, ἀπέδειξεν δὲ Ἀρχιμήδης; sine dubio etiam
nonnullas de ea propositiones demonstrauerat; certe
apud Casirium bibl. Arab. I p. 382 dicuntur contineri
in codice quodam Arabico (CMLV):»excerpta e Sim-
meadis, id est Samii, libro de lineis spiralibus«, quae
Cononis Samii esse in promptu est suspicari. Sed
quidquid id est, hoc constat, propositiones ab Archimede demonstratas ab ipso esse inuentas et Cononi
soluendas missas (u. quae adtuli p. 11, et cfr. praeterea Archimedis uerba περὶ ἑλίκ. praef. p. 217: Κόνων μὲν
οὐχ ἱκανὸν λαβὼν χρόνον ἐς τὰν μάστευσιν αὐτῶν μετάλλαξεν
τὸν βίον, ὃς δῆλα ἐποίησεν κα¹). ταῦτα πάντα εὑρὼν καὶ ἄλλα
πολλὰ ἐξευρών). Itaque Ἀρχιμήδειαι ἕλικες adpellantur a
Proclo in Eucl. p. 272, 10. Archimedis libri epito-
men habet Pappus I p. 234—38, suis usus demonstrationibus; dein IV, 24—25 p. 240—42 propositiones
quasdam a se ipso repertas exponit, et de helicis cum
in cylindri superficie tum in plano descriptae utilitate
ad inueniendam quadratricem agit I p. 258—64; tum
de helice in sphaerae superficie descripta (p. 264—69).
I p. 270 haec habet: δοκεῖ δέ πως ἁμάρτημα τὸ τοιοῦτον
οὐ μικρὸν εἶναι τοῖς γεωμέτραις, ὅταν ἐπίπεδον πρόβλημα διὰ
τῶν κωνικῶν ἢ τῶν γραμμικῶν ὑπό τινος εὑρίσκηται, καὶ τὸ σύνο-
λον ὅταν ἐξ ἀνοικείου γένους λύηται, οἷόν ἐστιν ἡ ἐν τῷ περὶ
τῆς ἕλικος ὑπὸ Ἀρχιμήδους λαμβανομένη στερεὰ (sic codices)
νεῦσις ἐπὶ κύκλον. Uerbis: στερεὰ νεῦσις ἐπὶ κύκλον (h. e.
inclinatio lineae rectae ad circulum, quae non nisi per
solida siue sectiones conicas reperiri possit) significat
sine dubio περὶ ἑλίκ. prop. 8; u. quae disputaui in:
Zeitschr. f. Math. u. Physik, hist.-lit. Abth. XXIII p.

---

¹) De hac coniectura mea u. infra.

117—20. Archimedem circulum διὰ τῆς ἑλικοειδοῦς γραμμῆς quadrasse ex Iamblicho commemorat Simplicius ad Aristot. Phys. IV p. 327 b ed. Berol.; hinc corrigenda uerba ipsius Simplicii ibid. p. 64 b sic scribentis: καὶ ὕστερον δέ, φησὶν (ὁ Ἰάμβλιχος), Ἀρχιμήδης διὰ τῆς Λυκομήδου (scrib. ἑλικοειδοῦς) γραμμῆς καὶ Νικόδημος (scrib. Νικομήδης) κτλ. Cfr. etiam Marinus ad Data Euclidis p. 7 ed. Hardy: ἡ γὰρ ἕλιξ τέτακται, ἀλλ' οὐκ ἦν πρὸς (scrib. πρὸ) τοῦ Ἀρχιμήδους πορίμη.

2. Junge: Die Spirale d. Archimedes. Zeitz 1826. 4. (m. Tfl.). Lehmann: Die archimed. Spirale m. Rücksicht auf ihre Geschichte. Freiburg. 1862. 8. Ch. Scherling: Die Arch. Spirallinie. Lübeck 1865. 4. Casiri I p. 384 habet: liber de lineis spiralibus, sed errore; u. Wenrich p. 194.

Sequitur liber περὶ κωνοειδέων καὶ σφαιροειδέων; κωνοειδέα Archimedes ea uocat corpora, quae parabola uel hyperbola circa axem circumuoluta exsistunt (p. 257-58), σφαιροειδέα, quae ellipsi circa axem uel maiorem (παραμάκεα) uel minorem (ἐπιπλατέα) circumuoluta (p. 259). Exponuntur primum propositiones quaedam arithmeticae (I—III) et conica elementa partim noua partim iam ab aliis demonstrata (IV—VII); deinde constructiones conorum et cylindrorum, in quorum superficie sint datae ellipses (VIII—X), et elementa stereometrica a prioribus proposita (XI). Haec sequuntur propositiones aliquot de sectionibus conoideôn et sphaeroideôn (XII—XV), de planis ea tangentibus (XVI—XIX), de sphaeroidibus in duas aequas partes diuidendis (XX), de corporibus ex cylindris compositis, quae conoidibus et sphaeroidibus inscribuntur et circumscribuntur (XXI—XXII). His denique omnibus demonstratis (τούτων προγεγραμμένων p. 286, 19) ad ea accedit theoremata, quae in praef. p. 258—60 significauerat, primum quoduis conoides parabolicum ad conum eandem et basim et altitudinem habentem rationem habere, quam 3 ad 2 (XXIII—XXIV), deinde sectiones conoideôn parabolicorum eam rationem habere, quam quadrata axium (XXV—XXVI); tum de uolumine conoideôn hyperbolicorum (XXVII—XXVIII) et sectionum sphaeroideôn et per centrum et extra centrum sectorum (XXIX—XXXIV) agitur.

1. Habet catalogus Casirian. (I p. 384): liber de figuris conoidibus, sed male uerba Arabica intellecta esse a Casirio docet Wenrich l. l. p. 194.

In libello, qui inscribitur κύκλου μέτρησις, ostenditur I: circulum aequalem esse triangulo, cuius basis sit aequalis peripheriae circuli, altitudo autem radio (lineam rectam circuli peripheriae aequalem per helices inuenerat, περὶ ἑλίκ. 18, ubi △ ΑΖΘ aequalis est circulo in helice primo, qui uocatur). II: circulum ad quadratum diametri proxime eam habere rationem, quam 11 ad 14 (demonstratur per prop. III). III: peripheriam circuli ad diametrum rationem habere, quae inter $3\frac{1}{7}$ et $3\frac{10}{71}$ cadat. Ut demonstretur haec propositio, irrationalium calculis opus est, quos quo modo instituerit Archimedes, nunc non decerno.

1. In hunc libellum commentarium conscripsit Eutocius. Habet catalogus apud Casirium I p. 383: liber de circuli dimensione. Prop. 1 citat Pappus IV, 32 (I p. 258); V, 2 (I p. 312: ἐν τῷ περὶ τῆς τοῦ κύκλου περιφερείας; V, 3 p. 312 sq. demonstrationem repetit ipse Pappus); VIII, 22 p. 478 (ed. Commandin.; nam Hultschius nondum librum VIII edidit); Proclus in Eucl. p. 423, 3 sq., Anonym. apud Hultsch. Heron. 42, 3 p. 265. Prop. 2 adfert (Hero) Geom. 103 p. 136. Prop. 3 ipse Archimedes citat p. 323 (cfr. mea p. 12) et Simplicius ad Aristot. de caelo IV p. 508 b. Quo modo retractatus hic liber ad nos peruenerit, infra exposui; cfr. p. 15. Excerpta exstant in codice Scorial. apud Miller. Catalog. p. 453.

2. Theoremata de dimensione circuli ab Archimede proposita refellere conatus est Ios. Scaliger: Cyclometrica elementa duo. Lugd. Bat. 1594. fol., sed errores eius multi reprehenderunt, uelut Adrianus Romanus (In Archimedis circuli dimensionem expositio et analysis. Wurceb. 1597. fol.), Chr. Clavius, Fr. Vieta, alii; u. Kästner: Gesch. d. Mathem.

I p. 487 sq. p. 504 sq. P. A. Cataldi: Difesa d'Archimede dalle opposit. di Scaligero intorno alla quadrat. del cerchio. Bologna 1612. fol. — I. Wallis: Archimedis arenarius et dimensio circuli, Eutocii in hanc comment. c. vers. et notis. Oxon. 1678. 8. (= Wallis: Operum III p. 539—46). Gutenäcker: A's Kreismessung gr. u. deutsch. Würzburg 1828. 8. A. dimensio circuli cum Eutoc. comm. edd. Knoche et Märker. Herf. 1854. 4. L. F. Junge: A's Kreismessung m. Commentar. Halle 1824. 8. De Hauberi interpretatione u. p. 16 not. 2. Cfr. praeterea: Tetragonismus i. e. circuli quadratura per Campanum, Archimedem atque Boethium adinventa c. addit. Lucae Gaurici. Venet. 1503. 4. De interpretationibus Arabicis u. Wenrich 1. 1. p. 191.

Ex arithmeticis Archimedis operibus praeter theoremata per omnia fere scripta eius dispersa (quae collegi cap. IV) unum tantum restat ad uulgarem sensum accommodatum: ψαμμίτης, in quo demonstrat, etiamsi totum caelum arena refertum fingatur, tamen numerum nominari posse numero granorum maiorem. Sed hic libellus totus infra a nobis edetur.

1. Cfr. Sil. Ital. XIV, 350: non illum mundi numerasse capacis arenae una fides. De Martiano Cap. VIII, 858 u. infra.

Non commemoratur apud Casirium 1. c.; ne ab aliis quidem commemoratum esse reperio, nisi ab Hygino: De limit. const. in: Schriften d. roem. Feldm. ed. Lachmann et Rudorff. I p. 184, qui tamen ipse legisse non uidetur: Archimeden, uirum praeclari ingenii. et magnarum rerum inuentorem, ferunt scribsisse, quantum arenarum capere posset mundus, si repleretur.

2. De editione Wallisii (= Operum III p. 509— 38) u. supra not. 2. Paschasii Hamellii Commentarius in Archimedis librum de numero arenae. Lutet. 1557. 8 (inest interpretatio Latina). Sturm: A's Sandrechnung übers. Nürnberg 1667. fol. G. Anderson: Arenarius gr. et angl. transl. with notes. London 1748. 8. Krüger: Arenarius übers. u. erkl. Quedlinbg. 1820. 8.

Postremo de scriptis mechanicis, quae ad nos peruenerunt, uideamus. Sunt igitur haec:

Ἐπιπέδων ἰσορροπιῶν I: praemissis axiomatis et elementis statices (I—III) agitur de inueniendo centro grauitatis magnitudinum ex aliis compositarum (IV—V); deinde demonstrat, magnitudines qualeslibet suis librari ponderibus, si inuersam distantiarum rationem habeant (VI—VII). Tum exponit, qua ratione, parte aliqua de magnitudine detracta, centrum grauitatis eius, quae restet, partis reperiatur (VIII). His demonstratis, centra grauitatum quo modo inueniantur, docet parallelogrammorum (IX—X), triangulorum (XI—XIV), trapezii (XV).

Ἐπιπέδων ἰσορρ. II: libri I propp. VI—VII ad parabolarum segmenta transferuntur (I); deinde proportionibus quibusdam de centris grauitatum figurarum quarundam, quae in segmentis parabolarum inscribuntur, demonstratis (II—VII), ostenditur centrum grauitatis segmenti parabolae axem ita diuidere, ut pars ad uerticem sita ad reliquam eam rationem habeat, quam 3 ad 2 (VIII). Extremo loco, praemisso lemmate arithmetico (IX), inuenitur centrum grauitatis segmenti parabolae truncati (X).

1. Ipse Archimedes hos libros μηχανικά uocat (quadr. par. prop. 6 p. 21, 13: δέδεικται γὰρ τοῦτο ἐν τοῖς μηχανικοῖς = ἐπιπ. ἰσορρ. I, 14; quadr. par. 10 p. 23, 22 = I, 15). Περὶ ἰσορροπιῶν habet Pappus VIII, 1 p. 314 Gerhardt (p. 450 Command.), Proclus autem in Eucl. p. 181, 18: αἱ ἀνισορροπίαι (citat initium libri I). Κεντροβαρικά uocant Tzetzes Chil. XII, 793 et Simplicius ad Aristot. de caelo IV p. 508 a. Commentarius Eutocii in utrumque librum etiam nunc exstat.

2. P. Forcadel Gallicam interpretationem edidisse fertur. Paris. 1565. 4. (u. Brunet: Manuel I p. 1339 ed. V). P. Ubaldus: In duos A. aequeponderantium libros paraphrasis. Pisauri 1588 fol. Cfr. Kästner II p. 184.

Περὶ ὀχουμένων I continet elementa hydrostatices,

de humidorum aequilibritate (I—II), de corporibus in
humidum demersis cum idem tum maius tum etiam minus quam humidi pondus habentibus (III—VII); postremo de segmento sphaerae in humidum demerso
(VIII—IX). Libri περὶ ὀχουμ. II prop. I haec est: si corpus
humido leuius demersum erit, eius pondus ad pondus eiusdem humidi copiae eam rationem habebit, quam
pars corporis in humidum demersa ad totum corpus.
Deinde propositiones aliquot sequuntur de segmentis
conoideôn parabolicorum in humidum mersis (III—X).

1. Quaestiones de pondere specifico, quod uocant,
ea re adductus Archimedes instituisse dicitur, quod
Hiero (de Gelone hoc narrat Proclus p. 63; sed fortasse
ibi scribendum ῾Ιέρωνα, nam in ed. pr. est Γερίονα) rex
eum rogauisset, ut furtum in corona aurea fabricanda,
quam dis uouisset, ab opifice factum coargueret corona incolumi. Dicunt eum λουόμενον ἐκ τῆς ὑπερχύσεως
ἐννοῆσαι τὴν τοῦ στεφάνου μέτρησιν (Plut. Non posse cet.
(11 = XIV p. 100). ΄Qua ratione usus sit, exponit Uitruu.
IX praef. 9—12 et aliter carmen de ponderib 124 sq.
(Hultsch. Script. metrol. II p. 95. Schneider: Eclog.
phys. I p. 278).

2. Ὀχούμενα uocat Pappus VIII p. 306 Gerh. (p.
448 Command.); miramur, qua re factum sit, ut is hoc
Archimedis opus inter θαυμασιουργίας referat; aut non
legit aut neglegenter loquitur. I, 2 citat Strabo I p.
54 (᾿Αρχιμήδης ἐν τοῖς περὶ τῶν ὀχουμένων), Uitruu. VIII, 5
(6), 3; I, 3 Hero Pneumat. (= Mathem. uett. p. 151)
in Schneideri Eclog. phys. I p. 218 (΄.l. ἐν τοῖς ὀχουμένοις).
Apud Maium titulus est: περὶ τῶν ὕδατι ἐφισταμένων ἤ
περὶ τῶν ὀχουμένων; Tartalea: de insidentibus aquae;
Commandinus: de iis, quæ vehuntur in aqua. Sine
dubio Tzetzes Chil. XII, 974 hos libros significat per
ἐπιστασίδια (sic enim cum Duebnero scribendum e codice
Paris.).

3. Praeter ea, quae de fatis horum librorum
scripsi p. 13 not. 2 (cfr. infra), hoc loco haec addo:
in linguam Italicam eos uertit commentariisque in-
struxit N. Tartaglia: Ragionamenti sopra la sua
travagliata inventione (Venet. 1551. 4) p. 3—23. Gal-

lice uertit Forcadel (Paris 1565. 4). Excerpta quaedam Arabica commemorat Woepcke: Mémoires pres.
p. div. sav. a l'acad. des sciences XIV p. 664. Cfr.
Thurot: Sur le principe d'Arch. Revue archéol. XVIII
p. 389—406; XIX p. 42—49; p. 111—123; p. 285—
99; p. 345—50; XX p. 14—33. Kästner II p. 201—
2. Hi libri a librariis pessime habiti sunt, uelut I, 8
(ubi demonstratio peruersa est; correxit Commandinus)
et II, 10, 5 (ubi figura male descripta est); II, 2 lacuna
a Commandino suppleta est. Emendationes aliquot
dedit Nizze: Uebers. p. 271.

4. Appendicis loco mechanica quaedam hoc loco
colligere libet, quae in aliis Archimedis operibus exstant.
In priore parte libri de parabolae quadratura agitur
de spatiis cum triangulis (VI—X) et trapeziis aequabili-
tatem seruantibus (XI—XIII). Περὶ ἑλίκ. I ostendit, lineas
a puncto, quod aequabiliter moueatur, permeatas eam
rationem habere, quam tempora, quibus permeentur.
Eiusdem libri prop. II haec est: si in duobus lineis duo
puncta aequabili motu feruntur, et in utraque linea alia
sumitur, ita ut et hae et illae lineae iisdem temporibus a
punctis permeentur, lineae proportionales erunt.

Haec igitur ad nos peruenerunt scripta 1), quae
quin Archimedis sint, dubitari non potest.

1. Editiones: A. Opera, quae quidem exstant
omnia, nunc primum gr. et lat. in lucem edita. Adiecta
quoque sunt Eutocii Ascalonitae commentaria, item
gr. et lat. nunquam antea excusa. Basil. ap.·Herva-
gium 1544 fol. (curante Th. Gechauff Venatorio). A.
opera, quae exstant, gr. et lat. novis demonstr. et
comment. illustr. per D. Rivaltum de Flurantia. Par.
1615. fol. (propositiones solas Graece continet). Archim. quæ supersunt omnia cum Eutocii Ascal. comment.
ex rec. J. Torelli Veronens. cum nova vers. lat. Oxon.
1792 fol. Quod dicunt, editionem Riualti recusam
esse a Cl. Ricardo Paris. 1646 fol., id falsum esse
docuit Brunet: Manuel I p. 384 ed. V.

2. Interpretationes: Boethius Archimedis
opera Latine uertisse fertur (Cassiodor. Uar. I, 45). Opera
A. Syracusani philosophi et mathematici ingeniosissimi per N. Tartaleam Brixianum multis erroribus
emendata, expurgata ac in luce posita cet. Venet.
1543. 4. Opera nonnulla A. a F. Commandino in la-

tinum conversa et commentariis illustrata. Venet. 1558
fol. A. opera. Lutet. 1626. 16. (per F. M. Mersennum).
Admiranda Arch. monumenta omnia mathematica quae
exstant. Ex traditione Fr. Maurolyci. Panormi 1685
fol. (de ea u. Kästner II p. 64. Brunet: Manuel I p.
385). Opera Archimedis, Apollonii Pergæi conicorum
libri, Theodosii sphærica methodo novo illustrata et
demonst. per Is. Barrow. Londin. 1675. 4. Germa-
nicae: Des unvergleichlichen Archimedis Kunstbü-
cher übers. u. erl. v. J. Chr. Sturm. Nürnberg 1670
fol. A's vorhand. Werke übers. u. erkl. von E. Nizze.
Stralsund. 1824. 4. Gallica: Oeuvres d'A. trad. lit-
téralm. avec un comm. par F. Peyrard. Paris. 1807.
4 et ibid. 1808. 8 (2 uoll.).

Geometricorum scriptorum compendium Arabice
scripsit Albatani (Wenrich p. 195. Casiri I p. 384).

Uenio nunc ad ea, quae Archimedis nomen prae
se ferunt, sed utrum iure id fiat an iniuria, ambigitur;
quorum primum commemoro:

Lemmata: hoc nomine significatur liber e codice Arabico Latine conuersus 1), qui XV propositiones
geometriae planae, quae uocatur, continet. Eum hac
saltem specie ac forma, qua nunc habemus, ab Archimedis manu profectum esse non posse, inde intellegitur,
quod Archimedis nomen citatur (prop. IV; XIV).
Prop. I plenius exposita est a Pappo VII, 15 (II p.
840); cfr. IV, 16 (I p. 214); prop. IIae demonstratio
parum apta est; aliam substituit Torellius; prop. III
inuersam quodam modo habet Ptolemaeus συντ. I, 9 p.
31 (ed. Halma); prop. 12 citatur: noster tractatus de
figuris quadrilateris; sed talem librum Archimedem
scripsisse a nullo traditum est. Idem dicendum de
libro elementorum, qui citatur prop. 15. Itaque puto,
haec lemmata e plurium mathematicorum operibus
esse excerpta, neque definiri iam potest, quantum ex
iis Archimedi tribuendum sit. Hoc tamen fortasse
statuere licet, Archimedem de figuris, quas arbelon et
salinon adpellauisse dicitur 2), earumque proprietatibus

egisse; quod factum esse potest in libro de circulis
sese in uicem tangentibus (de quo u. infra).

1. Primus edidit ea S. Foster: Miscellan. Lond.
1659 fol. Lemmata A. apud Graecos et Latinos deside-
rata e vetusto codice m. s. Arabico a I. Gravio tra-
ducta et nunc pr. cum arabum scoliis publicata et re-
purgata. Deinde I. A. Borellus: Apollon. Perg.
conic. V—VII. et Archimedis assumptorum liber. Florent. 1661 fol.; Latine uertit Abrahamus Ecchellensis
commentariumque addidit Borellus (praef. p. 383).
Apud Borellum titulus est: liber assumptorum Archimedis, interprete Thebit ben Kora et exponente doc-
tore Almochtasso Abilhasan; qui quasdam· notas sumpsit ex libro ab Abusahal Alkuhi scripto (»ordinatio
libri Arch. de assumptis«; praef. p. 385). In editione
Torellii exstant p. 355—61. Habet catalogus Casir. I
p. 384: Assumtorum s. lemmatum liber; cfr. Wenrich
p. 192. — Quoniam libellus inscribitur »lemmata«, ueri
similius fortasse est, has propositiones non ex aliorum
scriptis excerptas, sed a Graeco aliquo homine temporis posterioris inuentas et collectas esse ad illustran-
dum opus aliquod antiquum, fortasse illum ipsum Archimedis de circulis sese inuicem tangentibus librum.

2. Prop. IV: figura, quam vocavit Archimedes
arbelon (Fig. 1). Est figura $ADCFBE$; ἄρβηλος est
scalprum sutorium (Schol. ad. Nicandr. Ther. 423: τὰ
κυκλοτερῆ σιδήρια, οἷς οἱ σκυτοτόμοι τέμνουσι καὶ ξέουσι τὰ δέρ-
ματα); inde nomen transtulit ob similitudinem figurae;
de eo plura habet Pappus IV, 14 (I p. 208—232;
ἀρχαία πρότασις uocatur p. 208). F. Buchner: De ar-
belo Archimedis. Elbing. 1824. 4.

Prop. XIV: figura contenta a quattuor semicirculis
AB, AC, DB, CD (Fig. 2), quæ ea est, quam vocat
Archimedes salinon. Quid in hoc nomine lateat, nescio.

Praeterea exstat epigramma quoddam a Lessingio editum 1), cuius hic est titulus: πρόβλημα, ὅπερ
Ἀρχιμήδης ἐν ἐπιγράμμασιν εὑρὼν τοῖς ἐν Ἀλεξανδρείᾳ περὶ
ταῦτα πραγματευομένοις ζητεῖν ἀπέστειλεν ἐν τῇ πρὸς Ἐρατο-
θένην τὸν Κυρηναῖον ἐπιστολῇ. Est de inueniendo numero
boum Solis, datis quibusdam rationibus, quas inter se
habent quattuor greges, nigrorum, alborum, flauorum,

uariorum. Plura u. infra. Constat, antiquitus clarum
fuisse Archimedis πρόβλημα βοεικόν 2), nec est, cur Archimedi hoc epigramma abiudicemus. Nam usitatissimum erat antiquis mathematicis problemata epigrammatis proponere; plura eius generis collegerunt Heilbronner: Hist. math. p. 843 sq. et Bachetus: Diophanti
op. p 349 sq ; epigramma tale Eratosthenis exstat
apud Eutocium Comm. in libr. II de sphaera et cyl.
p. 146, Diophanti in eius Arithmet. V, 33 p. 345. Quod
Ionice, non Dorice scriptum est, offendere non debet, si
meminimus, Graecos semper hac dialecto in carminibus
epicis et elegiacis usos esse. De Archimedis cum
Alexandrinis mathematicis consuetudine u. p. 9 not. 4.
Ne hoc quidem dubitari potest, quin Archimedes tale
problema soluere potuerit; scimus enim, eum de numeris permagnis denominandis egisse et omnino in
arithmeticis uersatissimum fuisse (cfr. de hac re cap.
IV). Itaque conuicia Struuiorum et Nesselmanni missa
faciamus et inter opera Archimedis genuina hoc problema referamus.

    1. Zur Gesch. d. Literat. I p. 423 (op. XIV p.
232 sq. IX p. 295 ed. Lachm.) e codice Guelferbytano
cum Graeco scholio; addita est C. Leistii disputatio
mathematica. Archimedi abiudicant I. et K. L. Stru-
uii: Altes griech. Epigram mathematischen Inhalts.
Altona 1821. 8. Genuinum esse defendit G. Her-
mann: De Archimedis problemata bovino. Lips. 1828.
4; is emendationes admodum dubias proponit nec in so-
luendo problemate satis felix est; cfr. Wurm in Jahns
Jahrbücher XIV p. 194 sq. (Hermanni editio repetita
est in Opusc. IV p. 228 sq. Cfr. praef. p. III—IV). Stru-
uiis adsentitur Nesselmann: Algebra d. Griechen p.
481 sq., futilissimis nisus argumentis. Problema saltem in epigrammate propositum Archimedi uindicat
Libri p. 206. Et sane fieri potest, ut ipsi uersus
Archimedis non sint, sed posteriore tempore facti ad
similitudinem genuini eius epigrammatis, quod in epistola Eratistheni missa proposuerat (in titulo epigrammatis uerba ἐν ἐπιγράμμασιν pertinent ad ἀπέστειλε, quam-

quam offendit uerborum ordo; offendit etiam pluralis numerus). Quod Eratostheni potissimum hoc problema misit, id ea de causa factum est, quod is de scientia numerorum scripserat (Nesselmann p. 186).

2. Schol. Plat. Charmid. 165, e: θεωρεῖ (ἡ λογιστική) οὖν τοῦτο μὲν τὸ κληθὲν ὑπ' Ἀρχιμήδους βοεικὸν πρόβλημα, τοῦτο δὲ μηλίτας καὶ φιαλίτας ἀριθμούς (spectat ad problemata in Anthol. XIV, 3 et 12). Eadem habet Anonymus in Hultschii Heron. 9 p. 248. Huc pertinere puto prouerbium illud de re perdifficili: πρόβλημα Ἀρχιμήδειον (Cic. ad Attic. XII, 4. XIII, 28).

Praeterea tribuunt Archimedi: antiqui scriptoris de speculo comburente concavitatis parabolae ex Arab. latine vert. Gongava (Louvain 1548. 4) 1). Librum non uidi, sed dubitari nequit, quin genuinus non sit, quoniam in eo citatur Apollonius Archimede iunior. 2). Omnino non puto, Archimedem singularem librum de speculis comburentibus composuisse (cfr. infra).

1. Titulum citaui ex Graesse: Handb. d. Litterärg. I, 2 p. 682 et Montucla: Hist. des math. I p. 236. Gongaua librum Archimedi tribuere non uidetur.

2. Hoc sumpsi ex Fabricii Bibl. graec. (Hambg. 1707) IV p. 548. Non exstat in edit. Maurolyci, quod crediderit aliquis Fabricii uerbis adductus; nominatur tantum.

Epistola Archimedis ad regem Gelonem edita est a C. Henning (Darmst. 1872. 4.). Subditiuam eam esse, ipse Henning demonstrauit l. l. p. 1—10, nec opus est plura conquirere, quamquam non pauca indicia certissima ab eo praetermissa sunt; falsarius arenario maxime Archimedis usus est. Ueri simile est hanc epistolam a Fr. Nodot esse fictam; nam reperta esse dicitur Albae Graecae a. 1688, (sic enim praefatur librarius p. 10: epistola Archimedis Albae Graecae reperta anno aerae Christianae 1688. Typographus (!) lectori salutem. Videtur hoc fragmentum, quod forsan mirere nemini memoratum, trans-

isse in Latinum sermonem vergente iam imperio et
superante barbarie cet.), quo ipso anno ibidem fragmenta Petronii ab ipso ficta inuenisse se dicit ille librorum subiector (P. Petronii arbitri equitis Romani
Satyricon cum fragmentis Albae Graecae recuperatis
ann. 1688 nunc demum integrum). U. R. Hercher:
Hermes IX p. 256. Exstat haec epistola in codice
Londinensi (Sloane collect. No. 2623) et praeterea in
cod. Paris. 2448.

Teste Thurot (Rev. arch. XIX p. 114 not. 1) in
cod. Paris. 7215. Archimedi tribuitur libellus de ponderibus a Tr. Curtio editus cum Jordano Nemorario (Uen.
1565) (in fine codicis: explicit liber de pond. Archimeni-
dis (!)). Archimeidi (!) tribuit Albertus de Saxonia
Comm. in Aristot. de caelo III, 3. Error apertissimus est.

Apud Fabricium Bibl. gr. IV p. 549 haec af-
teruntur Archimedis scripta inedita: de frac-
tione circuli Arabice per Thebit ben Kora; sed
error est, male intellecto titulo Arabico, qui uer-
tendus erat: de dimensione circuli eiusque computa-
tione (h. e. κύκλου μέτρησις); u. Wenrich p. 191. Deinde
perspectiva Arabice; de hoc libro nihil mihi notum
est. Postremo elementa mathematica Archimedis
Hebraice in cod. Vaticano; sed hunc codicem nihil nisi
unum folium excerptorum e scriptis Archimedis petito-
rum continere, testatur Libri p. 40 not. 1.

Etsi nemo fabulis Abulfaragii Arabis crediderit
narrantis (Hist. dynast. p. 42 ed. Pococke), Romanos
quattuordecim gestamina librorum Archimedis combussisse, hoc tamen constat, permulta scripta eius ad
nos non peruenisse, et ueri simile est multa captis
Syracusis interiisse. Ne ea quidem, quae nunc habemus, omnia apud posteriores Graecos peruulgata
fuisse, inde perspici potest, quod Eutocius, cuius commentariis editionem operum Archimedis adiecit Isidorus
Milesius, magister eius, 1) quaedam ex iis non legit 2)·

29

1. U. eius comm. p. 130; 201; 216: ἐκδόσεως παρ-
αναγνωσθείσης τῷ Μιλησίῳ μηχανικῷ Ἰσιδώρῳ, ἡμετέρῳ διδασκάλῳ. Hic Isidorus regnante Justiniano floruit (Aga-
thias p. 295 ed. Bonn. Procop. De aedif. Justin. I, 1).
2. Non nouit librum de quadratura parabolae
(Nizze: Uebers. p. VIII); nam in comm. ad ἐπιπ. ἰσορρ.
II, 2 p. 37 Apollonii definitionem uerticis (τῆς κορυφῆς)
segmenti parabolae citat, quamquam ipse Archimedes
definit quadr. parab. 17 p. 30; et ad ἐπιπ. ἰσορρ. II, 4
adfert Eucl. X, 1 et de sphaera et cyl. I, 6 p. 75,
quamquam omnia habet Archimedes quadr. parab. 20
fin. Denique p. 37, 2 sq. haec habet: ἐπεὶ γὰρ δέδεικται
αὐτῷ, ὡς καὶ ἐν τῷ περὶ σφαίρας καὶ κυλίνδρου εἶπεν (h. e. p.
63), ὅτι τὸ τοιοῦτον σχῆμα (h. e. τμῆμα παραβολῆς) ἐπίτριτόν
ἐστι τριγώνου κτλ.; at si nouisset librum de quadratura
parabolae, eum citasset, cuius summa haec ipsa propositio est. Repugnare uidetur, quod in ἐπιπ. ἰσορρ. II,
8 p. 47 dicit: δέδεικται γὰρ ὑπ' αὐτοῦ ἐν τῷ περὶ τετραγωνισμοῦ τῆς τοῦ ὀρθογωνίου κώνου τομῆς, ὅτι πᾶν σχῆμα περιεχόμενον ὑπὸ εὐθείας καὶ ὀρθογωνίου κώνου τομῆς ἐπίτριτόν
ἐστι τριγώνου τοῦ τὴν αὐτὴν βάσιν ἔχοντος αὐτῷ καὶ ὕψος ἴσον.
Sed hinc non nisi hoc colligere licet, titulum operis
Archimedis ei notum fuisse; cetera ipsius Archimedis
uerba sunt de sph. et cyl. I praef. p. 63. Ne librum
quidem περὶ ἑλίκων eum uidisse, inde adparet, quod p.
204 dicit: εὑρῆσθαι μέντοι αὐτῷ διά τινων ἑλίκων εὐθεῖαν
ἴσην τῇ δοθείσῃ κύκλου περιφερείᾳ; si legisset librum περὶ
ἑλίκων, sine dubio adtulisset eius prop. 18. His perpensis fit ueri simile, editiones uulgares, qualis erat
Isidori Milesii, nihil nisi libros περὶ σφαίρας καὶ κυλίνδρου,
κύκλου μέτρησις, ἐπιπέδων ἰσορροπίαι continuisse, cetera
autem opera subtiliora et lectu difficiliora paucioribus
nota fuisse.

Iam scripta, quae interciderunt, quorum quidem mentio fit ab Archimede ipso uel ab aliis, recenseamus, et primum geometrica:

Librum de septangulo in circulo habet caïa-
logus apud Casirium I p. 383 et Abulfaragius Hist.
dynast. p. 42. Praeterea commemorantur:

De circulis sese in uicem tangentibus apud
Casiri I p. 383; de propositionibus quibusdam huc
fortasse referendis u. p. 25.

De lineis parallelis (Wenrich p. 194).
De triangulis (Wenrich p. 194); in lemmatis
supra (p. 24) commemoratis prop. 6 citatur liber, qui
inscribitur: expositio, quam confecimus de proprietatibus triangulorum, et librum Archimedis commentario
instruxisse dicitur Senan ben Thabet (Wenrich p. 196).
De triangulorum rectangulorum proprietatibus (Wenrich p. 194), idem fortasse, qui apud Casirium I p. 384 uocatur: liber de anguli - rectilinei tri-
sectione et proprietatibus (neque enim talem librum
commemorat Wenrich). In lemmat. prop. 5 citantur:
propositiones, quas confecimus in expositione tractatus
de triangulis rectangulis; uidetur igitur agi de commentario huius libri.
Liber datorum (Casiri I p. 384) siue definito-
rum (Wenrich p. 194). — Uerum de his omnibus scriptis,
quae ab Arabibus solis commemorantur, est, cur dubitemus. Sed constat eum
de polyedris scripsisse (incertum, singulari libro an cum aliis rebus). Pappus enim V, 19 (I p. 352—
55) haec habet: ταῦτα (πολύεδρα εὔτακτα s. regularia)
δ'ἐστὶν οὐ μόνον τὰ παρὰ τῷ θειοτάτῳ Πλάτωνι πέντε σχήματα ...,
ἀλλὰ καὶ τὰ ὑπὸ Ἀρχιμήδους εὑρεθέντα τρισκαίδεκα τὸν ἀριθμὸν ὑπὸ ἰσοπλεύρων μὲν καὶ ἰσογωνίων, οὐχ ὁμοίων δὲ πολυγώ-
νων περιεχόμενα. Dein ea enumerat. Peruerse (Hero)
Definit. 101 p. 29: Ἀρχιμήδης δὲ τρισκαίδεκα ὅλα (ὅλως?)
φησὶν εὑρίσκεσθαι σχήματα δυνάμενα ἐγγραφῆναι τῇ σφαίρᾳ προσ-
τιθεὶς ὀκτὼ μετὰ τὰ εἰρημένα πέντε (Platonis). De eorum
angulorum et laterum numero cfr. Pappus I p. 354—
59. Huc spectare puto et Simplicium ad Aristot. de
cael. IV p. 494 a et Proclum comment. in Timae. p.
384 ed. Schneider.

1. Archimedes de sph. et cyl. II, 5 p. 158: καὶ
ἔσται, inquit, .τὸ πρόβλημα τοιοῦτον: δύο δοθεισῶν εὐθειῶν τῶν
ΔB, BZ, καὶ διπλασίας οὔσης τῆς ΔB τῆς BZ, καὶ σημείου ἐπὶ
τῆς BZ τοῦ θ, τεμεῖν τὴν ΔB κατὰ τὸ X καὶ ποιεῖν ὡς τὸ

ἀπὸ ΔΧ τὴν ΧΖ πρὸς ΖΘ. ἑκάτερα δὲ ταῦτα ἐπὶ τέλει ἀναλυθήσεταί τε καὶ συντεθήσεται; sed nullam huius problematis
solutionem apud Archimedem inuenimus, nec Diocles
aut Dionysodorus eam habuerunt ab Archimede propositam; Eutocius denique in uetusto quodam libro
solutionem problematis ab Archimede promissam repperit, et eam Archimedi tribuit, quia Dorice scripta
esset et antiqua sectionum conicarum nomina usque ad
Apollonium usitata haberet (Eutoc. p. 163). Itaque,
si uerum uidit Eutocius, apud eum p. 164—169 habemus fragmentum Archimedis, quod ad supplendos libros
de sphaera et cylindro ediderat, sed ab Eutocio ipso
retractatum.

2. Inter scripta, quae interciderint, referri solent Archimedis κωνικὰ στοιχεῖα (et hoc ipse feci, re nondum satis
examinata, in libro: Udsigt over phil. hist. Samfunds
Virksomhed 1874—76 p. 20), sed errore, ni fallor.
Nam quod dicit p. 19: ἀποδέδεικται δὲ ταῦτα ἐν τοῖς κω-
νικοῖς στοιχείοις (eadem p. 264 et p. 265: ἐν τοῖς κωνι-
κοῖς), uix de opere ipsius accipiendum; hoc sine dubio
significat, propositiones eas in primis conicorum elementis demonstrari. Neque aliud ex Eutocii uerbis
(comm. in Apollon. p. 8 ed. Halley) elici potest:
(Ἡράκλειος) φησι, τὰ κωνικὰ θεωρήματα ἐπινοῆσαι μὲν πρῶτον
τὸν Ἀρχιμήδην, τὸν δὲ Ἀπολλώνιον αὐτὰ εὑρόντα ὑπὸ Ἀρχιμήδους μὴ ἐκδοθέντα ἰδιοποιήσασθαι, οὐκ ἀληθεύων κατά γε τὴν
ἐμήν· ὅ τε γὰρ Ἀρχιμήδης ἐν πολλοῖς φαίνεται ὡς παλαιοτέ-
ρας τῆς στοιχειώσεως τῶν κωνικῶν μεμνημένος, καὶ ὁ
Ἀπολλώνιος οὐχ ὡς ἰδίας ἐπινοίας γράφει. Operae pretium
fuerit conquirere, quae de Archimedis conicorum scientia ex scriptis eius colligi possunt, sed hanc quaestionem in tempus commodius differo.

Miro errore Nizze: Uebers. p. 266 inter opera Archimedis refert librum, qui αἱ τάξεις inscriptus sit, quia
Archimedes p. 36 τοῦτο δέ, inquit, δεικτέον ἐν ταῖς τάξεσιν;
quae uerba nihil aliud significant nisi hoc: hoc autem
suis locis demonstrandum. Sed ubi Archimedis id de-
monstrauerit, nescimus.

Arithmetica scripta, quae ad nos non peruenerunt, haec sunt:

Ἀρχαί: in hoc libro, qua ratione numeros soli-
tam seriem excedentes denominaret, exposuerat; p.
320: καὶ οὕτως τινὰς (ἀριθμούς) δειχθήσεσθαι τῶν ἐν Ἀρχαῖς

τὰν κατονομασίαν ἐχόντων ὑπερβάλλοντας τῷ πλήθει τὸν τοῦ
ψάμμου. Idem opus p. 319 uocat: τὰ ποτὶ Ζεύξιππον γεγραμμένα; libri summam repetit p. 325—26.
'Εφόδιον: apud Suidam p. 495, 1 ed.
Bekker The-
odosius mathematicus clarus traditur scripsisse ὑπόμνημα
εἰς τὸ Ἀρχιμήδους ἐφόδιον. Riualtus hinc fingit, Archimedem
singulari libro iter suum in Aegyptum descripsisse; sed
neque ἐφόδιον hoc sensu accipi potest neque talia Archimedes scripsisset aut Theodosius commentariis illu-
strasset. Potius crediderim, ἐφόδιον esse librum me-
thodi mathematicae scientiam complectentem, fere eiusdem generis, cuius erat ψευδαρίων Euclidis (Proclus
comm. p. 70); ἔφοδος enim post Aristotelem significat
methodum.

Mechanicorum scriptorum haec perierunt:
Περὶ ζυγῶν. Pappus VIII p. 336 Gerh. (p. 461
Command.): ἀπεδείχθη γὰρ ἐν τῷ περὶ ζυγῶν Ἀρχιμήδει ...,
ὅτι οἱ μείζονες κύκλοι κατακρατοῦσι τῶν ἐλασσόνων κύκλων, ὅταν
περὶ τὸ αὐτὸ κέντρον ἡ κύλισις αὐτῶν γίνηται. Itaque hoc
libro staticen tractauerat. Huc fortasse spectat problema illud: τὸ δοθὲν βάρος τῇ δοθείσῃ δυνάμει κινῆσαι
(Pappus VIII p. 330), de quo cfr. p. 10 n. 6. Ueri
simile est, hunc librum ante libros περὶ ἰσορρ. scriptum
esse. Nam in iis desideratur definitio centri grauitatis (dedit Eutocius p. 2), et I, 4 dicit iam demonstra-
tam esse hanc propositionem (τοῦτο γὰρ προδέδεικται p.
4, 27): commune grauitatis centrum duorum corporum
in linea eorum centra gr. iungenti esse (cfr. I, 13 p.
15; II, 2; 4; 5); quae sine dubio ad hunc librum referenda sunt. Eodem refero hanc propositionem: omnia, quaecunque ex puncto aliquo suspensa suis ponderibus librantur, ita manent, ut centrum grauitatis
ponderis suspensi puncto, ex quo suspenditur, ad per-
pendiculum sit. Hoc enim uerbis corruptis p. 21, 19
significari puto, de quibus emendandis postea uidebimus.

Κατοπτρικά: Theon comm. in Ptolem. I, 3 p. 10
(ed. Basil.): *βούλεται (Πτολεμαῖος) ἐνταῦθα τὸ τοιοῦτον ἐπιλύσασθαι καὶ δηλῶσαι, ὅτι οὐ παρὰ τὸ ἀπόστημα τὸ ἀπὸ τῆς γῆς ἐπὶ τὸν οὐρανὸν καὶ τοιοῦτον συμβαίνει, ἀλλ᾽ ἐκ τῆς περὶ τὴν γῆν γινομένης ὑγροτάτης ἀναθυμιάσεως, τῆς ὄψεως διὰ τοῦτο εἰς ἀχλυωδέστερον ἀέρα ἐμπιπτούσης, καὶ τῶν ἀπ᾽ αὐτῆς ἐπὶ τὸν ἀέρα προσπιπτουσῶν ἀκτίνων κλάσιν ὑπομενουσῶν καὶ μείζονα ποιουσῶν τὴν πρὸς τῇ ὄψει γωνίαν, καθ᾽ ἃ καὶ Ἀρχιμήδης ἐν τοῖς περὶ κατοπτρικῶν ἀποδεικνύων φησίν, ὅτι καθάπερ καὶ τὰ εἰς ὕδωρ ἐμβαλλόμενα μείζονα φαίνεται καὶ ὅσῳ κάτω χωρεῖ μείζονα κτλ.* Olympiodorus in Aristot. Meteorol. III (II p. 94 ed. Ideler): *ἄλλως τε καὶ Ἀρχιμήδης αὐτὸ τοῦτο δείκνυσιν, ὅτι κλᾶται ἡ ὄψις, ἐκ τοῦ δακτυλίου τοῦ ἐν ἀγγείῳ βαλλομένου.* In hoc libro puto eum propositiones aliquot de speculis comburentibus demonstrasse, sicut Euclidis *κατοπτρικά* hanc propositionem habent (prop. 31; Schneider Ecl. phys. I p. 394): *ἐκ τῶν κοίλων ἐσόπτρων πρὸς τὸν ἥλιον τεθέντων πῦρ ἐξάπτεται.* Huc igitur spectat Apuleius (Apol. 16 p. 42 ed. Bétolaud), qui de speculorum proprietatibus quibusdam locutus haec addit: alia praeterea eius modi plurima, quae tractat ingenti volumine Archimedes Syracusanus; Tzetzes Chil. XII, 973: *κατόπτρων τὰς ἐξάψεις.*

Addo eum etiam de grauitatis centro conoideôn parabolicorum quaestionem iniisse; nam *περὶ ὀχουμ.* II, 2 demonstratio perfici nequit nisi hoc demonstrato, centrum grauitatis talis corporis axem ita diuidere, ut pars ad uerticem sita dupla sit alterius partis (cfr. Nizze: Uebers. p. 233).

De arte mechanica siue technica, quam uocant, unum tantum modo librum composuit, qui inscriptus erat: *Περὶ σφαιροποιίας*; Carpus apud Pappum VIII p. 306: *ὁ Κάρπος δέ πού φησιν ὁ Ἀντιοχεύς, Ἀρχιμήδην τὸν Συρακούσιον ἐν μόνον βιβλίον συντεταχέναι μηχανικόν, τὸ κατὰ τὴν σφαιροποιίαν.* Cfr. Proclus in Eucl. p. 41, 16: *ἡ σφαι-*

ροποιία κατὰ μίμησιν τῶν οὐρανίων περιφορῶν, οἷαν καὶ Ἀρχιμήδης ἐπραγματεύσατο. Hoc igitur libro exposuerat, qua
ratione sphaeram illam praeclaram (de qua u. infra
cap. III) struxisset.

1. Apud Casirium I p. 384 inter opera Archimedis est: Liber de instrumentis hydraulicis, ubi de
cochleis ad aquas exhauriendas idoneis; sed Wenrich
p. 194 uertendum censet: de clepsydris. Hunc librum utique iniuria Archimedi tributum esse, docet
Carpi locus, quem supra commemorauimus.

2. Cum Archimedes talem sphaeram conficere potuerit, necesse est, eum etiam in astronomia uersatum fuisse. Et hoc testantur complures auctores, uelut
Hipparchus apud Ptolemaeum συντ. I p. 153: ἐκ μὲν
οὖν τούτων τῶν τηρήσεων δῆλον, ὅτι μικραὶ παντάπασιν γεγόνα-
σιν αἱ τῶν ἐνιαυτῶν διαφοραί· ἀλλ' ἐπὶ μὲν τῶν τροπῶν οὐκ
ἀπελπίζω* καὶ ἡμᾶς καὶ τὸν Ἀρχιμήδη καὶ ἐν τῇ τηρήσει καὶ
ἐν τῷ συλλογισμῷ διαμαρτάνειν καὶ ἕως τετάρτου μέρους ἡμέρας.
Uidetur hinc effici, Archimedem de anni magnitudine definienda egisse, quod ipsum testatur Ammi-
anus Marcell. XXVI, I, 8. Planetarum distantias
inuenisse dicitur a Macrobio in Somn. Scip. II, 3. Cfr.
Solinus 5, 13: A. qui iuxta siderum disciplinam ma-
chinarius commentator fuit; Liuius XXIV, 34, 2: A.
unicus spectator caeli siderumque. In Ψαμμίτ. p. 321—
22 explicat, quo modo diametrum, quam sol habere
uideatur, inuenerit instrumento ab se ipso effecto; quo
pertinent Plutarchi uerba Marcell. 19: γωνίας, αἷς ἐναρ-
μόττει τὸ τοῦ ἡλίου μέγεθος πρὸς τὴν ὄψιν; et: Non posse
suauiter cet. 11: Ἀ. ἀνευρόντα τῇ γωνίᾳ τὴν διάμετρον τοῦ
ἡλίου τηλικοῦτο τοῦ μεγίστου κύκλου μέρος οὖσαν, ἡλίκον ἡ γωνία
τῶν δ' ὀρθῶν. Syracusis etiam nunc locus ostenditur,
ubi A. sidera obseruasse dicitur. Libri I p. 205.

---

*) οὐκ ἀπελπίζειν hoc loco idem fere significare uidetur, quod:
  dubitare an. In sequentibus uerba ἐν τῷ συλλογισμῷ ad Archimedem pertinere puto.

Caput III.

De machinis Archimedis

Apud superiores de quadraginta inuentis mechanicis Archimedis fabula peruulgata erat; nam apud
Pappum VIII p. 460 ed. Commandini legebatur: hoc
enim est quadragesimum inuentum mechanicum Archimedis. Sed dubitari non potest, quin rectissime Gerhardt p. 330 sic locum restituerit: τοῦτο γὰρ Ἀρχιμήδους
μὲν (pro μ') εὕρημα λέγεται μηχανικόν (sequitur: Ἥρων δὲ ὁ
Ἀλεξανδρεὺς πάνυ σαφῶς τὴν κατασκευὴν ἐξέθετο; codex, quo
usus est Gerhardt, habet μ; uoluit sine dubio $\overset{\backsim}{\mu}$, compendium particulae μέν). Hoc igitur loco exponemus,
quatenus Archimedes mechanicorum scientia sua uti
potuerit ad machinas excogitandas struendasque; de
quibus quid ipse senserit, commemorauimus p. 8
not. 7.

1. Proclus in Eucl. p. 41, 3 sq: πρὸς δὴ ταύταις ἡ
μηχανικὴ καλουμένη τῆς περὶ τὰ αἰσθητὰ καὶ τὰ ἔνυλα ·πραγ-
ματείας μέρος ὑπάρχουσα, ὑπὸ δὲ ταύτην ἥ τε ὀργανοποιικὴ τῶν
κατὰ πόλεμον ἐπιτηδείων ὀργάνων, οἷα δὴ καὶ Ἀρχιμήδης λέγεται κατασκευάσαι τῶν πολεμούντων τὴν Συρακούσαν ἀμυντικὰ
ὄργανα κτλ.

2. Törner: De industria A. in obsidione Syracusarum dissert. Upsal. 1752. 4. Fabricius: Bibl. gr.
IV p. 551—55. Torelli in edit. sua p. 363—70.

Κοχλίας (nos: Vandsnegl). Hoc instrumentum ad
aquas exhauriendas aptissimum (describitur a Uitruuio
X, ·6 (11 al.) et Philone III p. 330 ed. Pfeiffer) in
Aegypto inuenit Archimedes, ubi et ad agros irri-
gandos (Diod. I, 34: τῶν ἀνθρώπων ῥαδίως ἅπασαν (τὴν
χώραν) ἀρδευόντων διά τινος μηχανῆς, ἣν ἐπενόησε μὲν Ἀρχιμήδης ὁ Συρακόσιος, ὀνομάζεται δὲ ἀπὸ τοῦ σχήματος κοχλίας);
etiam ad aquam ex metallis hauriendam usurpata est
(Diod. V, 37: ἀπαρύτουσι γὰρ τὰς ῥύσεις τῶν ὑδάτων τοῖς Αἰγυπτια-
κοῖς λεγομένοις κοχλίαις, οὓς Ἀρχιμήδης ὁ Συρακόσιος εὗρεν,

ὅτε εἰς Αἴγυπτον παρέβαλεν). Eos posteriore quoque tempore Aegyptiis in usu fuisse, docet Strabo XVII p. 807. Similiter Athenaeus V, 208 f. ἡ δὲ ἀντλία (nauis Hieronis, de qua infra dicemus) καίπερ βάθος ὑπερβάλλον ἔχουσα δι'ἑνὸς ἀνδρὸς ἐξηντλεῖτο διὰ κοχλίου, Ἀρχιμήδους ἐξευρόντος. Supra p. 32 commemoraui problema illud Archimedis: τὸ δοθὲν βάρος τῇ δοθείσῃ δυνάμει κινῆσαι (cfr. p. 8 not. 6); hoc proposuerat constructis machinis, quibus maxima onera minimo labore mouere posset. Uim earum ostendit, cum Hiero rex ingentem nauem struxisset (quam describit Moschion apud Athenaeum V, 206 d— 209 f., cfr. Anthol. Palat. append. 15); nam cum haesitaretur, quo modo deduci posset, id machinis suis effecisse dicitur; sed quaenam fuerit machina illa, id inter auctores non conuenit. Athenaeus V, 207 a—b factum esse narrat per helicem (ὡς δὲ περὶ τὸν καθελκυσμὸν αὐτοῦ τὸν εἰς τὴν θάλασσαν πολλὴ ζήτησις ἦν, Ἀρχιμήδης ὁ μηχανικὸς μόνος αὐτὸ κατήγαγε δι'. ὀλίγων σωμάτων. κατασκευάσας γὰρ ἕλικα τὸ τηλικοῦτον σκάφος εἰς τὴν θάλασσαν κατήγαγε· πρῶτος δ' Ἀρχιμήδης εὗρε τὴν τῆς ἕλικος κατασκευήν); si hoc uerum est, cogitandum est de machina ei simili, quam uocauit Hero βαρουλκόν, ex rotis dentatis composita et per helicem infinitam, quae uocatur, mota. Huc spectat Eustath. ad Il. III p. 114 ed. Stallb.: λέγεται δὲ ἕλιξ καί τι μηχανῆς εἶδος, ὃ πρῶτος εὑρὼν ὁ Ἀ. εὐδοκίμησέ, φασι, δι' αὐτοῦ. Sed βαρουλκόν ab Archimede inuentum esse, quod uulgo traditur, a nullo auctore antiquo narratur; nam quae de eo habet Pappus VIII p. 330—36, ex Herone testatur se sumpsisse. De construendis rotis dentatis helicibusque iis aptis multa disserit idem VIII p. 358—74, praeeunte hic quoque eodem Herone (u. p. 372: τοῦτο γὰρ Ἥρων ἀπέδειξεν ἐν τοῖς μηχανικοῖς, γραφήσεται δὲ καὶ ὑφ' ἡμῶν). Plutarcho si credimus (quocum consentit aliquatenus Tzetzes Chil. II,

107 : καὶ τῇ τρισπάστῳ μηχανῇ ... πεντεμυριομέδιμνον καθείλ-
κυσεν ὁλκάδα), πολυσπάστῳ usus est. Is enim Marc. 14: θαυ-
μάσαντος δὲ, inquit, τοῦ ʿΙέρωνος (quia ˙Archimedes dixisset, se terram loco mouere posse, u. p. 8 not. 6)
καὶ δεηθέντος εἰς ἔργον ἐξαγαγεῖν τὸ ˌπρόβλημα καὶ δεῖξαί τι
τῶν μεγάλων κινούμενον ὑπὸ σμικρᾶς δυνάμεως, ὁλκάδα τριάρμενον τῶν βασιλικῶν πόνῳ μεγάλῳ καὶ χειρὶ πολλῇ νεωλκηθεῖ-
σαν, ἐμβαλὼν ἀνθρώπους τε πολλοὺς καὶ τὸν συνήθη φόρτον,
αὐτὸς ἄπωθεν καθήμενος οὐ μετὰˑσπουδῆς, ἀλλὰ ἠρέμα τῇ χειρὶ
σείων ἀρχήν τινα πολυσπάστου προσηγάγετο κτλ. Adparet
enim, Plutarchum de eadem re loqui, quamquam paulo
aliter narrat factam esse. Et re uera inter Archimedis
inuenta refertur et πολύσπαστος (a Galeno in Hippocr.
De artic. IV, 47 = XVIII p. 747 ed. Kühn) et τρί-
σπαστος; Oribasius Coll. med. IL, 22 (IV p. 407 ed. Busse-
maker) Ἀπελλίδους ἢ Ἀρχιμήδους τρίσπαστον inuentum
esse dicit πρὸς τὰς τῶν πλοίων καθολκάς. Describitur ab
Oribasio 1. ˙l. p. 407—15 (= Schneideri Eclog. II p.
308 sq.) et Uitruuio X, 2. Est machina tractoria ex
duabus trochleis composita, quarum superior duos orbiculos. inferior autem unum continet; trispastus appel-
latur, uel quod per tres orbiculos uoluitur (Uitruu. X,
2, 3), uel quod tres usurpantur funes (Oribas. p. 413:
διὰ γὰρ αὐτὸ τοῦτο καὶ τρίσπαστον προσηγορεύθη τὸ ὄργανον,
ὅτι τρεῖς εἰσιν οἱ ἐνεργοῦντες κάλοι). Hanc machinam etiam
χαριστίωνα uocari inde colligo, quod Tzetzes Chil. II,
130 uocem illam Archimedis sic refert: πᾶ βῶ καὶ χαρι-
στίωνι τὰν γᾶν κινήσω πᾶσαν, Chil. III, 61 autem sic: ὁ
γῆν ἀνασπῶν μηχανῇ ˙τῇ τρισπάστῳ βοῶν: ὅπα βῶ καὶ σαλεύσω
τὴν χθόνα (πολυσπάστῳ dicere debuit); cfr. Simplicius
Comm. in Aristot. Phys. in Schneideri Eclog. II p.
286: ταύτῃ δὲ τῇ ἀναλογίᾳ τοῦ κινοῦντος καὶ τοῦ κινουμένου
καὶ τοῦ διαστήματος τὸ σταθμικὸν ὄργανον τὸν καλούμενον χαριστίωνα συστήσας ὁ Ἀρχιμήδης, ὡς μέχρι παντὸς τῆς ἀναλογίας προχωρούσης, ἐκόμπασεν ἐκεῖνο τὸ πᾶ βῶ καὶ κινῶ τὰν γᾶν.

38

Πολύσπαστος describitur ab Herone (Mathemat. uett. p. 128—29) et [Pappo] VIII p. 377. Itaque hoc tantum statuere licet, Archimedem machinam aliquam, qua magna onera minimo ˉlabore mouerentur, excogitasse eaque nauem Hieronis deduxisse, ut ostenderet, se re uera problema illud soluisse: datum pondus data potentia mouere; sed utrum βαρουλκῷ an πολυσπάστῳ usus sit, non constat. Conferatur de uniuersa re Proclus in Eucl. p. 63: οἶον δὴ καὶ ʿΙέρων ὁ Συρακούσιος εἰπεῖν λέγεται περὶ ᾿Αρχιμήδους, ὅτε τὴν τριάρμενον κατεσκεύασε ναῦν, ἣν παρεσκευάζετο πέμπειν Πτολεμαίῳ τῷ βασιλεῖ τῷ Αἰγυπτίῳ. πάντων γὰρ ἅμα Συρακουσίων ἑλκῦσαι τὴν ναῦν οὐ δυναμένων Ἀρχιμήδης τὸν ʿΙέρωνα μόνον αὐτὴν καταγαγεῖν ἐποίησεν· καταπλαγεὶς δὲ ἐκεῖνος ἀπὸ ταύτης, ἔφη, τῆς ἡμέρας περὶ παντὸς Ἀρχιμήδει λέγοντι πιστευτέον. Cfr. Sil. Ital. XIV, 351—2.

Ueniamus iam ad praeclaram illam Syracusarum defensionem a plurimis scriptoribus antiquis celebratam, et singula, quae de Archimedis in ea opera et industria traduntur, uideamus. Primum igitur construxit tormenta uariae magnitudinis tam callide facta, ut aduersus eos, qui procul essent, maioribus et ualidioribus, aduersus propiores minoribuɔ uti posset, ui tormentorum ad spatia distantiarum apta (Polyb. VIII, 7, 2—3. Liuius XXIV, 34, 8. Plut. Marc. 15 fin.). Etiam in illa Hieronis naui λιθοβόλον construxerat τριτάλαντον λίθον καὶ δωδεκάπηχυ βέλος ἐπὶ στάδιον emittentem (Athenae. V, 208 c). Cfr. Tzetzes Chil. II, 114—18. Deinde machinas fabricatus est perticas sustinentes, quae repente, adpropinquantibus sambucis Romanorum, a summo muro protendebantur; in perticis lapides uel plumbum adligauerat, quae in naues ui magna demittebantur (Polyb. VIII, 7, 8—11. Plut. Marc. 15). Etiam tollenonibus uncos seu manus ferreas demittebat, quibus naues hostium implicabantur; cum deinde nauem unco implicatam in puppi statuisset, subito remissa

39

catena, ex qua dependebat manus illa ferrea, nauem
in undas mergebat (Polyb. VIII, 8, 2—4. Liuius XXIV,
34, 10—11. Plut. Marc. 15. Tzetzes Chil. II, 111 sq.).
Silius Ital. XIV, 320 sq. autem falsa immiscuit ueris
narrans, Archimedem uiros quoque tollenone rapuisse
atque in urbem tulisse (u. 324—25); similia Zonaras
IX, 4. Tollenone simili ad milites corripiendos
postea utebantur Romani (Tacit. Hist. IV, 30), sed de
Archimede apud praestantiores auctores nihil tale traditum est. Praeterea in muro passim quasi fenestras
aperuit, unde tela et sagittae in hostes oppugnantes
mitterentur (τοξότιδες).; Polybius (VIII, 7, 6) eas παλαι-
στιαίας τὸ μέγεθος κατὰ τὴν ἐκτὸς ἐπιφάνειαν fuisse dicit, quod »cubitales« male reddidit Liuius (XXIV,
34, 9). De iis u. praeter Liuium et Polybium Plut.
Marc. 15 fin.; Mathemat. uett. p. 319; Sil. Ital.
XIV, 333.

Antiquitus peruulgata erat fama, Archimedem speculis classem Romanam combussisse, sed hoc silentio
praetermittitur a.scriptoribus antiquissimis fideque dig-
nissimis. Primus huius rei mentionem facit Lucianus
Hipp. 2 : τὸν δὲ ('Αρχιμήδην) τὰς τῶν πολεμίων τριήρεις κατα-
φλέξαντα τῇ τέχνῃ; et eodem fere tempore Galenus
Περὶ κρασ. III, 2 : οὕτω (sc. per resinam) δή πως, οἶμαι,
καὶ τὸν Ἀρχιμήδην φασὶ διὰ τῶν πυρίων ἐμπρῆσαι τὰς τῶν πολεμίων τριήρεις; nam quod putant, iam Diodorum haec
habuisse, id ualde incertum est. Tzetzes quidem Chil.
II hist. 35, ubi inter alia etiam de speculis agit, eum
inter auctores nominat (u. 131 ; 149), sed putauerim, eum
ex illo nihil nisi narrationem de morte Archimedis
hausisse; etsi Diodorus machinas Archimedis cele-
brauerat (V, 37 : θαυμάσαι δ'ἄν·τις εἰκότως τοῦ τεχνίτου τὴν
ἐπίνοιαν οὐ μόνον ἐν τούτοις, ἀλλὰ καὶ ἐν ἄλλοις πολλοῖς καὶ
μείζοσι διαβεβοημένοις κατὰ πᾶσαν τὴν οἰκουμένην, περὶ ὧν
κατὰ μέρος, ὅταν ἐπὶ τὴν Ἀρχιμήδους ἡλικίαν ἔλθωμεν, ἀκριβῶς

διέξιμεν); sed nihil est, cur putemus, eum specula eius commemorasse. Contra Dio Cassius eorum mentionem fecerat, teste Zonara XIV, 3: *κάτοπτρα γὰρ ᾄδεται* (*ὁ Πρόκλος*) *χαλκεῦσαι πυροφόρα καὶ ἐκ τοῦ τείχους ταῦτα ἀπαιωρῆσαι, καὶ ... τούτοις τῶν ἡλιακῶν ἀκτίνων προσβαλουσῶν πῦρ ἐκεῖθεν ἐκκεραυνοῦσθαι καταφλέγον τὸν νηιτὴν τῶν ἐναντίων στρατὸν καὶ τὰς νῆας αὐτάς, ὃ πάλαι τὸν Ἀρχιμήδην ἐπινοῆσαι ὁ Δίων ἱστόρησε, τῶν Ῥωμαίων τότε πολιορκούντων Συρακούσαν.* Proximus est Anthemius, architectus clarissimus saeculi sexti. Is enim in libro suo *περὶ παραδόξων μηχανημάτων* (cuius edita sunt fragmenta in Westermanni Paradoxogr. p. 149—58 et in Schneideri Eclog. I p. 402— 406) cap. II demonstrat, fieri non potuisse, ut Archimedes uno speculo parabolico uteretur (p. 153); deinde, *ἐπειδὴ τὴν Ἀρχιμήδους δόξαν οὐχ οἷόν τέ ἐστι καθελεῖν ἅπασιν ὁμολόγως ἱστορηθέντος, ὡς τὰς ναῦς τῶν πολεμίων διὰ τῶν ἡλιακῶν ἔκαυσεν ἀκτίνων,* ipse excogitauit, qua ratione per plana specula uiginti quattuor numero satis magnus ardor parari posset (p. 155 sq.), et suspicatur, Archimedem hac ipsa ratione usum esse (p. 156: *καὶ γὰρ οἱ μεμνημένοι περὶ τῶν ὑπὸ Ἀρχιμήδους τοῦ θειοτάτου κατασκευασθέντων ἐσόπτρων οὐ δι' ἑνὸς ἐμνημόνευσαν πυρίου ἀλλὰ διὰ πλειόνων· καὶ οἶμαι μὴ εἶναι τρόπον τινὰ ἕτερον τῆς ἀπὸ τούτου τοῦ διαστήματος ἐκκαύσεως*). Deinde apud recentiores constans iam fama est: Zonaras IX, 4: *καὶ τέλος σύμπαν τὸ ναυτικὸν τῶν Ῥωμαίων παραδόξως κατέπρησε. κάτοπτρον γάρ τι πρὸς τὸν ἥλιον ἀνατείνας τήν τε ἀκτῖνα αὐτοῦ ἐς αὐτὸ εἰσεδέξατο καὶ τὸν ἀέρα ἀπ' αὐτῆς τῇ πυκνότητι καὶ τῇ λειότητι τοῦ κατόπτρου πυρώσας φλόγα τε μεγάλην ἐξέκαυσε καὶ πᾶσαν αὐτὴν ἐς τὰς ναῦς ὑπὸ τὴν τοῦ πυρὸς ὁδὸν ὁρμούσας ἐνέβαλε καὶ πάσας κατέκαυσεν.* Eustathius ad Iliad. V, 4 (II p. 3 ed. Stallbaum): *.καθ' ἣν δὴ ταύτην* (*τὴν αὐτὴν?*) *μέθοδον "Α. μὲν ὁ σοφώτατος πολεμικὰς ἐνεπύρισε νῆας ὡς οἷά τις κεραυνοβόλος.* Tzetzes denique Chil. II, 118—28 rationem Anthemii (quam ne intellexit quidem; u. Du-

puy: Hist. de l'acad. des inscr. XLII p. 429—35) tamquam Archimedis exponit. Cfr. Chil. IV, 506—7;
Homeric. 47. Sed neque Polybius (nam quamquam
fragmenta tantum huius partis operis Polybii exstant,
tamen eum specula non commemorasse inde intellegi
potest, quod Liuius uestigia eius premens nihil eius
modi habet) neque Plutarchus, quamquam in machinis
Archimedis celebrandis multi sunt, huius rei mentionem fecerunt. Constat igitur, apud posteriores famam
incertam fuisse paulatim crescentem, Archimedem uno
(Zonaras saltem de uno speculo loquitur) uel pluribus
speculis classem Romanam combussisse; ne Anthemio
quidem plura nota erant. Sed huic famae a grauis-
simis auctoribus spretae fides minime habenda est.
Ceterum fieri posse, ut ratione ab Anthemio excogi-
tata lignum et similia speculis planis accendantur,
ostendit Buffonus; sed hoc ad nostram quaestionem,
quae tota historica est, nihil pertinet. De simili fabula, quae de Proclo· traditur, u. Boissonnade ad Ma-
rini uitam Procli p. XXVI sq.

E multis scriptoribus recentioribus, qui de speculis
Archimedis disputauerunt, hos tantum nomino: Oetin-
ger: De speculo Archimedis. Tubing. 1725. 4. De-
lambre: Sur un nouveau miroir ardent (in Peyrardi
interpretatione II p. 498 sq.). Plures u. apud Wilde:
Optik d. Griechen (Berlin 1832. 4) p. 27.

Sphaera. Huius operis clarissimi et ingeniosissimi descriptionem satis perspicuam dedit Cicero de
republ. I, 21—22: (Philus) memoria teneo C. Sul-
picium Gallum, ... cum ... esset casu apud M. Marcellum ..., sphaeram, quam M. Marcelli auus captis
Syracusis ex urbe locupletissima atque ornatissima
sustulisset, cum aliud nihil ex tanta praeda domum
suam deportauisset, iussisse proferri: cuius ego sphaerae
cum persaepe propter Archimedi gloriam nomen au-
dissem, speciem ipsam non sum tanto opere admi-

ratus; erat enim illa uenustior et nobilior in uulgus,
quam ab eodem Archimede factam posuerat in tem-
plo Uirtutis Marcellus idem; sed postea quam coepit
rationem huius operis scientissime Gallus exponere,
plus in illo Siculo ingenii, quam uideretur natura hu-
mana ferre potuisse, iudicabam fuisse; dicebat enim
Gallus sphaerae illius alterius solidae atque plenae ue-
tus esse inuentum et eam a Thalete Milesio primum
esse tornatam, post autem ab Eudoxo Cnidio, disci-
pulo, ut ferebat, Platonis, eandem illam astris stellis-
que, quae caelo inhaererent, esse descriptam, cuius
omnem ornatum et descriptionem, sumptam ab Eudoxo multis annis post non astrologiae scientia sed
poetica quadam facultate uersibus Aratum extulisse.
Hoc autem sphaerae genus, in quo solis et lunae motus inessent et earum quinque stellarum, quae errantes
et quasi uagae nominarentur, in illa sphaera solida
non potuisse finiri, atque in eo admirandum esse inuentum Archimedi, quod excogitasset, quem ad modum
in dissimillimis motibus inaequabiles et uarios cursus
seruaret una conuersio. Hanc sphaeram Gallus cum
moueret, fiebat, ut soli luna totidem conuersionibus
in aere illo, quot diebus in ipso caelo, succederet, ex
quo et in sphaera solis fieret eadem illa defectio, et
incideret luna tum in eam metam, quae esset umbra
terrae, cum sol e regione * *. Hactenus Cicero; unde
adparet, sphaeram illam fuisse planetarium, quod uocant. Ceterum ex uerbis eius colligere possumus,
Archimedem etiam solidam sphaeram siue globum
caelestem confecisse. De planetario illo maiore arte
confecto u. praeterea Cicero Tuscul. I, 63: nam cum
A. lunae, solis, quinque errantium motus in sphaeram
inligauit cet.; de nat. deor. II, 88. Ovid. Fast. VI,
277. Lactant. Instit. II, 5, 18. Martian. Capell. II,
212; VI, 583 sq. Claudian. Epigr. 18. Sextus Empir.

p. 416 ed. Bekker: τὴν γοῦν Ἀρχιμήδειον σφαῖραν σφόδρα θεωροῦντες ἐκπληττόμεθα, ἐν ᾗ ἥλιός τε καὶ σελήνη κινεῖται καὶ τὰ λοιπὰ τῶν ἀστέρων. Inter recentiores: Schiek: Ueber die Himmelsgloben d. Anaximander u. Archimedes. Hanau 1843—46. 4. Goell: D. gelehrte Alterthum p. 187—190. De sphaeris et globis ueterum Fabricii Bibl. III p. 457 sq.

In carmine de ponderibus u. 102—23 ratio exponitur, qua pondus humidorum inueniri possit, cylindro cauo ex argento uel aere facto in ea demerso; deinde u. 124 sequuntur haec uerba: nunc aliud partum ingenio trademus eodem; tum describitur, qua uia Archimedes (u. 127: prima Syracusi mens prodidit alta magistri) furtum illud, de quo u. p. 22, deprehenderit. Hinc igitur colligendum uidetur, Archimedem illud instrumentum, quo pondus specificum, quod uocant, humidorum inuenitur, excogitasse; quod per se ueri simile, est, cum sciamus, eum in talibus quoque quaestionibus uersatum fuisse (p. 22).

1. Tertullianus (De anima 14) Archimedi tribuit organum hydraulicum, sed sine dubio iniuria; est enim inuentum Ctesibii, testibus Plinio (Hist. nat. VII, 125), Uitruuio (X, 7), Athenaeo (IV, 174 d), Philone (Mathemat. uett. p. 77), in talibus rebus illo multo grauioribus (cfr. Graebner: De organ. hydraul. p. 39).

2. Apud Marium Uictorinum in Art. gr. 3 (VI p. 100 ed. Keil) haec leguntur: ut ille loculus Archimedius e quattuordecim crustis eburneis nunc quadratis nunc triangulis nunc ex utraque specie varie figuratis velut quibusdam membris artis struendae causa compositus proditur; nam ut in illo praefinito ac determinato crustarum numero multiplici earundem variatarum specie nunc navis nunc gladius nunc arbuscula et si qua alia figurantur cet. Similiter Atilius Fortunatian. De metr. VI p. 271: nam si loculus ille Archimedius, qui XIV eboreas lamellas, quarum varii anguli sunt, in quadratam formam inclusas habet, componentibus nobis aliter modo galeam modo sicam alias columnam alias navem figurat et innumerabiles

44

efficit species, solebatque nobis pueris hic loculus ad
confirmandam memoriam prodesse plurimum cet. Uidetur describi tale aliquid, quale est nostrum illud
puerorum oblectamentum, quod tesserae Sinesicae
(chinesisk Spil) uocatur. Sed non puto, hunc loculum
inter Archimedis inuenta referendum esse; nam »Archimedius« uix aliud significat nisi: summa arte factum,
artificiosum. Cfr. prouerbium πρόβλημα Ἀρχιμήδειον, (p. 27)
et Tzetzes Chil. XII, 270: τῶν Ἀρχιμήδους μηχανῶν χρεί-
αν ἔχω.

Caput IV.

De arithmeticis Archimedis.

Dubitari non potest, quin inter Euclidis et Diophanti tempora multum in arithmetica a mathematicis
Graecis effectum sit, nec facile quisquam crediderit,
hunc omnes propositiones suas mirabilis acuminis ingenii summaeque doctrinae testes de suo inuenisse
nullis nisum aliorum fundamentis. Sed paucissima ad
nos peruenerunt opera arithmeticorum Graecorum;
ea. de causa perdifficilis est nec adhuc satis pertractata
quaestio de incrementis et progressu arithmeticae Graecorum. Itaque operae pretium esse duxi conquirere,
quidquid in scriptis Archimedis ad arithmeticam perti-
neret, primum quaedam arithmeticae Euclideae similiora
(quo ea quoque rettuli, quae ad scientiam de proportionibus uniuersam [Eucl. libr. V] spectant), dein alia
nonnulla nostrae rationi propiora.

In libro de quadratura parabolae p. 18 hoc pro-
ponitur lemma: τῶν ἀνίσων χωρίων τὰν ὑπεροχάν, ᾇ ὑπερέχει
τὸ μεῖζον τοῦ ἐλάσσονος, δυνατὸν εἶμεν αὐτὰν [ἑαυτᾷ] συντιθεμέναν παντὸς ὑπερέχειν τοῦ προτεθέντος πεπερασμένου χωρίου.

Addit, iam priores geometras hoc lemmate usos esse; utitur quadr. parab. 16 p. 28. Iisdem fere uerbis de sph. et cyl. I λαμβ. 5 p. 65 (utitur I, 3) et de helic. p. 220: λαμβάνω δὲ καὶ ἐν τούτοις ὡς ἐν τοῖς πρότερον ἐκδεδομένοις βιβλίοις λήμματα τάδε· τᾶν ἀνίσαν γραμμᾶν καὶ τῶν ἀνίσων χωρίων τὰν ὑπεροχάν, ᾷ ὑπερέχει τὸ μεῖζον τοῦ ἐλάσσονος, αὐτὰν ἑαυτᾷ συντιθεμέναν δυνατὸν εἶμεν παντὸς ὑπερέχειν τοῦ προτεθέντος τῶν ποτ' ἄλλαλα λεγομένων; utitur prop. 21 p. 241. Similis aliquatenus est Euclidis libri X prop. 1, qua utitur Archimedes quadr. parab. 24 p. 34, de sphaera et cyl. I p. 71; 5 p. 74 (cfr. I, 6 p. 75; I, 7; I, 10 p. 79; I, 11 p. 82); 12 p. 84.

De proportionibus praeter Euclidis propositiones, quibus saepissime tacite nititur uel uerbo tantum significat, has nouas habet aut pro notis utitur:

Sit $ad < bc$, tum erit $\frac{a}{b} < \frac{c}{d}$; de sph. et cyl. II, 9 p. 186, 12; Eutocius p. 190, 16 sq.; 195, 14 sq. Cfr. II, 10, p. 198, 21; Eutoc. p. 200, 8 sq. Similiter II, 9 p. 161, 1: sit $\frac{a}{b} < \frac{b}{c}$, tum $ac < b^2$ (Eutoc. p. 189, 36 sq.); cfr. Serenus: De sect. con. prop. 1. Hinc Archimedes p. 186, 2 concludit: $\frac{ac}{c^2} < \frac{b^2}{c^2}$. Eutoc. 190, 1 sq.

Sit $AP \times P\Gamma > AK \times K\Gamma$ et $AP^\nu = AK \times \Gamma\Xi$; erit $A\Gamma \times AP > \Xi K \times AK$; de sph. et cyl. II, 10 p. 198, 16; hoc Eutocius p. 199, 38 sq. sic ostendit:
$AP \times PI + AP^2 > AK \times K\Gamma + AK \times \Gamma\Xi$; $AP \times PI' + AP^2 = A\Gamma \times AP$ (Eucl. II, 3). $AK \times KI' + AK \times \Gamma\Xi = \Xi K \times AK$ (Eucl. II, 1) Ͻ: $AI' \times AP > \Xi K \times AK$.

Sit $BE = ED$; tum erit $BZ \times ZD < BE \times ED$; de sph. et cyl. II, 9 p. 186, 11; cfr. II, 10 p. 198, 12. Eutoc. p. 196, 6 sq.; nam $BE \times ED = ED^2 = BZ \times ZD + EZ^2$ (Eucl. II, 5). Hinc colligitur, linea recta in partes inaequales bis diuisa, productum partium puncto medio propiorum fore maius producto alterarum partium. Cfr. Eutoc. p. 199, 22 sq.

Sit $a > b$; erit $\dfrac{c \div b}{b} > \dfrac{c + a}{a}$; de sph. et cyl.

II, 8 p. 183, 31 sq.; Eutoc. p. 184, 37 sq.: $\dfrac{c}{b} > \dfrac{c}{a}$ ꓳ:

συνθέντι: $\dfrac{c + b}{b} > \dfrac{c + a}{a}$. Hinc sequitur, ut, si duabus magnitudinibus addantur duae aequales, maior magnitudo ad minorem habeat maiorem rationem quam maior summa ad minorem ꓳ: $\dfrac{a}{b} > \dfrac{a + c}{b + c}$; II, 9 ·p. 185, 38; Eutoc. p. 189, 24 sq.; 190, 41 sq.

Sit $\dfrac{a}{b} > \dfrac{c}{d}$ et $a + b = c + d$; erit $a > c$ (nam $\dfrac{a + b}{a} < \dfrac{c + d}{c}$); de plan. aequil. II, 5 p. 42, 42 sq. (Eutoc. p. 43, 24 sq.); II, 7 p. 45, 23.

Sit $\dfrac{a^2}{c^2} > \dfrac{c}{d}$, tum $\dfrac{a}{d} > \left(\dfrac{c}{d}\right)^{\frac{3}{2}}$; de sph. et cyl. II, 9 p. 186, 22; Eutoc. p. 191, 2 sq.: sit enim $\dfrac{c}{e} = \dfrac{e}{d}$; inde $\dfrac{c}{d} = \dfrac{c^2}{e^2}$ (Eucl. V def. 10) ꓳ: $\dfrac{a}{c} > \dfrac{c}{e}$; ponatur praeterea $\dfrac{e}{c} = \dfrac{c}{f}$; itaque $\dfrac{f}{c} = \dfrac{c}{e} = \dfrac{e}{d}$; hinc (Eucl. V. def. 11):

$$\frac{f}{d} = \frac{f^3}{c^3} = \frac{c^3}{e^3} = \left(\frac{c}{d}\right)^{\frac{3}{2}}; \text{ sed } \frac{e}{c} > \frac{c}{a} \; \backsimeq: \; \frac{c}{f} > \frac{c}{a}, a > f;$$

itaque $\dfrac{a}{d} > \dfrac{f}{d}$.

De sph. et cyl. I, 3: datis duabus magnitudinibus inaequalibus, duae lineae inueniri possunt, ita ut maior ad minorem habeat minorem rationem, quam maior magnitudo ad minorem.

Sit enim $AB > D$ et $BC = D$ et AF

$= nCA > D$. Praeterea sit $\dfrac{AF}{AC} = \dfrac{GH}{HE}$;

est igitur $\dfrac{AC}{AF} < \dfrac{AC}{BC}$ et $\dfrac{EH}{GH} < \dfrac{AC}{BC}$; $\backsimeq: \; \dfrac{EG}{GH}$

$< \dfrac{AB}{BC} = \dfrac{AB}{D}$; quod oportebat reperire.

Sit $\dfrac{a}{b} = \dfrac{b}{c} = \dfrac{c}{d}$; demonstrandum $\dfrac{a^2}{b^2}$

$= \dfrac{b}{d}$; de sph. et cyl. II, 6 p. 179, 6; Eu-

tocius p. 180, 44 sq.: $\dfrac{a}{b} = \dfrac{c}{d}$; unde $\dfrac{a}{c} = \dfrac{b}{d}$; sed $\dfrac{a}{c} =$

$\dfrac{a^2}{b^2}$ (Eucl. V. def. 10) $\backsimeq: \; \dfrac{a^2}{b^2} = \dfrac{b}{d}$.

Sit $\dfrac{a}{b} = \dfrac{b}{c}$; erit $\dfrac{a}{c} = \dfrac{b^2}{c^2}$; de sph. et cyl. II, 5 p.

157, 29. Eutocius p. 160, 7 sq.: $\dfrac{a}{c} = \dfrac{a^2}{b^2}$ (Eucl. V def.

10) $= \dfrac{b^2}{c^2}$; cfr. p. 189, 9; 190, 29.

Datum sit $\dfrac{a}{b} = \dfrac{c}{d}$; erit $\dfrac{(a+b)^2}{ab} = \dfrac{(c+d)^2}{cd}$; de

sph. et cyl. II, 3 p. 152, 20 sq. Eutoc. p. 155, 12 sq.:

$\dfrac{a+b}{b} = \dfrac{c+d}{d}$ (Eucl. V, 18); $\dfrac{(a+b)^2}{b^2} = \dfrac{(c+d)^2}{d^2}$.

Deinde $\dfrac{a}{b} = \dfrac{ab}{b^2} = \dfrac{cd}{d^2}$ $\backsimeq: \; \dfrac{(a+b)^2}{ab} = \dfrac{(c+d)^2}{cd}$ (Eucl. V, 22).

Sit $a : b : c = A : B : C$ et $a = b + c$, tum erit $A = B + C$; de sph. et cyl. II, 3 p. 151, 13. Cfr. I, 17 p. 95, 26; 38 p. 117—18, 1; 49 p. 127, 44. Similiter, si $\frac{a}{b} = \frac{306}{153}$, erit $\frac{a^2-b^2}{b^2} = \frac{306^2-153^2}{153^2}$, et si $\frac{a}{b}$ $= \frac{306}{153}$, $\frac{c}{b} > \frac{265}{153}$, erit $\frac{a + c}{b} > \frac{306 + 265}{153}$; de dim. circ. 3 p. 206 sq.

Euclides VI def. 5 haec habet: λόγος ἐκ λόγων συγκεῖσθαι λέγεται, ὅταν αἱ τῶν λόγων πηλικότητες ἐφ᾽ ἑαυτὰς πολλαπλασιασθεῖσαι ποιῶσί τινα. Etiam Archimedes proportionibus compositis utitur, uelut de sph. et cyl. II, 5 p. 158: $\frac{P\varDelta}{\varDelta\varXi}$, inquit, λόγος συνῆπται ἔκ τε τοῦ $\frac{P\varDelta}{\varDelta\varDelta}$ καὶ τοῦ $\frac{\varDelta\varDelta}{\varDelta\varXi}$. In uniuersum proportione $\frac{a}{c} = \frac{c}{b}$ data, $\frac{a}{b}$ compositam esse ex $\frac{a}{c}$ et $\frac{c}{b}$ sic demonstrat Eutocius p. 161: sit d πηλικότης proportionis $\frac{a}{c}$ et e proportionis $\frac{c}{b}$ et $de = f$; demonstrandum, f esse πηλικότητα proportionis $\frac{a}{b}$ ɔ: $a = fb$ (Euclidis definitionem citat p. 160). Sit $fb = g$; tum $\frac{f}{e} = \frac{g}{c}$ (quia $c = be$) et $\frac{e}{c} = \frac{f}{a}$ (quia de $= f$ et $dc = a$) ɔ: $\frac{a}{c} = \frac{g}{c}$ ɔ: $a = g = fb$. Proportionem ex tribus compositam $\left(\frac{a}{d} = \frac{a}{b} \cdot \frac{b}{c} \cdot \frac{c}{d} \right)$ habet Archimedes de sph. et cyl. II, 9 p. 187; cfr. Eutoc. p. 192.

Quam acute Archimedes proportionibus usus sit, ex his maxime cernitur:

De plan. aequil. II, 9: data sint haec: $\frac{a}{b} = \frac{b}{c} =$

$\frac{c}{d}$ (1), $\frac{d}{a-d} = \frac{e}{^3/_5(a-c)}$ (2), $\frac{2a+4b+6c+3d}{5a+10b+10c+5d} = \frac{f}{a-c}$

(3); demonstrari oportet: $e + f = {}^2/_5\,a$ (a maxima est).

Nam: $\frac{a-b}{b-c} = \frac{a}{b} = \frac{b-c}{c-d} = \frac{b}{c} = \frac{c}{d};\ \frac{a-c}{a+b} = \frac{b-c}{b}$

$= \frac{c-d}{c};\ \frac{b+c}{a-c} = \frac{c}{b-c} = \frac{d}{c-d};\ \frac{a+b}{c} = \frac{a-c}{c-d}$

$= \frac{b+c}{d} = \frac{2a+2b}{2c}$ ꝯ: $\frac{2a+3b+c}{2c+d} = \frac{b+c}{d} =$

$\frac{a-c}{c-d} < \frac{2a+4b+4c+2d}{2c+d}$; itaque si ponimus $g < c-d$,

poterit esse: $\frac{a-c}{g} = \frac{2a+4b+4c+2d}{2c+d}$ (4). Iam:

$\frac{a-c+g}{a-c} = \frac{2a+4b+6c+3d}{2(a+d)+4(b+c)}$ (5); hinc et ex 3 δι'

ἴσου (Eucl. V, 23): $\frac{5a+10b+10c+5d}{2(a+d)+4(b+c)} = \frac{a-c+g}{f}$

$= \frac{5}{2}$. Ex 5 διελόντι (Eucl. V, 17): $\frac{g}{a-c} =$

$\frac{2c+d}{2(a+d)+4(b+c)}$ (6). Deinde coniunctis 6 et 4 (Eucl.

V, 23): $\frac{2a+3b+c}{2(a+d)+4(b+c)} = \frac{g}{c-d}$, unde διελόντι

(Eucl. V, 17): $\frac{c-d-g}{c-d} = \frac{b+3c+2d}{2(a+d)+4(b+c)}$ (7).

Praeterea cum supra demonstratum sit $\frac{c-d}{d} = \frac{a-b}{b}$

$= \frac{b-c}{c}$ et $= \frac{3(b-c)}{3c} = \frac{2(c-d)}{2d}$, erit (Eucl. V, 12):

$\frac{a-b+3(b-c)+2(c-d)}{b+3c+2d} = \frac{a-b}{b} = \frac{c-d}{d}$ Hinc

et ex 7 (Eucl. V, 23):

$\frac{c-d-g}{d} = \frac{a-b+3(b-c)+2(c-d)}{2(a+d)+4(b+c)}$; unde συν-

θέντι (Eucl. V, 18): $\frac{c-g}{d} = \frac{3a+6b+3c}{2(a+d)+4(b+c)}$ (8).

Deinde cum sit: $\dfrac{c-d}{b-c} = \dfrac{b-c}{a-b} = \dfrac{c+d}{b+c} = \dfrac{b+c}{a+b}$,

erit etiam $\dfrac{a+2b+c}{a-c} = \dfrac{b+c}{b-c} = \dfrac{c+d}{c-d}$ ɔ: $\dfrac{c-d}{a-c} =$

$\dfrac{c+d}{a+2b+c}$ et (Eucl. V, 18): $\dfrac{a-d}{a-c} = \dfrac{a+2\,(b+c) \dotplus d}{a+2b+c}$

$= \dfrac{2\,(a+d)+4\,(b+c)}{2a+4b+2c}$; itaque $\dfrac{a-d}{^3/_5\,(a-c)} =$

$\dfrac{2\,(a+d)+4\,(b+c)}{^3/_5\,(2\,(a+c)+4b)} = \dfrac{d}{e}$ (ex 2). Coniunctis igitur hac

proportione et 8 (Eucl. V, 22): $\dfrac{c-g}{e} = \dfrac{3a+6b+3c}{^3/_5\,(2\,(a+c)+4b)}$

$= \dfrac{5}{2} = \dfrac{a-c+g}{f}$; unde (Eucl. V, 18): $\dfrac{a}{e+f} = \dfrac{c-g}{e}$

$= \dfrac{5}{2}$ ɔ: $e+f = \dfrac{2}{5}\,a$, quod erat demonstrandum.

De conoid. et sphaeroid. prop. 2: datae sint hae

proportiones: $\dfrac{a}{b} = \dfrac{g}{h}$, $\dfrac{b}{c} = \dfrac{h}{i}$, $\dfrac{c}{d} = \dfrac{i}{k}$, $\dfrac{d}{e} = \dfrac{k}{l}$,

$\dfrac{e}{f} = \dfrac{l}{m}$ et $\dfrac{a}{n} = \dfrac{g}{t}$, $\dfrac{b}{o} = \dfrac{h}{u}$, $\dfrac{c}{p} = \dfrac{i}{v}$, $\dfrac{d}{q} = \dfrac{k}{x}$,

$\dfrac{e}{r} = \dfrac{l}{y}$, $\dfrac{f}{s} = \dfrac{m}{z}$; demonstrandum: $\dfrac{a+b+c+d+e+f}{n+o+p+q+r+s}$

$= \dfrac{g+h+i+k+l+m}{t+u+v+x+y+z}$. Nam coniungendo $\dfrac{n}{a} =$

$\dfrac{t}{g}$ et $\dfrac{a}{b} = \dfrac{g}{h}$ (Eucl. V, 22): $\dfrac{n}{b} = \dfrac{t}{h}$, sed $\dfrac{b}{o} =$

$\dfrac{h}{u}$, itaque (V, 22): $\dfrac{n}{o} = \dfrac{t}{u}$; eodem modo $\dfrac{o}{p} = \dfrac{u}{v}$,

$\dfrac{p}{q} = \dfrac{v}{x}$ cet. Inde: $\dfrac{a+b}{g+h} = \dfrac{a}{g} = \dfrac{n}{t} = \dfrac{o}{u} = \dfrac{p}{v}$

$= \dfrac{c}{i}$, $\dfrac{a+b+c}{g+h+i} = \dfrac{c}{i} = \dfrac{p}{v} = \dfrac{q}{x} = \dfrac{d}{k}$ cett. ɔ:

$\dfrac{a+b+c+d+e+f}{g+h+i+k+l+m} = \dfrac{a}{g}$ uel:

$$\frac{a+b+c+d+e+f}{a} = \frac{g+h+i+k+l+m}{g} \quad (1).$$

Simili ratione ostenditur: $\dfrac{n}{n+o+p+q+r+s} =$

$$\frac{t}{t+u+v+x+y+z} \quad (2); \text{ erat praeterea } \frac{a}{n} = \frac{g}{t};$$

hinc et ex 1 (Eucl. V, 22): $\dfrac{a+b+c+d+e+f}{n} =$

$\dfrac{g+h+i+k+l+m}{t}$ (3), et ex 2 et 3 δι' ἴσου:

$$\frac{a+b+c+d+e+f}{n+o+p+q+r+s} = \frac{g+h+i+k+l+m}{t+u+v+x+y+z}, \text{q. e. d.}$$

Datis iisdem praeter $\dfrac{f}{s} = \dfrac{m}{z}$, eodem modo facile

intellegitur: $\dfrac{a+b+c+d+e+f}{n+o+p+q+r} = \dfrac{g+h+i+k+l+m}{t+u+v+x+y}$.

Dein sequuntur nonnulla de progressionibus arithmeticis:

Sint a, b, c datae aequali differentia inter se excedentes; erit $a + c = 2b$; de helic. prop. 13 p. 231—32. De sph. et cyl. I, 36 p. 114 (cfr. 50 p. 128): ἔστωσαν αἱ *I*, *Θ* εἰλημμέναι ὥστε τῷ ἴσῳ ἀλλήλων ὑπερέχειν τὴν *K* τῆς *I* καὶ τὴν *I* τῆς *Θ* καὶ τὴν *Θ* τῆς *II*; hoc est: datis duabus lineis duae mediae in continua proportione arithmetica inueniantur (Eutoc. p. 115 sq.):

$$A \text{———} \underset{D \ E \ F}{|\ \ |\ \ |} \text{———} B$$

$$G \text{————————} H$$

Datae sint *AB*, *GH*; sit *AD* = *GH* et *DE* = *EF* = *FB* = ⅓ (*AB* − *GH*). Erunt *AE*, *AF* lineae, quae quaeruntur; nam *AB* − *AF* = *AF* − *AE* = *AE* − *AD* = *AE* − *GH* = ⅓ *BD*.

Sit $a—b = b—c = c—d$; erit $\dfrac{a}{d} > \dfrac{a^3}{b^3}$; de sph. et cyl. I, 36 p. 114; 50 p. 128. Nam (Eutoc. p. 116)

sit $\dfrac{a}{b} = \dfrac{b}{x}$; erit $a = b + \dfrac{1}{n}a$, $b = x + \dfrac{1}{n}b$: $a—b$

$> b - x$ (cfr. Eucl. V, 25), cum $a > b$, $\backsim : b - c >$
$b - x$, $x > c$. Ponatur deinde $\dfrac{b}{x} = \dfrac{x}{y}$; erit $b - x$
$> x - y$ (nam $b > x$) $\backsim : b - c > x - y$ $\backsim : c - d$
$> x - y$; sed $x > c$, itaque $y > d$. Praeterea cum

sit $\dfrac{a}{b} = \dfrac{b}{x} = \dfrac{x}{y}$, est $\dfrac{a}{y} = \dfrac{a^3}{b^3}$ (Eucl. V def. 11)

$\backsim : \dfrac{a}{d} > \dfrac{a^3}{b^3}$.

De helic. prop. 10 p. 226 sq.: εἴ κα γραμμαὶ ἑξῆς τεθέωντι ὁποσαιοῦν τῷ ἴσῳ ἀλλάλαν ὑπερέχουσαι, ᾗ δὲ ἁ ὑπεροχὰ
ἴσα τᾷ ἐλαχίστᾳ, καὶ ἄλλαι γραμμαὶ τεθέωντι τῷ μὲν πλήθει
ἴσαι ταύταις, τῷ δὲ μεγέθει ἑκάστα τᾷ μεγίστᾳ, τὰ τετράγωνα
τὰ ἀπὸ τᾶν ἴσαν τᾷ ·μεγίστᾳ ποτιλαμβάνοντα τό τε ἀπὸ τᾶς
μεγίστας τετράγωνον καὶ τὸ περιεχόμενον ὑπό τε τᾶς ἐλαχίστας
καὶ τᾶς ἴσας πάσαις (ταῖς) τῷ ἴσῳ ἀλλάλαν ὑπερεχούσαις τριπλάσια ἐσσοῦνται τῶν τετραγώνων πάντων τῶν ἀπὸ τᾶν τῷ ἴσῳ
ἀλλάλαν ὑπερεχουσᾶν.

Sit $A = B + I =$
$G + K$ cet., et $H =$
$= 2\theta$, $Z = 3\theta$, $E =$
$4\theta \ldots A = 8\theta$; demonstrandum: $2A^2 + (B +$
$I)^2 + \ldots (O + \theta)^2 +$
$\theta \times (A + B + G +$
$\ldots \theta) = 3 (A^2 + B^2$
$+ \ldots \theta^2)$. Est enim: $(B$
$+ I)^2 = B^2 + I^2 + 2BI$ (Eucl. II, 4), $(K + G)^2 =$
$K^2 + G^2 + 2KG$ cett. Praeterea: $A^2 + B^2 + G^2 +$
$\ldots \theta^2 + I^2 + K^2 + \ldots + O^2 + A^2 = 2 (A^2 +$
$B^2 + G^2 + \ldots \theta^2)$ (1); et $2BI = 2B\theta$, $2KG = 4G\theta$,
$2DL = 6D\theta$ cet. Itaque: $2BI + 2KG + 2DL +$
$\ldots + \theta \times (A + B + G + \ldots + \theta) = \theta \times (A +$
$3B + 5G + 7D + \ldots)$.

Deinde cum sit: $\dfrac{\theta}{A} = \dfrac{A}{A + (B + I) + \ldots (O + \theta)}$,

$\dfrac{\theta}{B} = \dfrac{B}{B + 2(G + D + \ldots + \theta)}$, cett., erit (Eucl. VI,

16): $A^2 + B^2 + \ldots + \theta^2 = \theta \times (A + 3B + 5G + 7D + \ldots) = 2BI + 2KG + \ldots + \theta \times (A + B + G \ldots + \theta)$ (2). Et addendo 1 et 2: $2A^2 + (B + I)^2 + \ldots + \theta \times (A + B + G + \ldots) = 3(A^2 + B^2 + G^2 + \ldots)$, q. e. d.

Hinc colligitur p. 227—28: $A^2 + (B + I)^2 + \ldots (O + \theta)^2 < 3(A^2 + B^2 + \ldots + \theta^2)$, sed $> 3(B^2 + G^2 + \ldots + \theta^2)$; nam $A^2 + \theta \times (A + B + G + \ldots \theta) < 3A^2$.

Hoc nos sic eloqueremur: in serie, ubi differentia aequalis est primo membro, productum numeri membrorum et membri ultimi quadrati cum eodem quadrato et producto primi membri ac totius summae, aequale est triplici summae quadratorum omnium membrorum.

$a, 2a, 3a \ldots na$. $n^3a^2 + n^2a^2 + as = 3a^2(1 + 4 + 9 + \ldots + n^2)$; sed $s = \dfrac{n}{2}(a + na) = \dfrac{an(n+1)}{2}$;

et $1 + 4 + 9 + \ldots + n^2 = \dfrac{2n^3 + 3n^2 + n}{6}$ (Klügel:

Mathemat. Wb. I¹ p. 202. Steen: Ren Math. p. 347;

nam in formula : $s_n = \dfrac{n}{1} u_0 + \dfrac{n(n-1)}{1 \cdot 2} \Delta \cdot u_0 + \dfrac{n(n-1)(n-2)}{1 \cdot 2 \cdot 3} \Delta^2 \cdot u_0$ est $u_0 = 1^2$, $\Delta = 3$, $\Delta^2 = 2$.

Itaque: $n^3a^2 + n^2a^2 + \dfrac{a^2n}{2}(n + 1) = a^2 \times \dfrac{2n^3 + 3n^2 + n}{2}$,

q. e. d.

Itaque Archimedes in hac propositione inuenit formulam summae progressionis $1, 4, 9 \ldots n^2$; demonstrat enim $A^2 + B^2 + G^2 + \ldots \theta^2 = \theta \times (A + 3B + 5G + \ldots 13\theta)$, sed $A = 8\theta$, $B = 7\theta$ cett.

De helic. prop. 11 p. 228 sq.: εἴ κα γραμμαὶ ἑξῆς τεθέωντι ὁποσαιοῦν τῷ ἴσῳ ἀλλάλαν ὑπερέχουσαι, καὶ ἄλλαι γραμμαὶ τεθέωντι τῷ μὲν πλήθει μιᾷ ἐλάσσονες τᾶν τῷ ἴσῳ ἀλλάλαν ὑπερεχουσᾶν, τῷ δὲ μεγέθει ἑκάστα ἴσα τᾷ μεγίστᾳ, τὰ τετράγωνα πάντα τὰ ἀπὸ τᾶν ἴσαν τᾷ μεγίστᾳ ποτὶ μὲν τὰ τετράγωνα τὰ ἀπὸ τᾶν τῷ ἴσῳ ἀλλάλαν ὑπερεχουσᾶν χωρὶς τᾶς ἐλαχίστας ἐλάσσονα λόγον ἔχοντι ἢ τὸ τετράγωνον τὸ ἀπὸ τᾶς μεγίστας ποτὶ τὸ ἴσον ἀμφοτέροις τῷ τε περιεχομένῳ ὑπό τε τᾶς μεγίστας καὶ τᾶς ἐλαχίστας καὶ τῷ τρίτῳ μέρει τοῦ ἀπὸ τᾶς ὑπεροχᾶς τετραγώνου, ᾇ ὑπερέχει ἁ μεγίστα τᾶς ἐλαχίστας, ποτὶ δὲ τὰ τετράγωνα τὰ ἀπὸ τᾶν τῷ ἴσῳ ἀλλάλαν ὑπερεχουσᾶν χωρὶς τοῦ ἀπὸ τᾶς μεγίστας τετραγώνου μείζονα τοῦ αὐτοῦ λόγου.

Sint *OD*, *PZ*, *RΘ*, *SK*, *TM*, *YΞ* = *AB*, et *LM* = 2 *NΞ*, *IK* = 3 *NΞ* cett., et *ΦB* = *XD* cett. = *NΞ*.

Demonstrari oportet: $\dfrac{OD^2 + PZ^2 + \ldots YΞ^2}{AB^2+GD^2+EZ^2+\ldots+LM^2} >$

$\dfrac{AB^2}{AB \times NΞ + \frac{1}{3} NY^2} > \dfrac{OD^2 + PZ^2 + \ldots + YΞ^2}{GD^2 + EZ^2 + \ldots + NΞ^2}$. Nam

$\dfrac{AB^2}{AB.ΦB + \frac{1}{3}AΦ^2} = \dfrac{OD^2}{OD.DX + \frac{1}{3}XO^2} = \dfrac{PZ^2}{PZ.ΨZ+\frac{1}{3}ΨP^2}$

cett., unde (Eucl. V, 12):

$$\frac{OD^2 + PZ^2 \ldots + Y\Xi^2}{N\Xi(OD + PZ + \ldots Y\Xi) + \tfrac{1}{3}(OX^2 + \Psi P^2 + \ldots + YN^2)}$$
$$= \frac{AB^2}{AB \cdot N\Xi + \tfrac{1}{3} YN^2}.$$

Itaque, ut constet propositum, demonstrandum est:
$$AB^2 + GD^2 \ldots + LM^2 > N\Xi \times (OD + PZ + \ldots) +$$
$$\tfrac{1}{3}(OX^2 + P\Psi^2 + \ldots) > GD^2 + EZ^2 + \ldots N\Xi^2.$$

a) $N\Xi \times (OD + PZ + \ldots) + \tfrac{1}{3}(OX^2 + P\Psi^2 + \ldots) = XD^2 + \Psi Z^2 + \ldots + N\Xi \times (OX + P\Psi \ldots) + \tfrac{1}{3}(OX^2 + P\Psi^2 + \ldots).$

$AB^2 + GD^2 + \ldots LM^2 = (B\Phi^2 + XD^2 + \ldots QM^2) + (A\Phi^2 + GX^2 + \ldots LQ^2) + B\Phi \times 2(A\Phi + GX + \ldots LQ).$ Demonstrandum igitur: $(A\Phi^2 + GX^2 + \ldots + LQ^2) + B\Phi \times 2(A\Phi + GX \ldots + LQ) > N\Xi \times (OX + P\Psi + \ldots) + \tfrac{1}{3}(OX^2 + P\Phi^2 + \ldots);$ hoc ita esse, inde intellegitur, quod $B\Phi = N\Xi$ et $A\Phi + GX + \ldots LQ = GO + PE + \ldots + TL > OX + E\Psi + \ldots + LQ$, et etiam $A\Phi^2 + GX^2 + \ldots + LQ^2 > \tfrac{1}{3}(OX^2 + P\Psi^2 \ldots)$ (prop. 10, a).

b) $GD^2 + EZ^2 + \ldots + N\Xi^2 = (GX^2 + E\Psi^2 + \ldots LQ^2) + (XD^2 + \Psi Z^2 + \ldots + N\Xi^2) + N\Xi \times 2(GX + E\Psi + \ldots + LQ).$ Quare si demonstrauerimus: $N\Xi \times (OX + P\Psi + \ldots) + \tfrac{1}{3}(OX^2 + P\Psi^2 + \ldots) > (GX^2 + E\Psi^2 + \ldots + LQ^2) + N\Xi \times 2(GX + E\Psi + \ldots + LQ)$, constabit propositum; hoc autem ita esse, facile adparet; nam $N\Xi \times (OX + P\Psi + \ldots) > 2(GX + E\Psi + \ldots + LQ) \times N\Xi$, et $\tfrac{1}{3}(OX^2 + P\Psi^2 + \ldots) > GX^2 + E\Psi^2 + \ldots + LQ^2$ (prop. 10, b).

Archimedes igitur in demonstrando differentiam linearum aequalem minimae esse lineae ponit, sed hoc neque in propositione ipsa diserte dicit neque postea sumit, ubi hac propositione utitur (prop. 25 p. 246 et 248; 26 p. 249 et 250). Nec est necessaria haec condicio, ut adparet ex arithmetica huius propositionis demonstratione apud Nizze: Uebers. p. 129—30.

Hac proportione continetur demonstratio propositionis, quae est de conoid. et sphaer. 1: εἴ κα ἔωντι
μεγέθεα ὁποσαοῦν τῷ ἴσῳ ἀλλάλων ὑπερέχοντα, ᾗ δὲ ἁ ὑπεροχὰ
ἴσα τῷ ἐλαχίστῳ, καὶ ἄλλα μεγέθεα τῷ μὲν πλήθει ἴσα τούτοις, τῷ δὲ μεγέθει ἕκαστον ἴσον τῷ μεγίστῳ, πάντα τὰ μεγέθεα, ὧν ἐστιν ἕκαστον ἴσον τῷ μεγίστῳ, πάντων μὲν τῶν
τῷ ἴσῳ ὑπερεχόντων ἐλάσσονα ἐσσοῦνται ἢ διπλάσια, τῶν δὲ
λοιπῶν χωρὶς τοῦ μεγίστου μείζονα ἢ διπλάσια ꓽ $OX + P\Psi$
$+ \ldots + TQ < 2 (\varLambda\varPhi + GX + \ldots LQ)$, sed > 2 $(GX$
$+ E\Psi + \ldots + LQ)$; quae demonstrata sunt prop.
11 pag. 229 lin. 8 a fin. et pag. 230 lin. 9 sq. Qua
de causa Archimedes hoc loco demonstrationem omisit,
his additis uerbis (p. 261): ἁ δὲ ἀπόδειξις τούτου φανερά,
quod non uertendum:»demonstratio autem manifesta«; est
enim:»demonstratio autem nota siue antea proposita
est«; eodem modo·p. 275 lin. 26: τούτων δὲ πάντων ἐν
φανερῷ ἐντι αἱ ἀποδείξιες. Arithmetice facillime conficitur
demonstratio:

$$a, \ 2a, \ 3a \ \ldots \ na; \ s = \frac{n}{2} \ (a + na) = \frac{n^2 a + na}{2},$$

$$s - na = \frac{n^2 a - na}{2} \ ꓽ \ 2s > n^2 a > 2 \ (s - na).$$

De conoid. et sphaer. prop. 3 p. 262—64: εἴ κα
γραμμαὶ ἴσαι ἀλλάλαις ἔωντι ὁποσαιοῦν τῷ πλήθει καὶ · παρ'
ἑκάσταν αὐτᾶν παραπέσῃ τι χωρίον ὑπερβάλλον εἴδει τετραγώνῳ,
ἔωντι δὲ καὶ αἱ πλευραὶ τῶν ὑπερβλημάτων τῷ ἴσῳ ἀλλάλαν
ὑπερέχουσαι καὶ ἁ ὑπεροχὰ ἴσα τᾷ ἐλαχίστᾳ, ἔωντι δὲ καὶ ἄλλα
χωρία τῷ μὲν πλήθει ἴσα τούτοις, τῷ δὲ μεγέθει ἕκαστον ἴσον
τῷ μεγίστῳ, ποτὶ μὲν πάντα τὰ ἕτερα χωρία ἐλάσσονα λόγον
ἑξοῦντι τοῦ, ὃν ἔχει ἁ ἴσα συναμφοτέραις, ταῖς τε τοῦ μεγίστου
ὑπερβλήματος πλευραῖς καὶ μιᾷ τᾶν ἰσᾶν ἐούσαν ποτὶ τὰν ἴσαν
συναμφοτέραις, τῷ τε τρίτῳ μέρει τᾶς τοῦ μεγίστου ὑπερβλήματος πλευρᾶς καὶ τᾷ ἡμισέᾳ μιᾶς τᾶν ‚ἰσᾶν ἐούσαν, ποτὶ δὲ τὰ
λοιπὰ χωρία ἄνευ τοῦ μεγίστου μείζονα λόγον ἐξοῦντι τοῦ αὐτοῦ
λόγου.

Sit (Fig. 3) $A + B - A + G = A + G - A + D = A + D - A + E$ cett. Sint Q_1, Q_2, Q_3 cett. quadrata. Praeterea $\sigma =$ summa quadratorum, $s =$ summa spatiorum $r_1 + Q_1$, $r_2 + Q_2$ cett., s_1 spatiorum r_1, r_2 cett.

Sit $I + \theta = A$ et $I = \theta$, $K + L = B$ et $L = 2 K$; itaque spatium $R = r_1 + Q_1$; summa spatiorum R sit S. Demonstrandum igitur: $\dfrac{S}{s} <$

$$\frac{\theta + I + K + L}{I + K} < \frac{S}{s - (r_1 + Q_1)}.$$ Summa spatiorum,

quorum latera sunt I, θ, sit σ_1; eorum, quorum latera sunt K, L, sit σ_2, eorum autem, quorum latus est I, σ_3, postremo eorum, quorum latus est K, summa sit σ_4. Iam r_1, r_2, r_3 cett. spatiorum differentia est $= r_6$, et spatia, quorum latera sunt I, θ, sunt $= r_1$; itaque (prop. 1; u. p. 56) : $2s_1 > \sigma_1 > 2 (s_1 - r_1)$ ɔ: $s_1 > \sigma_3 > s_1 - r_1$ (1). Deinde cum H, Z, E, D, G, B lineae crescant differentia aequali lineae H, et lineae $K + L$ totidem sint et lineae B aequales, erit (de helic. prop. 10, u. p. 52) : $3\sigma > .\sigma_2 > 3 (\sigma - Q_1)$ ɔ:

$$\sigma > \sigma_4 > \sigma - Q_1 \quad (2).$$

Et addendo 1 et 2: $s > \sigma_3 + \sigma_4 > s - (r_1 + Q_1)$; sed (Eucl. VI, 1): $\dfrac{S}{\sigma_3 + \sigma_4} = \dfrac{I + \theta + K + L}{I + K}$ ɔ:

$$\frac{S}{s} < \frac{I + \theta + K + L}{I + K} > \frac{S}{s - (r_1 + Q_1)}.$$

Demonstratio arithmetica qua ratione conficiatur, exposuit Nizze: Uebers. p. 157.

De progressionibus geometricis haec habet Archimedes:

Quadr. parab. prop. 23: summa magnitudinum quotlibet in quadrupla ratione positarum superaddita tertia parte minimae erit $^4/_3$ maximae.

Sint datae: $a = 4b$, $b = 4c$, $c = 4d$, $d = 4e$; sit praeterea $f = \frac{1}{3}b$, $g = \frac{1}{3}c$, $h = \frac{1}{3}d$, $i = \frac{1}{3}e$; erit

$f + b = \frac{1}{3}a$, $g + c = \frac{1}{3}b$, $h + d = \frac{1}{3}c$, $i + e = \frac{1}{3}d$; itaque: $\frac{1}{3}(a + b + c + d) = b + c + d + e + f + g + h + i$, et $\frac{1}{3}(b + c + d) = f + g + h$ ꜙ: $\frac{1}{3}a = b + c + d + e + i$ ꜙ: $\frac{4}{3}a = a + b + c + d + e + \frac{1}{3}e = s + \frac{1}{3}e$, q. e. d.

Nos sic ratiocinaremur: $a = e \cdot 4^{n-1}$; $s = \dfrac{e \cdot 4^n}{3}$

$- \frac{1}{3}e$ ꜙ: $s + \frac{1}{3}e = \dfrac{e \cdot 4^n}{3} = \frac{4}{3}a$.

Arenar. p. 326: Si ex numeris quotuis ab unitate continue proportionalibus duo quiuis multiplicantur, productum ex eadem proportione erit, totidem loca a numero maiore distans, quot minor ab unitate, et ab unitate uno pauciora, quam uterque simul numerus. Nam sint a, b, c, d, e, f, g, h, i, k, l in proportione continua, et $a = 1$; $d \times h = x$, et l totidem loca ab h distet, quot d ab a; demonstrandum $x = l$.

Est enim $\dfrac{d}{a} = \dfrac{l}{h} = d$ ꜙ: $l = hd = x$. Praeterea cum sint i, k, l uno pauciores, quam quot d ab a abest, constat l ab a uno pauciores distare, quam d et h simul sumptos. Idem nostris rationibus facile adparet:

1	2	3	4		n	n+1		m+1	m+2		n+m+1
1,	a^1,	a^2,	a^3	...	a^{n-1},	a^n	...	a^m,	a^{m+1},	...	a^{n+m}

$a^n \cdot a^m = a^{n+m}$, quod ab a^m loca $(n+1)$ abest, ab uero $n + m + 1 = (n + 1) + (m + 1) - 1$.

Haec ultima propositio iam propius ad nostram arithmeticam adcedit; quare ei adnectenda putaui, quae Archimedes in scientia numerorum effecit. Primum igitur exponenda est ratio numerorum ingentium. denominandorum ab eo inuenta. Nam numeri usque ad μυρίας μυριάδας suis nominibus uulgari loquendi usu designati erant (ψαμμ. p. 325 § 8: συμβαίνει δὴ τὰ ὀνόματα τῶν ἀριθμῶν ἐς τὸ μὲν τῶν μυρίων ὑπάρχειν ἁμῖν παραδεδομένα, καὶ ὑπὲρ τῶν μυρίων μὲν ἀποχρεόντως ἐγιγνώσκομεν μυριάδων ἀριθμὸν λέγοντες ἐς τὰς μυρίας μυριάδας); sed ut maiores quoque numeri designarentur, propriam rationem in Ἀρχαῖς (u. p. 31) exposuerat; quae qualis fuerit, ex Ψαμμ. p. 325—26 § 8—9 cognoscimus.

Numeri enim ab unitate ad μυρίας μυρίαδας sint numeri primi ordinis; eorum ultimus sit unitas ordinis secundi, cuius ultimus sit unitas tertii, et hoc modo progrediamur ad ordinem, cuius numerus est μυρίαι μυριάδες. Hi numeri omnes uocentur periodus prima; eius ultimus numerus sit unitas primi ordinis secundae periodi, itaque progrediamur ad periodum, cuius numerus est μυρίαι μυριάδες, ita ut in singulis periodis sint ordinum μυρίαι μυριάδες. Itaque:

periodi primae ordo primus complectitur: 10^0 —10^8.

»	»	—	2	—	: 10^8 —10^{16}.
»	»	—	3	—	: 10^{16}— 10^{24}.
»	»	—	4	—	: 10^{24}-- 10^{32}.
»	»	—	5	—	: 10^{32}—10^{40}.

$$\vdots \qquad \vdots$$

»	»	—	10^8		$-10^{8 \cdot (10^8-1)} - 10^{8.10^8} = N.$
periodi	2	—	1		— N. 10^0 — N. 10^8.
»	»	—	2		— N. 10^8 --- N. 10^{16}.

$$\vdots \qquad \vdots$$

»	»	—	10^8		N. $10^{8.(10^8-1)}$ — N. $10^{8.10^8}$ = N^2.

periodus 3 complectitur N^2—N^3.

»	4	—		N^3—N^4.

$$\vdots \qquad \vdots$$

— 10^8 — N^{10^8-1}—N^{10^8}.

Sed N $^{10^8}$ = $10^{8.10^{16}}$; eo usque igitur Archimedes numeros denominare potuit, et facile adparet, eum eodem modo progredi potuisse ad quamlibet numerorum magnitudinem. Addit Archimedes (§ 9), si numeri ab unitate in proportione continua exstent, et unitati proximus numerus sit decem, primos octo numeros primi ordinis primae periodi, proximos autem octo eiusdem periodi secundi ordinis futuros esse, et sic deinceps. Cfr. praeter alios Nizze: Uebers. p. 218. Nesselmann: Algebra d. Griechen p. 122—25. De simili ratione Apollonii Pergaei u. Pappus lib. II (I p. 1— 29 ed. Hultsch); Nesselmann p. 126—35.

Praeclarissimum et luculentissimum Archimedis arithmeticae uel logisticae scientiae testem habemus libellum de dimensione circuli; ibi enim prop. 3 p. 206 sic ratiocinatur:

$$\text{Sit } \angle\, ZEG = 30^0 \text{ (Fig. 4); itaque } \frac{EZ}{ZG} = \frac{306}{153} \text{ et}$$

$$\frac{EG}{ZG} > \frac{265}{153} \text{ (nam: } EZ^2 = EG^2 + ZG^2; \text{ est igitur}$$

$$\frac{EG^2}{ZG^2} = \frac{306^2 - 153^2}{153^2} = \frac{70227}{153^2}, \frac{EG}{ZG} = 1\bar{3} > \frac{265}{153}).$$

Et ead. prop. p. 207: sit $\angle\, ABG = 30^\circ$ (Fig. 5); est igitur:

$$\frac{AG}{GB} = \frac{1560}{780} \text{ et } \frac{AB}{GB} < \frac{1351}{780} \text{ (nam } AG^2 = GB^2 +$$

$$AB^2; \text{ itaque } \frac{AB^2}{GB^2} = \frac{1560^2 - 780^2}{780^2} = \frac{1825200}{780^2} \text{ et } \frac{AB}{BG}$$

$$= \sqrt{\bar{3}} < \frac{1351}{780}).$$ Praeterea p. 206—208 horum numerorum latera indicat (praeter ea, quae rationalia sunt): 349450, 1373943$\frac{33}{64}$, 5472132$\frac{1}{16}$, 9082321, 3380929, 1018405, 4069284$\frac{1}{36}$.

Duplex igitur exoritur quaestio, primum qua re adductus Archimedes rationem $\frac{2}{1}$ per $\frac{306}{153}$ et $\frac{1560}{780}$ reddiderit uel, quod idem est, posuerit: $\frac{1351}{780} > \sqrt{\bar{3}} >$

61

$\dfrac{265}{153}$; deinde qua ratione latera illa numerorum non quadratorum computauerit. Prior quaestio ab Eutocio prorsus silentio praetermittitur; haec habet in commentario p. 208: ἐν τούτῳ τῷ θεωρήματι συνεχῶς ἐπιταττόμεθα τοῦ δοθέντος ἀριθμοῦ τὴν τετραγωνικὴν πλευρὰν εὑρεῖν· τοῦτο δὲ ἀκριβῶς μὲν εὑρεῖν ἐπὶ ἀριθμοῦ μὴ ὄντος τετραγώνου ἀδύνατον· ἀριθμὸς μὲν γὰρ ἐφ᾽ ἑαυτὸν πολλαπλασιαζόμενος ποιεῖ τινα τετράγωνον ἀριθμόν· ὁ ἀριθμὸς δὲ καὶ μόριον ἐφ᾽ ἑαυτὰ γινόμενα οὐκέτι ἀριθμὸν ποιεῖ πλήρη, ἀλλὰ καὶ μόριον· ὅπως δὲ δεῖ σύνεγγυς τὴν δυναμένην πλευρὰν τὸν δοθέντα ἀριθμὸν εὑρεῖν, εἴρηται μὲν Ἥρωνι ἐν τοῖς μετρικοῖς, εἴρηται δὲ Πάππῳ καὶ Θέωνι καὶ ἑτέροις πλείοσιν ἐξηγουμένοις τὴν μεγάλην σύνταξιν τοῦ Κλαυδίου Πτολεμαίου· ὥστε οὐδὲν ἡμᾶς χρὴ περὶ τούτου ζητεῖν, ἐξὸν τοῖς φιλομαθέσιν ἐξ ἐκείνων ἀναλέγεσθαι.

Deinde multiplicationes tantum exponit, quo modo latera illa computauerit, non commemorans, uelut (p. 209): λοιπὸν τὸ ἀπὸ ΕΓ΄ Μσχ$\overset{\zeta}{\zeta}$ (70227), τὰ δὲ σξε΄ ἐπὶ σξε΄ (265) Μσχε΄ (70225), λείπει ἄρα Μ⁰β΄ εἰς τὸ ἀκριβές. Et hoc ei satis erat, cum nihil aliud quam numeros ab Archimede sumptos probare et illustrare studeret: Ex iis scriptis, ad quae lectores ablegat, Theonis commentarius solus exstat (Heronis metricorum fragmenta sola et excerpta ad nos peruenerunt); ibi (p. 44 ed. Bas.; cfr. Nesselmann p. 144 sq.) ratio indicatur, qua latus cuiuslibet numeri proxime inueniri possit per sexagesimas primas et secundas; cum cetera opera ab eo citata interciderint, decerni nequit, fueritne in iis alia exposita methodus. Hoc tantum adfirmari potest, Archimedem alia ratione usum esse, sed quae ea fuerit, aut num experiendo latera inuenerit, non liquet. Hos habet numeros eorumque latera:

349450 — 591⅛ (propius est 591⁴⁄₇);

1373943½ ₆¼ — 1172⅛ (propius 1172⁴⁄₇);

5472132₁₆ — 2339¼, quae latera minora sunt uero, prout postulat demonstrationis ratio, sequentia autem uero maiora sunt:

9082321 — 3013½ ¼; 3380929 — 1838⁹⁄₁₁; 1018405 — 1009⅙; 4069284₃₆ — 2017¼. De latere 1838⁹⁄₁₁ obseruauit Nesselmannus p. 109, per fractiones continuas inueniri ⁸⁄₁₁ proxime minorem uero, ut uideri possit Archimedes hac uia usus esse et ⁹⁄₁₁ sumpsisse, quia desideraretur latus paullo maius uero; sed quamquam postea adparebit, Archimedem methodum aliquam habuisse, qua idem fere adipisci posset, quod nos fractionibus continuis (quae quam non alienae a Graecorum ratiocinandi ratione fuerint, exposuit Günther: Verm. Untersuch. z. Gesch. d. math. Wissensch. Leipz. 1876 p. 99 sq.), tamen constat, has ipsas eum non habuisse; nam si ita esset, in duobus primis lateribus repperisset 591⁴⁄₇ et 1172⁴⁄₇.

Ne de altera quidem quaestione certum quidquam in medium proferre possum. Agitur de definiendis numeris 153 et 780; potuit Archimedes hoc ita facere, ut inter numeros quadratos duos sumeret, quorum alter quadratus et per 3 multiplicatus numerum efficeret quadrato numero paullo maiorem (qualis est 153; nam 153² = 23409 et 3 × 23409 = 70227 = 265² + 2), alter numerum paullo minorem quadrato (qualis est 780; nam 3 × 780² = 1825200 = 1351² — 1); nam

$$\frac{EG}{ZG} = \frac{\sqrt{4ZG^2 - ZG^2}}{ZG} = \frac{\sqrt{3ZG^2}}{ZG}.$$ Cfr. Klügel: Mathem. Wb. I p. 184.

Sed hoc quoque factum esse potest, ut √3 inter duos terminos propius propiusque inter se adpropinquantes includeret, et excogitarunt mathematici docti alius aliam rationem, qua uti potuerit; quas hic recensebo.

De Lagny (Mémoires de l'acad. des sciences 1723 p. 55—69) hanc rationem proposuit: si fieri posset, ut і 3 per fractionem plane exprimeretur, ea fractio caderet inter 1 et 2, eiusque numeratoris quadratum aequale triplici quadrato denominatoris esset; quod cum fieri nequeat, duo numeri eius modi quaerendi, ut quadratum maioris a triplici quadrato minoris quam minimum distet, cum aut maius aut minus eo sit; unde oriuntur series duae fractionum, quarum prior fractiones paullo maiores quam і 3, altera paullo minores continet: $\frac{2}{1}$ (nam $2^2 - 3 \times 1 = 1$), $\frac{7}{4}$ (nam $7^2 - 3 \times 16 = 1$), $\frac{26}{15}$ cett., et $\frac{5}{3}$, $\frac{19}{11}$, $\frac{71}{41}$ cett. Quarum progressionum (quas nos per fractiones continuas reperiremus) proprietas ea est, ut numeratores singuli aequales sint duplici numeratori praecedenti + triplici denominatori praecedenti, denominatores = duplici denomin. praeced. + nominatori praeced. Seruata hac proprietate has series efficiemus:

$$\frac{2}{1}, \frac{7}{4}, \frac{26}{15}, \frac{97}{56}, \frac{362}{209}, \frac{1351}{780} \text{ et}$$

$$\frac{5}{3}, \frac{19}{11}, \frac{71}{41}, \frac{265}{153}, \frac{989}{571}, \frac{3691}{2131};$$ prioris terminus sextus et posterioris quartus numeri Archimedis sunt.

Sed haec ratio ab antiqua arithmetica nimis abhorrere uidetur, neque intellegitur, cur $\frac{1351}{780}$ sumpserit Archimedes pro $\frac{97}{56}$ uel, si numeros trium cifrorum praetulit, $\frac{362}{209}$. Hoc idem contra methodos infra expositas dici potest.

Mollweide Commentat. mathemat. philol. (Lips. 1813) p. 73—77; (cfr. Goetting. gelehrt. Anz. 1808 p. 49—52) methodum exposuit, quae ad ueterum praecipueque Archimedis ipsius ratiocinandi consuetudinem proxime adcedit et quaestionem soluisse putanda esset, si ex ea adpareret, cur Archimedes in serie fractionum maiorum longius quam in serie minorum progressus sit. Ea methodus haec est:

Sit (u. fig. 4): $EG = z$, $ZG = p$, $ZD = u$;

erit: $z = 2p - u$; $\dfrac{z}{p} = \dfrac{2p - u}{p} = \dfrac{\sqrt{3}}{1}$; praeterea cum

sit $\dfrac{p}{u} = \dfrac{4p - u}{p}$ (Eucl. III, 36) et $4p - u = 2z + u$,

z autem $> p$, erit $u < \frac{1}{2}p$, sed $> \frac{1}{4}p$. Ex proportione

$\dfrac{p}{4p - u} = \dfrac{u}{p}$ efficitur: $\dfrac{2p}{8p - 2u} = \dfrac{u}{p}$, $\dfrac{2p - u}{7p - 2u} =$

$\dfrac{u}{p} = \dfrac{p}{4p - u}$ ℺: $\dfrac{z}{p} = \dfrac{7p - 2u}{4p - u}$. Praeterea cum sit

$\dfrac{7p}{28p - 7u} = \dfrac{2u}{2p}$, erit $\dfrac{7p - 2u}{26p - 7u} = \dfrac{2u}{2p} = \dfrac{u}{p} =$

$\dfrac{4p - u}{15p - 4u}$ et $\dfrac{z}{p} = \dfrac{26p - 7u}{15p - 4u}$. Sed etiam facile intellegitur: $\dfrac{26p}{104p - 26u} = \dfrac{7u}{7p}$ ℺: $\dfrac{26p - 7u}{97p - 26u} = \dfrac{u}{p} =$

$\dfrac{15p - 4u}{56p - 15u}$, unde $\dfrac{z}{p} = \dfrac{97p - 26u}{56p - 15u}$. Eodem modo de-

monstrari potest $\dfrac{z}{p} = \dfrac{362p - 97u}{209p - 56u} = \dfrac{1351p - 362u}{780p - 209u}$

cett. Iam cum $z < 2p$, erit $\dfrac{2u}{u} > \dfrac{z}{p}$ ℺: $> \dfrac{7p - 2u}{4p - u}$, sed

$\dfrac{7p}{4p} > \dfrac{7p - 2u}{4p - u}$ ℺: $> \dfrac{z}{p}$; itaque $\dfrac{z}{p} < \dfrac{7}{4}$; eadem ratione

demonstratur: $\dfrac{z}{p} < \dfrac{26}{15}$, $\dfrac{97}{56} < \dfrac{362}{209}$, $< \dfrac{1351}{780}$.

Sit deinde $p - u = v$; erit $v > \frac{1}{2}p$, sed $< \frac{3}{4}p$; iam

cum $\dfrac{z}{p} = \dfrac{2p - u}{p}$, erit $\dfrac{z}{p} = \dfrac{p + v}{p}$ et ex $\dfrac{z}{p} =$

$$\frac{7p - 2u}{4p - u}, \text{ sequitur: } \frac{z}{p} = \frac{5p + 2v}{3p + v}; \text{ eodem modo } \frac{z}{p} =$$

$$\frac{19p + 7v}{11p + 4v} = \frac{71p + 26v}{41p + 15v} = \frac{265p + 97v}{153p + 56v} = \frac{989p + 362v}{571p + 209v}.$$

Iam quoniam est $\dfrac{z}{p} < \dfrac{2v}{v}$ ◌: $\dfrac{2v}{v} > \dfrac{5p + 2v}{3p + v}$, erit

$$\frac{5p}{3p} = \frac{5p + 2v}{3p + v} \text{ ◌: } \frac{z}{p} > \frac{5}{3}. \text{ Eodem modo adparet: } \frac{z}{p}$$

$$> \frac{19}{11}, > \frac{71}{41}, > \frac{265}{153}, > \frac{989}{571}. \text{ Itaque } \frac{265}{153} < V3 <$$

$$\frac{1351}{780}. \text{ (exspectabatur } < \frac{362}{209}\text{).}$$

Tertiam denique methodum proposuit L. Oppermannus (Oversigt over d. kgl. danske Videnskab. Selskabs Virksomhed 1875 p. 21—22):

Notum est, duorum numerorum medietatem geometricam eandem geometricam esse medietatem medietatis arithmeticae eorum et medietatis harmonicae, ◌:

$$\frac{\dfrac{\alpha + \beta}{2}}{V\,\overline{\alpha\beta}} = \frac{V\,\overline{\alpha\beta}}{\dfrac{2\,\alpha\beta}{\alpha + \beta}}.$$

Itaque si inter duos numeros medietates arithmeticam et harmonicam, inter eas rursus easdem earum medietates interposuerimus eodemque modo semper progressi erimus, magis magisque geometricae illorum numerorum medietati adpropinquabimus. Sint numeri 1 et 3 sumpti; itaque hac ratione quater usi, has fractiones reperiemus:

$$\frac{2}{1} > V3 > \frac{3}{2}, \quad \frac{7}{4} > 13 > \frac{12}{7}, \quad \frac{97}{56} > V3 > \frac{168}{97},$$

$$\frac{19817}{10864} > 13 > \frac{32592}{19817}. \quad \frac{7}{4} > V3 > \frac{12}{7} \text{ duabus priori-}$$

bus rationibus inuentum est; etiam $\dfrac{97}{56} > V3$. Adparet ex fractionibus tertio loco positis erui posse minorem illum Archimedis terminum; nam 168 + 97 = 265, 97 + 56 = 153. Sed offendit, quod hac ratione ad ipsas illas fractiones ab Archimede sumptas non peruenitur.*)

Sed quamquam nondum constat, qua ratione usus sit Archimedes, hoc tamen colligi potest, eum a nostra arithmetica alienum minime fuisse et rationes habuisse, quibus idem fere efficere posset, quod nos aliis methodis ad mathematicam subtiliorem et quasi altiorem pertinentibus adipiscimur. Eo minus est, cur dubitemus, quin re uera problema illud, quod p. 25 sq. commémoraui, soluere potuerit, et adparet, eos, qui subditiuum id esse putauerint, nimis inconsiderate iudicasse.

Ex iis, quae in epigrammate data sunt de numeris quaesitis, has primum efficimus aequationes:

uers. 9-11: $x = (\frac{1}{2}+\frac{1}{3})\ y+z$ (I); $\backsim: x = \frac{5}{6}\ y+z$.

—   12-13: $y = (\frac{1}{4}+\frac{1}{5})\ v+z$ (II); $\backsim: y = \frac{9}{20}\ v+z$.

—   14-16: $v = (\frac{1}{6}+\frac{1}{7})\ x+z$ (III); $\backsim: v = \frac{13}{42}\ x+z$.

—   17-19: $x_1 = (\frac{1}{3}+\frac{1}{4})\ (y+y_1)$ (IV); $\backsim: x_1 = \frac{7}{12}\ y+\frac{7}{12}\ y_1$.

—   20-22: $y_1 = (\frac{1}{4}+\frac{1}{5})\ (v+v_1)$ (V); $\backsim: y_1 = \frac{9}{20}\ v+\frac{9}{20}\ v_1$.

—   22-24: $v_1 = (\frac{1}{5}+\frac{1}{6})\ (z+z_1)$ (VI); $\backsim: v_1 = \frac{11}{30}\ z+\frac{11}{30}\ z_1$.

—   25-26: $z_1 = (\frac{1}{6}+\frac{1}{7})(x+x_1)$ (VII); $\backsim: z_1 = \frac{13}{42}\ x+\frac{13}{42}x_1$.

Ex I, II, III: $x = \dfrac{2226}{891}\ z$, $y = \dfrac{1602}{891}\ z$, $v = \dfrac{1580}{891}\ z$, unde, cum fractionibus numeri boum designari non possint: $z = 891m$, $x = 2226m$, $y = 1602m$, $v = 1580m$; quibus numeris in IV—VII substitutis reperiemus:

---

*) Methodum a Buzengeigero propositam praetermitto, quippe quae mihi non nisi ex Güntheri libro supra laudato p. 100 innotuerit.

$$x_1 = \frac{7206360}{4657}\, m, \quad y_1 = \frac{4893246}{4657}\, m, \quad z_1 = \frac{5439213}{4657}\, m,$$

$$v = \frac{3515820}{4657}\, m.$$

Sed eadem de causa, qua supra, ponendum $m =$ 4657 n; itaque $x_1 = 7206360\ n$; $y_1 = 4893246\ n$; $z_1 = 5439213\ n$; $v_1 = 3515820\ n$; et $x = 10366482\ n$; $y = 7460514\ n$; $z = 4149387\ n$; $v = 7358060\ n$. In scholio a Lessingio simul cum epigrammate edito hi indicantur numeri, quos inueniemus, si posuerimus $n =$ 80; $x = 829318560$, $y = 596841120$, $z = 331950960$, $\overset{\bullet}{v} = 588644800$; $x_1 = 576508800$, $y_1 = 391459680$, $z_1 = 435137040$, $v_1 = 281265600$; itaque uerba epigrammatis eodem modo scholiastes accepit, quo nos. Tamen de uersu 24:

ποικίλαι ἰσάριθμον πλῆθος ἔχον τετραχῇ

dubitari potest; offendit uocabulum τετραχῇ; nam quo minus cum Hermanno (p. 8—9)*) ita accipiatur, ut proueniat aequatio $v_1 = \frac{44}{30}\ (z + z_1)$ (hoc est pro τε- τράκις fere), impedit et uerbi uis et symmetria aequationum cuiuis primo adspectu sese offerens. Cum sensus idoneus elici posse non uideatur, suspicor, hunc uersum sic scribendum esse: ποικίλη ἰσάριθμον πλῆθος ἔχουσ᾽ ἐφάνη

Deinde hae aequationes accedunt:

uers. 33—36: $x + y =$ numerus quadratus, (VIII) et — 37—40: $v + z =$ numerus trigonalis. (IX).

Condicio nona satis claris uerbis proposita est (nec est, cur cum Hermanno οὔτϑ—οὔτε in εἴτε—εἴτε (uers. 39—40) mutemus; sensus est: ita ut ceteri tauri neque adessent neque ad numerum trigonalem efficiendum desiderarentur), sed in octaua de ui uerbi

---

*) In ratiocinatione Hermanni (p. 9) id quoque uituperandum, quod uaccarum numeri maiores sunt quam taurorum, quamquam tauri uers. 8 dicuntur: ἐν ἑκάστῳ στίφει πλήϑεσι βριϑόμενοι.

πλίνθου (uers. 36) dubitatur; significat, ni fallor, nihil nisi: quadrangulum solidum (h. e. boues in speciem quadranguli instructos); numerum quadratum esse debere satis clare significatum est uers. 34: ἰσόμετροι εἰς βάθος εἰς εὖρός τε, et eodem modo accepit scholiastes. (Ne in hoc quidem uersu coniectura Hermanni probanda, πέρι μήκεα scribentis pro περιμήκεα; sic enim interpretandus est: et campi longi latique Thrinacriae undique bobus complebantur ita instructis, ut efficeretur figura quadrangula.)

Numeri a scholiasta propositi $(x + y = 1426159680$, $v + z = 920595760)$ extremas duas condiciones minime explent, quamuis ipse contendat (apud Hermannum p. 7). Nos ad ultimam aequationem soluendam fractionibus continuis uteremur, quamquam hoc loco summa difficultate ob numerorum magnitudinem ingentem (u. Nesselmann p. 487 sq.); Archimedes quo modo eas soluerit, nescimus. In numeris ingentibus tractandis sine dubio methodo supra exposita adiutus est, et hoc quoque uidimus, eum rationes computandi habuisse, quae fractionibus continuis non multo inferiores essent. Ne hoc quidem Nesselmanno (p. 491) concedendum, Graecos Archimedis temporibus de numeris trigonalibus nondum quaesiuisse; adparet enim ex arithmetica Nicomachi, qui Pythagoreos maxime secutus numerorum polygonialium theoriam copiosissime tractauit, quaestiones de proprietatibus horum numerorum satis antiquis temporibus initas esse. Nam hoc uix quemquam moueri puto, quod numeri ab Archimede significati tam ingentes sunt, ut tota Sicilia tot boues capere non potuerit (Nesselmann p. 487, cfr. 490).

Huius igitur disputationis summa haec est, Archimedem praeter minora quaedam supplementa arithmeticae, qualis ab Euclide tradita erat, proportionibus maxime usum ad nouas difficilesque quaestiones pro-

gressum esse, quibus in demonstrandis propositionibus
geometricis suis niteretur, eumque hac uia ad methodos nobis ignotas peruenisse, quibus aliqua ex parte
nostram arithmeticam aequaret.

Caput V.

De dialecto Archimedis.

Absoluta iam huius disputationis parte historica,
qua id maxime mihi agendum erat, ut conquirerem,
disponerem, aestimarem, quae iam ab aliis disputata
essent, pauca tantum de meo addens, peruenio ad alteram praecipuamque operis partem, ut de condicione
critica operum Archimedis, et quae sequenda sint in
noua editione paranda, exponam; cuius quaestionis
primum caput est de dialecto Archimedis.

Archimedem igitur Dorice scripsisse satis constat;
diserte testantur. si opus est, Eutocius Comm. in libr.
II de sph. et cylindr. (loco infra saepius commemorando)
p. 163: τὴν Ἀρχιμήδει φίλην Δωρίδα γλῶσσαν; Tzetzes Chil.
XII, 995: ἐδόκουν (τὰ βιβλία) καὶ τὸν Δώριον ἔχειν δὲ χαρακ-
τῆρα καὶ ἅπαν δὲ τὸ γνώρισμα σαφὲς τοῦ Ἀρχιμήδους; Anonymus Hultschii p. 275: Ἀρχιμήδης Συρακούσιος Δωρίδι
φωνῇ. Sed primo adspectu adparet, libros II de sphaera
et cylindro ac libellum de dimensione circuli communi
Graecorum posteriorum lingua scriptos esse; unum
tantummodo restat formae pristinae ac genuinae uestigium, p. 64: τῆνον, quod uocabulum is, quisquis fuit,
qui hos libros in communem linguam transscripsit, aut
quia ignorabat aut quia apte et proprie lingua com-

muni reddi non posset, reliquit intactum. Neque enim
cuiquam dubium esse potest, quin hi libri, ut qui saepissime lectitarentur (et ea ipsa de causa Eutocius in
eos commentaria conscripsit), a Graeco aliquo homine
aetatis postremae lingua communi redditi sint, quo
faciliores lectu essent. Sed demonstrare posse mihi
uideor, transscriptionem illam non intra uerba ipsa ste-
tisse, sed demonstrationes quoque uel perspicuitatis
causa amplificasse uel etiam hic illic deprauasse atque
in peius immutasse, ita ut hi libri nequaquam tam
genuina et integra forma quam cetera Archimedis
opera ad nos peruenerint.

Nam primum occurrit dicendi genus et posteriorem
linguae Graecae aetatem arguens et a constanti Archimedis usu abhorrens, uelut p. 85,₄₁ (I, 13) ἕως τῆς
ἐπιφανείας (ἕως genetiuo iunctum nusquam apud Archimedem legitur); ὅπως cum coniunct. = ita ut p. 65,₃;
I, 4 p. 71; 5 p. 73; I, 50 p. 128,₂₂; II, 4 p. 155,₃₂ (cum
indicat. I, 50 p. 128,₂₆, ubi codd. nonnulli falso ὅπερ
praebent; cum infinit. II, 8 p. 183,₁₈, nisi utroque loco
coniunctiuus restituendus est); cfr. ἵνα I, 6 p. 74,₂₆; p.
75,₁₄. Uerbo ὅπως eodem modo cum coniunctiuo
iuncto (et indicatiuo? Arith. I, 6; I, 30) saepissime utitur
Diophantus (Arith. I, 12; 13; 14; 15; 16; 17 cett. I,
5 pro ὅπως errore bis ὅπερ). Praeterea πεποιήσθω II, 3 p.
150,₁₀; 5 p. 157,₁₂; p. 158 extr.; II, 6 p. 177,₂₉; 178,₂₈;
II, 8 p. 183 extr.; II, 9 p. 185,₁₀ (sed p. 181,₁₀ γεγενήσθω);
Archimedes ipse γεγονέτω scribit (de plan. aeq. I, 12
p. 11,₂; I, 13 p. 12,₁₃) uel γεγενημένος ἔστω (uelut de
helic. I, 21 p. 241; 22 p. 242); τμηθήτω (I, 21 p. 99,₂₂);
Archimedes semper τετμήσθω (semel τεμνέσθω de con.
14 p. 277); μέσον λόγον ἔχει I, 14 p. 87; 15 p. 91; apud
antiquiores et ipsum Archimedem (de plan. aeq. II, 10
p. 55; de conoid. 13 p. 276; etiam in his ipsis libris
I, 14 p. 88; I, 35 p. 113) sollemne est μέση ἀνὰ λόγον
ἐστί (illud habet Eutoc. p. 121); γενηθέν I, 39 p. 118,₁₅;

42 p. 120; p. 121,24; alibi semper γενόμενον; ἡ κάθετος
I, 11 p. 81,27; II, 3 p. 151 ult. pro ὕψος (sed p. 192
Eutocius, qui hunc locum citat, recte habet ὕψος). Haec
omnia quamquam per se parum ualent, aliquantum
tamen ponderis habebunt comparatis, quae in ipsis
rebus adparent, uestigiis licentiae librariorum. Quorum
grauissimum illud est, quod plurimis locis (I, 11 p.
81: ὡς ἐδείχθη ἐν τῷ λήμματι; I, 36 p. 114: τοῦτο γὰρ
φανερὸν διὰ λημμάτων; I, 42 p. 121: τοῦτο γὰρ δέδεικται ἐν
τοῖς λήμμασι; II, 6 p. 178: τοῦτο γὰρ δειχθήσεται; II, 9 p.
186: τοῦτο γὰρ ἐπὶ τέλει) uerba quaedam inueniuntur,
quae ab Archimede profecta esse non possunt. His
enim uerbis minime significatur, ut uulgo putant, singularis libellus λημμάτων ab Archimede editus; significantur adnotationes et commentaria Eutocii; nam omnes demonstrationes, de quibus locis citatis agitur, ab
eo proponuntur (p. 78, de qua re ipse p. 93: ὡς ἐδείχθη
ἐν τῷ λήμματι*) τοῦ η΄**) θεωρήματος; p. 115; p. 121—22;
p. 179; p. 191. Alia res est II, 3 p. 151: τοῦτο γὰρ
ἐν τοῖς λήμμασι τοῦ πρώτου βιβλίου δέδεικται; ibi enim significatur I p. 96 lemma 4), nec apud eum haec uerba
repetuntur, cum tamen sine dubio moniturus fuerit, ut fecit p. 163 de Archimedis uerbis II, 5 p. 158: ἑκάτερα δὲ
ταῦτα ἐπὶ τέλει ἀναλυθήσεταί τε καὶ συντεθήσεται, uel uerbo
saltem indicaturus, si demonstratio ab Archimede pro-
missa non esset inuenta. Itaque puto, haec uerba a
librario aliquo interposita esse, quibus lectores ad Eutocii commentaria ablegaret. Subditiua ea esse, iam Hauberus intellexit in libro p. 16 citato p. V; mâle defendit Nizze: Uebers. p. 269; 273; 275; idem eadem
uerba damnat p. 114 et p. 178 (u. Uebers. p. 272;

---

*) Hoc enim uerbo etiam p. 40,15 Eutocius sua commentaria
significat.
**) Sic codices.

72

275). Etiam p. 70,₃₅ post *BΓ* interponitur: (διάλημμα) ɔ:
διὰ λῆμμα in ed. Bas. p. 2 et codd. Significatur Eutocii
commentarius p. 70 extr. — 71. Contra similia uerba
de plan. aeq. II, 1 p. 36: τοῦτο δὲ δεικτέον ἐν ταῖς
τάξεσιν et II, 8, p. 46: τοῦτο γὰρ ἐπὶ τέλει δείκνυται,
οὗ σαμεῖον τὸ θ genuina esse uidentur; habet enim
ea Eutocius p. 37: τοῦ δευτέρου θεωρήματος προλέγει
τινά κτλ. καί φησι· ταῦτα δεικτέον ἐν ταῖς τάξεσιν· ἐπειδὴ
οὖν ἀσαφές ἐστι τὸ λεγόμενον, ἀναγκαῖον εἰπεῖν βραχέα περὶ
αὐτοῦ ἐκ τῶν Ἀπολλωνίου κωνικῶν εὑρεθέντα; et p. 46, ubi
adlatis uerbis Archimedis (τοῦτο γὰρ ... δείκνυται) addit:
ἑξῆς δὲ αὐτὸ ἡμεῖς δείξομεν. Ex his igitur colligendum,
his quoque locis, ut de sph. et cyl. II, 5 p. 158, supplementa quaedam ab Archimede his libris adiuncta
temporum iniuria intercidisse.

Sed etiam ex multis aliis rebus intellegere possumus, quanta licentia librarii in his libris refingendis
inquinandisque grassati sint. De locis scribendi errore
corruptis et male intellectis nunc non loquor; quales in
ceteris quoque libris occurrunt. Sed est, ubi demonstrationes uerbosae et a more Archimedis nota prae-
tereuntis alienissimae aut non satis accurate expositae
librarii manum arguant. Eius generis sunt haec:

Lemma p. 94 (quod cum edit. Basil. et codicibus
post prop. 17, sicut etiam adnotatio Eutocii, ponendum)
subditiuum est; nam hoc idem ab Eutocio demonstratur
(pertinet ad prop. 17 p. 95); praeterea auctor lemmatis
in eo errauit, quod de rectangulo loquitur (cfr. Nizze:
Uebers. p. 61, a).

I, 10 p. 79, 10; 16; 45 ambiguum est: ἡ ἐπιφάνεια ἡ
κωνικὴ ἡ μεταξὺ τῶν ΑΔ, ΔΓ; significatur ΔΑΕΒΖΓ, sed iisdem
uerbis significari poterat altera pars superficiei conicae;
Archimedem putauerim priore loco scripsisse: ἡ μεταξὺ
τῶν ΑΔ, ΔΓ καὶ τῆς ΑΒΓ περιφερείας, ut est prop. 11 p.
81, 7-8; hoc semel indicatum postea breuitatis causa

omitti poterat (ut p. 81 ult.; p. 82,₃); sed prorsus omittendum non erat. Eadem incuria I, 11 p. 80 omissum (κώνου) ἰσοσκελοῦς (p. 81,₂₃); additur prop. 10 p. 79. Eiusdem neglegentiae est, quod I, 12 p. 83 scribitur: ἡ ἀποτεμνομένη κυλινδρικὴ ἐπιφάνεια ὑπὸ τῶν ΑΓ, ΒΔ εὐθειῶν; quod I, 14 p. 87 scribitur χωρὶς τῆς βάσεως pro τῶν βάσεων; quod p. 96 lemm. 3 omittitur: καὶ τὸ ὕφος ἴσον (= Eucl. XII, 10); cfr. I, 37 p. 116. Etiam I, 18 p. 96: κάθετος ἀγομένη τῷ ὕφει ἴση ἢ desideratur (τῷ ὕφει) τοῦ ἑτέρου κώνου, quod additur prop. 19 p. 97, sed uix crediderim, Archimedem his duobus locis et prop. 21 p. 99 duos illos conos tam obscure per ὁ ἕτερος — ὁ ἕτερος significasse. I, 41 p. 119 in ipsa propositione non diserte additur: (ἐν τῷ τμήματι) ἐλάσσονι ἡμικυκλίου, quod postea demum (p. 119,₂₇) dicitur; Archimedes sine dubio et hoc loco et prop. 39 et 40 (ut fecit prop. 42) haec uerba addiderat; nam has propositiones de segmentis minoribus quam hemisphaera solis demonstratas esse, inde intellegere possumus, quod prop. 49 de segmentis maioribus propria utitur demonstratione; in prop. 39 hoc accedit, quod alioquin ὑπὸ κωνικῶν ἐπιφανειῶν περιεχόμενον parum recte diceretur; poterat enim cylindrica quoque superficies oriri, quod in figura p. 118 casu factum est. I, 24 p. 102 ult. et 29 p. 108 Archimedes uix omisit conclusionem: ergo superficies hemisphaerae maior est (cfr. Nizze: Uebers. p. 67, β). II, 3 denique p. 152 Archimedes non scripsisset: τῶν αὐτῶν ὑποκειμένων δείξομεν κτλ. Nam in sequentibus demonstratio altera partis posterioris prop. 3 exponitur, quae iam p. 151, 20 sq. demonstrata est (cfr. Eutoc. p. 154—155); hac re non perspecta librarius ineptis illis uerbis demonstrationem alteram cum antecedentibus coniunxit. Archimedes sine dubio aliter ad eam transiit.

Sed librarius, qui his locis omittendo peccauit,

idem saepissime uerba Archimedis corrupit additis et inculcatis, quae ille, doctis solis scribens, consulto ac merito praetermiserat. Uelut nemo crediderit Archimedem ipsum sic scripsisse I, 14 p. 88, 20 sq.: ἡ γὰρ Η τῶν ΤΔ, PZ μέση ἐστὶ ἀνὰ λόγον διὰ τὸ καὶ τῶν ΓΔ, EZ. πῶς δὲ τοῦτο; ἐπεὶ γὰρ ἴση ἐστὶ κτλ. ἐὰν γὰρ τρεῖς εὐθεῖαι ἀνὰ λόγον ὦσιν, ἔστιν (scrib. ἔσται) ὡς ἡ πρώτη πρὸς τὴν τρίτην, οὕτως τὸ ἀπὸ τῆς πρώτης εἶδος πρὸς τὸ ἀπὸ τῆς δευτέρας εἶδος τὸ ὅμοιον καὶ ὁμοίως ἀναγεγραμμένον. Haec omnia sine dubio ad uerba Archimedis explicanda interposita sunt; nam primum demonstratio ipsa longis ambagibus conficitur (cfr. Nizze: Uebers. p. 57,β), deinde Archimedes propositione ex Euclide adlata saepissime tanquam omnibus notissima tacite nititur, nec intellegitur, cur hoc uno loco uerba ipsa Euclidis (VI, 20 πόρισμ. 2) addiderit. Etiam uerba I, 16 p. 94: εἰ γὰρ αἱ διάμετροι, καὶ τὰ ἡμίση, τουτέστιν αἱ ἐκ τῶν κέντρων et I 26 p. 105: καὶ δύο ἄρα τοῦ ΑΒΓΔ κύκλου διάμετροι μείζους εἰσὶ τῆς διαμέτρου τοῦ Ρ κύκλου commentatorem ineptum et ͵imperitum sapiunt. — I, 7 demonstratio ipsius Archimedis hanc fere habuit formam: τὸ οὖν περιγεγραμμένον πρὸς τὸ ἐγγεγραμμένον ἐλάσσονα λόγον ἔχει ἢ τὸ συναμφότερον ὅ τε κύκλος καὶ τὸ Β χωρίον πρὸς αὐτὸν τὸν κύκλον· διὰ δὴ τοῦτο ἔλασσόν ἐστι τὸ περιγραφόμενον τοῦ συναμφοτέρου· ὥστε καὶ τὰ περιλείμματα ἐλάσσονα ἔσται τοῦ Β χωρίου. Hoc adparet ex adnotatione Eutocii p. 76, quae alioquin abundaret; sed in codicibus demonstratio inutilibus additamentis dilatata est.

I, 34 p. 112: τῶν ἄρα Ξ, Ο κώνων αἱ διάμετροι τῶν βάσεων τοῖς ὕψεσι τὸν αὐτὸν ἔχουσι λόγον· ὅμοιοι ἄρα εἰσί, καὶ δι᾽ αὐτὸ τριπλασίονα λόγον κτλ. uerba: ὅμοιοι ἄρα εἰσί interpreti debentur; Archimedes enim sine dubio usus erat lemm. 5 p. 96. Eodem modo interposita sunt I, 47 p. 125.

I, 11 p. 81,32: φανερὸν γάρ, ὅτι ἡ ... ἐφαπτομένην sub-

ditiua sunt et male collocata; referenda erant ad linn.
24—25. I, 20 p. 98 ult. totidem uerbis repetitur
prop. 18 praeter morem Archimedis. II, 3 p. 151: ἢ
οὕτως· ἐπεί ἐστιν ὡς ἡ Δθ ... καὶ ὁ Μ ἄρα κῶνος σος ἐστὶ τῷ
ΒΔθΖ στερεῷ ῥόμβῳ et p. 153: ἢ οὕτως ... ἴση ἐστὶ τῷ
ΒΚΖΔ στερεῷ ῥόμβῳ subditiua-esse inde colligo, quod alioquin adnotatio Eutocii p. 154 prorsus abundaret; praeterea uerba ἢ οὕτως altero loco (nam priore loco ad
uerba et ipsa interposita: τοῦτο γὰρ ἐν τοῖς λήμμασι κτλ.
referri possunt) inepta sunt; neque enim ab Archimede alia demonstratio praemissa est, sed rem ut per
se perspicuam proposuit sine demonstratione, quae si
addita esset, eadem illa, quae a commentatore incul-
cata est, fuisset. Etiam II, 10 p. 197 ult. uerba: δέδεικται γὰρ ... βάσις τοῦ τμήματος ex I, 48—49 male repetita sunt. II, 5 p. 159,9—10 rationem turbant uerba:
ὡς ἡ ΡΔ πρὸς ΛΔ τὸ ἀπὸ ΛΚ πρὸς τὸ ἀπὸ ΛΔ. Sic enim

ratiocinandum erat: $\dfrac{ΛΚ^2}{ΛΔ^2} = \dfrac{ΒΔ^2}{ΔΧ^2} = \dfrac{ΡΔ \times ΛΔ}{ΛΔ^2}$, quia

$ΛΚ^2 = ΡΔ \times ΛΔ \circlearrowright \dfrac{ΡΔ}{ΛΔ} = \dfrac{ΒΔ^2}{ΔΧ^2}$; tum non erit, cur p.

157,28 cum Haubero p. VI deleamus: ἴσον ἄρα τὸ ὑπὸ
τῶν ΡΔ,ΛΔ τῷ ἀπὸ ΛΚ.

II, 9 demonstratio pessime deprauata est; nam
primum prorsus inepta sunt p. 186,4: τὸ δὲ ἀπὸ ΚΖ ...
ἢ διπλασίονα τοῦ, ὃν ἔχει ἡ ΚΖ πρὸς ΖΗ (Nizze p. 105, ζ) et
p. 187,32: ὅς ἐστιν τοῦ ἀπὸ Αθ πρὸς τὸ ἀπὸ θΓ. Deinde et
p. 187 et p. 188 conclusio necessaria omittitur: θΖ re
uera maiorem esse quam θΗ et ΛΕ minorem quam θΔ;
p. 188,22 sq.: ἐπίλοιπον ἡμῖν δεῖξαι κτλ. abundant post illa
(lin. 19—20): δεῖ· ἄρα δεῖξαι κτλ. Eadem pagina lin. 27
sq., ubi sic scribitur: καὶ ἀφαιρεθείσης ἄρα ἀπὸ τῆς θΗ κτλ.,

Archimedes sine dubio ex proportione $\dfrac{Ηθ}{θΑ + ΚΕ} > \dfrac{Γθ}{θΒ}$,

rationibus nullis additis, collegerat (ἐναλλὰξ καὶ διελόντι)

$\dfrac{\Pi\Gamma}{\Gamma\theta} > \dfrac{\theta A + K\varLambda}{\theta B}$. Et omnino et ipsa demonstratio et

sermonis cursus mire corruptus et confusus est (ὅτι p.
187,31; 37; 38; p. 188 ult.).

Minora sunt, quod I, 25 p. 103,19 et 26 p. 104,32
minus recte dicitur: οὖ αἱ πλευραὶ ὑπὸ τετράδος μετροῦνται
(ɔ: οὖ τὸ πλῆθος τῶν πλευρῶν μετρείσθω ὑπὸ τετράδος. I, 36
p. 114; cfr. 24 p. 102; 29 p. 107; 34 p. 110); eodem
modo Eutocius p. 102, unde fortasse sumpsit· interpo-
lator; quod II, 6 p. 177,25 ante κύκλοι omittitur μέγιστοι
(additur p. 178,26); quod II, 10 p. 197,14 τομῶν legitur
pro τμημάτων (eadem propositio pluribus laborat erroribus; nam figura altera, de qua p. 197,14 sq. dictum
est, postea prorsus neglegitur, et p. 198 alicubi exciderunt uerba: τὸ δὲ ἀπὸ τῆς ΑΡ ἴσον τῷ ἡμίσει τοῦ ἀπὸ τῆς
ΑΒ; cfr. Nizze p. 276); quod I, 22 p. 100; 23 p. 101;
25 p. 103 neglegenter dicitur: αἱ τὰς τοῦ. πολυγώνου
πλευρὰς ἐπιζευγνύουσαι pro eo, quod est: αἱ τὰς γωνίας
κτλ. (I, 30 p. 118; 31 p. 109; 34 p. 111; 43 p. 122; 44
p. 122; 47 p. 124) et polygonum modo ἀρτιόπλευρον (I,
22 p. 100; 23 p. 101) modo ἀρτιογώνιον (ἀρτιόγωνον) uocatur (I, 26 p. 104; 31 p. 108; 47 p. 124; 48 p. 126; 50
p. 128—29); quod I, 38 p. 117,10 omittitur: καὶ ἰσόπλευρον
et I, 50 p. 128 ult.; 129,4; 28: σὺν τῷ κώνῳ (u. p. 128,
31 sq.).

In libello de dimensione circuli, ut qui multo
breuior sit, pauca deprehenduntur corruptionis indicia:
prop. I p. 203 parum accurate dicitur: πᾶς κύκλος ἴσος
ἐστὶ τριγώνῳ ὀρθογωνίῳ, οὗ ἡ ἐκ τοῦ κέντρου ἴση μιᾷ τῶν
περὶ τὴν ὀρθήν, ἡ δὲ περίμετρος τῇ λοιπῇ, et Eutocius p. 205
aliam huius propositionis formam significare uidetur:
ἐκθέμενος γὰρ τρίγωνον ὀρθογώνιόν φησιν: ἐχέτω τὴν μίαν τῶν
περὶ τὴν ὀρθὴν ἴσην τῇ ἐκ τοῦ κέντρου, τὴν δὲ λοιπὴν τῇ περιφερείᾳ; cfr. lin. 13 sq.; aut hoc dicendum erat, aut sic
oratio formanda: πᾶς κύκλος, οὗ ἡ ἐκ τοῦ κέντρου ἴση μιᾷ

77

τῶν περὶ τὴν ὀρθὴν τριγώνου ὀρθογωνίου ..., ἴσος ἐστὶν αὐτῷ.
Ibidem contra usum Archimedis legitur ἐχέτω ὁ κύκλος
τῷ τριγώνῳ (sic enim codices) pro eo, quod est: πρὸς τὸ
τρίγωνον. Praeterea post uerba καὶ τετμήσθωσαν αἱ περι-
φέρειαι δίχα deest tale aliquid: καὶ ἐγγεγράφθω πολύγωνον
ἰσόπλευρον. Prop. I p. 203,16 et p. 204,19 κάθετος legitur
pro ὕψος (cfr. supra p. 71).
Prop. II p. 205 miramur, cur non statim colligatur:
$\frac{A\Gamma Z}{A\Gamma\Delta} = \frac{\Gamma Z}{\Gamma\Delta} = \frac{22}{7}$ (Eucl. VI, 1), sed longo ambitu sic

demonstratio conficiatur: $\frac{A\Gamma E}{A\Gamma\Delta} = \frac{21}{7}$ (Eucl. VI, 1),

$\frac{A\Gamma\Delta}{A E Z} = \frac{7}{1}$ (Eucl. VI, 1), unde addendo $\frac{A\Gamma E + A E Z}{A\Gamma\Delta} = \frac{22}{7} =$

$\frac{A\Gamma Z}{A\Gamma\Delta}$. Nec satis recte dicitur: ἐπεὶ ... ἡ δὲ βάσις τῆς διαμέτρου τριπλασίων καὶ τοῦ (τῷ?) ζ ἔγγιστα ὑπερέχουσα (sic
enim codices) δειχθήσεται. Illud quoque offendit, quod
prop. II, quae prop. III nititur, ante eam collocata est;
quod a librario factum esse suspicor. Ut minutias
quoque conquiram, prop. II p. 205,31 ante τὸ A\Gamma E omittitur uocabulum τρίγωνον (sic etiam prop. III p. 207,26);
III p. 207—8 saepius figura laterum sex et nonaginta
neglegenter adpellatur τὸ ϞϚ´ πολύγωνον; III p. 207,12:
τὸ πολύγωνον pro ἡ τοῦ πολυγώνου περίμετρος legitur et p.
208, 19: ὁ κύκλος pro ἡ τοῦ κύκλου περιφέρεια.
His omnibus perpensis constare puto, libros Archimedis de sphaera et cylindro et de dimensione circuli non pristina forma ac specie, sed ab homine im-
perito temporis multo posterioris refictos et sermonis
proprietate ac breuitate subtilitateque ingeniosa demonstrationum depriuatos ad nos peruenisse. Hoc
post Eutocium factum esse, et ex iis, quae supra dixi
p. 71 sq., patet et inde intellegitur, quod idem ille p.
153—54 definitionem Archimedis de sph. et cyl. I p.

64,5 uulgari lingua expressam (τομέα δὲ στερεὸν καλῶ, ἐπειδὰν σφαῖραν κῶνος τέμνῃ κορυφὴν ἔχων ἐπὶ τὸ κέντρον (!) τῆς σφαίρας, τὸ ἐμπεριεχόμενον σχῆμα ὑπό τε τῆς ἐπιφανείας τοῦ κώνου καὶ τῆς ἐπιφανείας τῆς σφαίρας ἐντὸς τοῦ κώνου) Dorice sic exhibet: ἔφασκεν γάρ: τομέα δὲ στερεὸν καλέω, ἐπειδὰν σφαῖραν κῶνος τέμνῃ (sic cod. Flor.) τ ὰ ν κορυφ ὰ ν ἔχον π ο τ ὶ τῷ κέντρῳ (hoc Archimedeum est; u. Ψαμμίτ. § 2 p. 321, 8 cett. § 3 p. 321; § 4 p. 322 saepius) τ ᾶ ς σφαίρας τὸ π ε ρ ι ε χ ό μ ε ν ο ν σχῆμα ὑπό τε τ ᾶ ς ἐπιφανείας τοῦ κώνου καὶ τ ᾶ ς ἐπιφανείας τ ᾶ ς σφαίρας ἐντὸς τοῦ κώνου. Quod Pappus V, 23 p. 366 et 33 p. 390 (nisi uterque locus interpolatori tribuendus est) libri I de sph. et cyl. propp. 17 et 15 uulgari lingua scriptas citat, putandum, ipsum dialectum Doricam remouisse, quippe qui rem, non uerba spectaret, nec inde colligendum, hos libros iam illo tempore in communem linguam conuersos fuisse.

His de causis in quaestione de dialecto Archimedis ineunda nihil prorsus, in quaestionibus criticis non multum his libris tribui; nam ut Archimedis manus restituatur, alienaque additamenta remoueantur, longiore disputatione opus est.

Sed ne in ceteris quidem libris proprietas sermonis ubique satis constanter seruata est, et iam Eutocii tempore multis locis dialectus Dorica euanuerat, nam pag. 163: ἔν τινί τοι, inquit, παλαίῳ βιβλίῳ ἐντετυχήκαμεν θεωρήμασι γεγραμμένοις οὐκ ὀλίγην τὴν ἐκ τῶν πταισμάτων ἔχουσιν ἀσάφειαν περί τε τὰς καταγραφὰς πολυτρόπως ἡμαρτημένοις· τῶν μέντοι ζητουμένων εἶχον τὴν ὑπόστασιν, ἐν μ έ ρ ε ι δὲ τὴν Ἀρχιμήδει φίλην Δωρίδα γλῶσσαν ἀπέσωζον; sine dubio idem in libris, qui ad nos peruenerunt, iam eo tempore acciderat. Quanta sit in hac re nostrorum codicum inconstantia, his exemplis perspici potest: p. 1,6: πυτιτεθῇ, lin. 7: προσετέθη (cod. Flor., al.); p. 7,23: ποτὶ τὸ Γ᾽ — πρὸς EZ (sic ed. Basil.); p. 12 nouies πρός,

semel (lin. 21) ποτί; p. 14,33 ποτί — lin. 35 πρός; p. 12,26
σημεῖον — lin. 31 σαμεῖον; p. 258, 1—2 τμήματι — lin. 5
τμάματα. De codice Flor. cfr. ed. Torellii p. 414 (ad p.
289,50): »τμάματι] τμήματι et sic infra, quod in posterum
minime adnotabimus, quum pro more Dorico adhibeat
α et viceversa, quae quidem inconstantia etiam in
editione animadverti potest«. Et p. 415 (ad p. 292,28):
»ἄλλαλα]˙ haec quoque vox indiscriminatim exhibetur
modo cum α et modo cum η.« Quae facili negotio in
infinitum augeri possunt, uerum haec sufficiant ad intellegendum, quam exigua aut potius nulla sit in hac
re codicum auctoritas. Praeterea cum minime constet,
quid quoque loco in codicibus legatur, operae pretium
esse non duxi examinare, quot locis genuina forma,
quotque communis in editionibus exstet. *) Nam in
uniuersum hoc tenendum puto, ut, quaecunque forma
Dorica uno uel duobus solis locis in codicibus seruata
sit, ea ubique restituatur. Librariis enim procliue erat
ea, quae a uulgari cotidianoque sermone abhorrerent,
remouere ac mutare; sed contra uix cuiquam in mentem uenit formam Doricae dialecto propriam uno et
altero loco de suo fingere.

Iam quas formas Doricas apud Archimedem ubique restitutas uelim, percensebo, et quae huic dialecto
propria apud eum inueniuntur, colligam.

1. De substantiuis. In. declinatione prima,
quam uocant, α constanter seruatur: τομά, τομάν, τομᾷ,
τομᾶς; κορυφά; ἀφά; γᾶ; τελευτά p. 218,1; ὑπεροχά; γραμμά;
ἀρχά; σελήνα p. 324, 26; 37; p. 332,2; ἀνατολά p. 321,23.
Genetiui plural. in —ᾶν exeunt: τομᾶν; κορυφᾶν; ἀφᾶν;
εὐθειᾶν; γραμμᾶν; πλευρᾶν p. 8,30. Nomina in —ας exeun-

---

*) Moneo, in hac tota quaestione semper adhibendam esse
edit. Basileensem; nam Torellius saepissime tacite formas
Doricas de suo restituit, sed minime sibi constans est et
non raro uestigia formae genuinae imperite sustulit.

ita genetiuum in —α habent: ᾿Ηρακλείδας (p. 218,₃₆),
῾Ηρακλείδα p. 217,₄; Φειδία p. 320,₄₄. In thematibus
semper α reperitur pro η: τμᾶμα; σαμεῖον; μᾶκος; μά-
κων; ἅλιος.

In declinatione tertia haec obseruaui: substantiua
in —ις exeuntia ι seruant: βάσις, βάσιος de plan. aeq.
II, 10 p. 54,₄₃; de conoid. 25 p. 291 extr.; βάσιες de
de con. 23 p. 288,₃₄; 24 p. 290,₁₅ p. 298,₂₆ (Flor.); βά-
σιας 26 p.˙293,₃; (Flor., al.); βασίων p. 274,₂₆ (Flor.); 24
p. 290,₃₁; p. 291,₃₅; ἀπόδειξις, ἀποδείξιας p. 219,₃₄ (ἀποδείξειας codd. plerique), p. 320,₁₈ (ἀποδείξειας ed. Bas., codd.);
εὕρεσις, εὑρέσιος p. 257,₇ (sic enim scribendum; εὑρεσίας
codd.); ὑπόθεσις, ὑποθεσίων p. 319,₂₈; σύμπτωσις, συμπτώ-
σιος (sic enim scribendum) p. 239,₂₂; ὄψις, ὄψιος p. 321,₂₇;
28; 38; 44; 47; 49; 51; p. 322, 1; 4; 9; 13; 33; ὄψιες p.
321,₃₆. Sed in datiuo plural. βάσεσι p. 290,₁₅; τάξεσι
p. 36.₃₇. Formae uulgares non raro occurrentes ad
haec exempla corrigantur (βάσεως p. 30,₁₂; p. 287,₃₇;
p. 288,₂₇; p. 292,₂; βάσεις (accus.) p. 36,₂₆; p. 259,₄₂;
ἀποδείξεις p. 18,₂₀; p. 217, 3; 8; p. 218,₃₆; p. 257,₄;
260,₄₈; διαιρέσεις p. 8,₄₂ διαιρέσεων ῾p. 284,₁₅; p. 285 ult.;
βάσεων p. 54,₄₅; 47, 49; p. 259,₄₃; 45; 46; ἀποδείξεων p.
319,₁₆).

Uerborum in —ευς exeuntium praeter βασιλεύς. quod
bis uocatiuo casu legitur (βασιλεῦ p. 319; p. 331), unum
solum apud Archimedem exstat: τομεύς, τομέα (p. 248,₄₁;
249,₆; 16; 250,₁₄; 251,₃; 254,₁₉; τομῇ, quod Doricum esse
fertur (Ahrens: De Gr. ling. dial. II p. 237), nusquam
legitur), τομεῖ (p. 241,₄₀; 48), τομέως (p. 241; 249; 250
multis locis; p. 57,₂₇; sed fortasse in τομέος corrigendum),
τομέες (p. 244,₃₁; 33; 36; 38; 245,₂₁; 246,₄₇; 49; 248,₂; 3;
249 extr.; multo rarius (et ubique corrigendum) τομεῖς
p. 241,₄₂; 249,₄₆; 250,₄₆ (Flor.); τομέας (p. 246,₅₀; 248,₄;
250,₁, alibi; nusquam τομεῖς), τομεῦσι (p. 247,₄; 6; p. 248,₉;

250,6, al.), τομέων (p. 241; 244; 246; 247; 249; 250 multis locis).

Substantiuorum neutri generis in —ος exeuntium declinatio haec est: μέγεθος, μεγέθει, μεγέθεος (multo rarius μεγέθους p. 4,23; 26; p. 8,25; τέλους 218,5; εἴδους 295,15); μεγέθεα (μεγέθη p. 56,13), μεγέθεσι, μεγεθέων; βάρος, βάρεος (βάρους p. 8,25; p. 23,22; p. 57; al.), βάρεα, βαρέων; μᾶκος, μάκεος, μάκεα, μακέων; μέρος, μέρεα (p. 322,3; 324,23) (p. 21,1; 27,31; 252,31; 32 μέρους in μέρεος corrigendum); εἶδος, εἴδεος (p. 228,10), εἴδεα (ib. 5; 7; 230,20), εἰδέων (p. 228,8); πελαγέων (p. 319,11); ὀρέων (p. 319,13); πλάτεος (p. 301,14; 306,4; πλάτη pro πλάτεα male scribitur p. 263,35, μέρη p. 28,11); ἐτέων p. 218,1.

In ceteris tertiae declinationis substantiuis hoc iantum commemorandum est, datiuum plural. in —εσσι exire, uelut: ἀξύνεσσι p. 260,39; 41; γνωμόνεσσι p. 302 extr.; 303,2; 308,14; 23; μυριάδεσσι p. 327, 38; 45; 328,12; 39; 44; 329,' 8; 13; 32; 330,6; 31; 331,27; 36 (hinc corrigendum μυριάσι p. 329,38; 330,12); σχημάτεσσι p. 278,48; τμαμάτεσσι p. 31,35 (cod. Flor. τμήμασι); 36,26; 259,32; 264,36; 294,46 (male τμάμασι p. 6,29; 32,41; 34,3; 6; 301,4); διαστημάτεσσι p. 220,19; 254,2 (et p. 253,30, ubi ed. Bas. et fortasse codd. plerique διαστήματι); ὑπερβλημάτεσσι p. 296,32. Corrigendum μαθήμασι p. 17,6.

2. In adiectiuis eadem fere occurrunt, quae in substantiuis. A in declinatione prima seruatur, uelut: ἴσα, ἴσαν, ἴσᾳ, ἴσας; ὅλα; μέσα; λοιπά; ὀρθά; κοινά p. 241,40; μεγίστα; ἐλαχίστα (p. 47); πάσας (genet.) p. 43,40; καμπύλας p. 30,5; et in numeralibus ordinalibus, uelut τρίτα, τετάρτα, et participiis: περιεχομένα, ἀγομένα, ἐπιζευχθείσας, cett.; genet. plural. in —ᾶν exit: πασᾶν, λοιπᾶν (p. 46,20), cett.

Praeterea hic illic legitur ἄμισυς pro ἥμισυς, quod multo frequentius est, uelut p. 299,35 (cod. Flor.); 300,2; 11; 13; 17; 18; 20; 22; 302,24 (ἄμισθον codd.) et ἀμιόλιος p. 45,36 (cod. Flor. ειμιολιον, cod. Uenet. ἡμιόλιον);

41; 46,40; 30429; semper alibi ἡμιόλιος (cfr. ἡμικύκλιον p.
273, al.). Dubito, an non recte Ahrens: De dial. II p.
152 has formas ut hyperdoricas damnauerit; nam
ἀμιόλιος etiam apud Timaeum Locr. 98,a legitur, qui
idem ἀμιτρίγωνον, ἀμιτετράγωνον habet (98,c; sed ἡμιτετρά-
γωνον 98,a); equidem potius crediderim, α ubique in
his uerbis esse restituendum. Etiam in adiectiuo ἐπιτά-
δεως (p. 322,5 : ἐπιτἀδείων; codd. pessime ἔπειτα δι' ὧν) α
retinendum.

Adiectiui ἄμισυς declinatio in primis memorabilis
est; nam praeter formas uulgares (gen. fem. ἀμίσεια p.
11,5; 287,37; 288,26; 290,30; 323,15; ἀμισείᾳ p. 20,44;
21,35; 260,3 (cod. Flor.); 270,44; 273,32; ἀμισείας p. 30,
32; 34; 268 extr.; 269,32; 36; 40; 273,30 cett.; mascul.
genet. ἀμίσεος p. 300,22 (?); 302,28; male ἀμίσεως p. 300,18;
et ἀμίσους p. 27,28; 31,25; 303,4c (cod. Flor.?); 304,23?;
neutr. ἄμισυ p. 31,5; 19; 21; 304,30; uix recte p. 6,13 legitur ἡμίση (cod. Flor.) pro ἀμίσεα neutr. plur.) occurrunt formae declinationis secundae: ἀμίσεος (nom.) p.
286,30 (codd.); ἀμίσεον p. 299,35; 300,2; 9; 11; 13; 17;-20;
302,22; 24; 303,16; 46; 49; 51; 304,3; 18; 311,25; 33; 41;
313,29; 38; ἀμισέῳ p. 304,8; 16 (ἀμισεως cod. Flor., al.);
311,32; 36; 40; 313,42; extr.; 314,4. Eodem pertinet
dat. femin. generis ἀμισέᾳ p. 260,9; 21; 274,14; 307,12;
16; 20; 22; 308,20; 44; 310,15; 311,28; 313,6. Cfr. Lo-
beck ad Phryn. p. 247 et τὸ ἥμισον in titulo Phocensi
(Ahrens: De dial. II p. 236). Praeterea haec sola adiectiua in —υς inueniuntur: ἐπιπλατύ (sic codices) p.
259,17; ἐπιπλατέα (neutr. plur.) p. 257,15; ἀμβλεῖα p. 26
extr.; p. 27,1, al.; ὀξεῖα p. 233,46, alibi. Adiectiua in
—ης, —ες accusatiuum in ῆ habere uidentur, nisi potius p. 258,19 ἰσοσκελῆ in ἰσοσκελέα corrigendum; neutr.
plural. in —έα exit: ἰσοπαχέα p. 321,48; παραμάκεα p.
257,14; saepissime κωνοειδέα, σφαιροειδέα (corrigendum
ἰσομεγέθη p. 6,28; ἀπλανῆ p. 319 extr.); genet. in —έος:

κωνοειδέος, σφαιροειδέος multis locis, et in plural. num. in —έων: κωνοειδέων, σφαιροειδέων, ἀπλανέων p. 320,24; 331,13; 17; 21; 25; 33; 45; male scribitur ἀπλανῶν p. 320,3; 7; 17 (cod. Flor.). Datiu. plural. in —εσσι exiens hic quoque saepius occurrit, maxime in participiis: πάντεσσι p. 241,42; κομισθέντεσσι p. 217,5; συμπιπτόντεσσι p. 261,10; ἐπιψαυόντεσσι p. 282,10; 20; κεκοινωνηκότεσσι, μεταλελαβηκύτεσσι p. 331 extr.; πεφροντικύτεσσι p. 332,3; itaque uix recte p. 6,29 legitur οὖσι pro ἐόντεσσι.

In comparatiuo et ἐλάσσων et ἐλάττων legitur, illud tamen frequentius, et fortasse ubique restituendum. N raro eliditur, uelut ἐλάσσους = ἐλάσσονες p. 247 extr., ἐλάσσω = ἐλάσσονα p. 296,34; 307,10; 323,10; 26; 324,4; 14; 15; 18; μείζω = μείζονα p. 295,47; 266,2; 320,28; 34; 324,34; 36 (? μείζων cod. Flor.). Cfr. Ahrens: De dial. II p. 239.

3. In numeralibus, praeter quam quod hic quoque α seruatur (u. supra; cfr. χιλιᾶν p. 328, 329, 330 saepius; μυριᾶν p. 330,9), pauca commemoranda sunt. Δύο saepe indeclinabile est (uelut p. 44,29; 39,17; 221, 31; 226,37; 39 (ed. Bas., codd.); legitur tamen δυῶν p. 324,6; δυσί p. 226,42; 227,4; 228,34; 308,25; δυοῖς p. 307,16; 21; τέσσαρες et τεσσαράκοντα a forma uulgari nihil discrepant, sed pro τεσσαρακοστός (quod legitur p. 330,38) genuinum uidetur τέτρωκοστός: p. 329,42 (ed. Basil., codd.); sic etiam p. 325,29; 327,20: τετρωκοστομόριον retinendum cum codd. plerisque, quod idem restituendum est p. 325,23 pro τέτρωκον τὸ μόριον; corrigenda p. 327,24: τετρακοστομόριον et p. 330,13; 16: τετρακοστός. Cfr. Ahrens: De dial. II p. 281.

4. De pronominibus. Pronominum personalium hae inueniuntur formae a uulgaribus discrepantes: ἁμῶν = ἡμῶν p. 319,17; 320,15; 21; 323,9; 331,16 (sic etiam scribendum p. 17,10, ubi ed. Basil. et codd. ὑμῶν

6*

praebent, et p. 17,22; 18,19 pro ἡμῶν); ἁμὶν p. 325,38; 40;
(ἡμῖν male p. 17,3); τύ = σύ p. 320,31 (codd. et edd. peruerse
τοί); p. 17,3 pro accusatiuo legitur τένη, sed hanc formam iure damnat Ahrens p. 256; et in ed. Basil. et
codd. est τινά; itaque scribendum τίν = σέ (u. Theocr.
XI, 39; 55; 68. Cfr. Apollon. De pronom. p. 105); τοί =
σοί p. 217,6; 218,11; 219,30 (cod. Flor.); 257,2 (cod. Flor.);
corrigatur σοί p. 219,35; 260,48. — In articulo α seruatur:
ά, τάν, τᾷ, τᾶς, τᾶν; locos paucos, ubi η irrepsit, enumerare
piget. Eodem modo: αὐτά, αὐτᾷ, αὐτᾶς, αὐτᾶν; αὗτα, ταύτᾳ,
ταύτας, ταυτᾶν; ἅ, ᾷ, ᾶς, ἅν; ἄλλα p. 20,22, ἄλλαν p. 229,9
(genet.); p. 321,17 (accus.), alibi; ἑκάστα p. 226,14, al.;
τοιαῦτα-p. 320,6; 271,3. In thematibus α retinetur: ἀλλάλους, ἀλλάλαν p. 226,12; 18; 20, alibi; itaque semper
scribendum παράλλαλος, quod non nisi p. 282,1 seruatum
est (nam p. 279 cod. Flor. habet παράλληλος) et παραλ-
λαλόγραμμον, quamquam nunc semper editum est παραλ-
ληλόγραμμον; ταλικοῦτος, ταλικαύτα p. 319,7; 10; 320,4; 23;
322,7; 328,13; 329,9; 33; 330,7; 331,11 (τηλικαύτα cod. Flor.
p. 327,40); ἁλίκος, ἁλίκα p. 290,5; 294,11; 296,10; 298,9;
299,23; 300,16; 304,2; 23; 305,17; 307,37; 309,41; 310,1;
319,11; 320,23; 322,7; 327,41; 328,13; 329,9; 33; 330,9;
331,11; p. 286,47 pro ἐλάσσωνι πηλίκῳ (ed. Basil.; codd.)
coniicio: ἐλάσσονι ἤ ἁλίκῳ, et p. 288,6 pro πάλιν κω (cod.
Flor.) restituendum ἁλίκῳ, non πηλίκῳ, quod habent Torellius et cod. Paris. B.

A pro ε habet ἅτερος p. 324,5; 7; semper .alibi legitur
ἕτερος (uelut statim p. 1,6; 3,42; extr. 307,10, alibi), sed
illam formam genuinam esse censet Ahrens p. 114.
Pronomen Doriis proprium τῆνος uno solo loco exstat
p. 64,15, de quo loco cfr. p. 69.

5. De uerbis. A in themate seruatum est in
φαμί; μακύνειν p. 321,12 (cfr. μᾶκος); eodem modo ἐτμάθην,
τετμάσθω, τμαθείς, τετμαμένος (sic enim ubique scribendum est, quamquam in codicibus non raro η irrep-

sit); ἐλάφθην, λαφθείς, λέλαπται p. 241,45, λελαμμένος p. 269,19; 288,26; 290,32, λελάφθω, ὑπολαπτέον p. 320,11, λαψοῦνται (u. infra); ἀφεσταχός p. 321,50; ἀνεσταχοῦσα p. 268,28; 30; 34; 36; 40; 270,19; 23; 27; 272,4; 8; 12; 273,12; ἀνεσταχός p. 270,20; 272,5; 283,2; ἀνεσταχέτω (u. infra); διέσταχε p. 6,44 (sed semper ἐκβέβληται, ἐκβληθείς, similia; cfr. Ahrens p. 132). Contra communem Doriensium rationem (Ahrens p. 150) scribitur μεμεναχός p. 220,17; 18; 20; 257,21; 258,21; 24; 259,19. Etiam in uerbis in —αω exeuntibus α seruatur: ὥρμασεν p. 219,39; 44; 220,5; 230,33; 257,19; 258,18; 259,12; 16, alibi. Augmento temporali α in α, non in η transit: ἀγμένος; ἄκται p. 15,9; 25,46; 47; 30,23; 44; ἀναγμένων p. 18,19 (ed. Basil. et codd. plerique ἀναγμένον); ἄχθω; ἄρξατο p. 321,29; 230,40; προάγαγε p. 217,17; μετάλλαξεν p. 217,15; ἀπόρησα p. 257,7. In uerbis ab αἰ— incipientibus augmentum omittitur: διαιρήσθωσαν p. 241,5 (ed. Basil., codd.) 284,12; ἀφαιρήσθω p. 259,31; 301,6; 10; 13; .305,52; 306,3; ἀφαιρημένος p. 301,15; 29; 33; 40?; 45? (ἀφαιρομένους cod. Flor.); 49? (ἀφαιρομένους cod. Flor.); 302,1; 14; 43; 49; 54; 306,5; 6; 11; 30; 36; 44 (cod. Flor.); 308,2; 8; 14; 23. Sane non paucis locis traditae sunt formae uulgares, sed sine dubio tollendae sunt (διῃρήσθω p. 11,35; 15,4; 25,11; 274; 28,11; 285,46; διῃρημένος p. 287.10; 294,21; 306,19; 324,26; ἀφῃρήσθω p. 7,19; 8,7; ἀφῃρημένος p. 8,4; 12,25; ἀφῄρηται p. 3,33; 4,1; 12,20; ἀφῃρέθη p. 1,9 cett.). In uerbo οἰκέω augmentum omittitur p. 316,5: οἰκημέναν.

De contractione hoc statuendum esse uidetur: εε semper contrahitur in ει: ποιεῖ p. 11; καλείσθω, καλεῖσθαι saepe; μετρεῖ; p. 6, alibi; διαιρεῖ p. 39; 40; 45, cett. Mirum est, quod p. 1,14; 10,6 legitur κέεσθαι, sed uereor, ne sit error librarii; nam κεῖσθαι est p. 10,28; κείσθω p. 6; ὑπέκειτο p. 8 cett., nec usquam alibi apud Archimedem uestigium ullum huius formae exstat. Eo non contrahitur: ἰσορροπεόντων p. 1,5; 3,29; 33; 34; 48; 54;

4,9; *ἰσορροπέοντι* p. 3,39; 4,8; 5; 5,41; 21,22; (p. 3,37 legitur *ἰσορροποῦντι*, sed scribendum *ἰσορροπησοῦντι*, ut p. 4,31 e codice Flor. pro *ἰσορροποῦντι* reponendum est); *διαιρέον* p. 35,8; 39,48. Excipienda futura Dorica, ubi *εο* semper in *ου* contrahitur; sed quae praeter haec inueniuntur huius contractionis exempla, omnia corrigantur: *ποιούντων* p. 259,44; 322,8; *ποιοῦσα* p. 27,1; 231,12; 15; 244,17; 245,4; 246,38; 247,44; 249,37; in medio tamen semper traditum est *ου*, et dubitari potest, an ibi admittenda sit contractio: *αἰτούμεθα* p. 1,2; *ἀφαιρούμενος* p. 31,26; 54,38; *γεωμετρούμενος* p. 18,22; *διχοτομούμενος* p. 8,36; *διαιρούμενος* p. 300 extr.; *ἡγούμενος* p. 56,34; *καλούμενος* p. 328—31 saepius; *κινούμενος* p. 320,21. *Εω* nunquam contractionem patitur: *καλέω* p. 257,15; 264,37; cfr. supra p. 78); *ἰσορροπέωντι* p. 1,17, et sic saepissime in coniunctiuis in —*εωντι* (u. infra). Corrigenda: *καλῶ* p. 30,8; *ποιῶντι* p. 1,16 (nam p. 13,41 scribendum *ποιέοντι*); *ποιῶμεν* p. 44,14; *ἰσορροπῶν* p. 21,5. *Οο* contrahitur: *ἐλασσοῦντες* p. 31,27. *Αε* in *η* contractum est in *ὀρῆται* p. 322,1; unde corrigendum *ὁρᾶσθαι* p. 321,21. *Αο* in *ω*, non in *ᾱ* (cfr. Ahrens p. 197) contrahitur: *ὁρώμενος* p. 20,35; *ὁρῶνται* p. 322,4; *ἐπειρῶντο* p. 17,18; *πλανῶνται* p. 325,35.

In terminationibus communes Doricae dialecti leges seruantur; pers. I plur. act. in —*μες* exit: *κομίζομες* p. 218,10; *δειξοῦμες* p. 259,37; 281,3; *ἀποδεικνύωμες* p. 286, 19. Quamquam longe pluribus locis in nostris codicibus exstat uulgaris terminatio, tamen ueri simillimum est, —*μες* ubique ab Archimede ipso scriptum fuisse; corrigenda igitur puto haec: *λέγομεν* p. 1,14; 10,6; *ἐλυπήθημεν* p. 17,5; *ἀποστέλλομεν* p. 18,21; *ποιήσομεν* p. 31,28; *γεγραφήκαμεν* p. 219,35; *ἐπιδείξομεν* p. 226,47; *δείξομεν* p. 230,1; *εἴπαμεν* p. 319,20; *ὑπολαμβάνομεν* p. 320,13; *ἐκδίδομεν* p. 217,7; *φαμέν* p. 320,22; *γραφοῦμεν* p. 260,48; *γιγνώσκομεν* p. 325,30.

Pers. III plur. act. et aor. pass. in —*ντι* exit:

ἔχοντι, ἐπιψαύοντι p. 259,₃₀; πίπτοντι p. 9,₂₃, al. συμπίπτοντι
p. 9,₁₄; 14,₁₈; τέμνοντι p. 39,₂₂; 44,₄₂; 45,₂; al.; βλέποντι
p. 321,₃₉; λαμβάνοντι p. 217,₁₃; cett.; in coniunctiuo:
ἔχωντι p, 4,₄₆; 5,₂₂, al.; πίπτωντι p. 232,₄₈; ἐμπεσῶντι p.
231,₁₁; 247,₄₆; 249,₃₈; πεσῶντι p. 244,₂₀; 245,₇; 246,₃₈;
ποτιπεσῶντι p. 232,₁₁; ἐπιψαύωντι 259,₂₅. Loci perpauci,
ubi formae communes irrepserunt, omnes corrigendi,
uelut: ποιοῦσι (pro ποιέοντι) p. 10,₁₀ (ed. Bas., codd.);
τέμνουσι p. 25,₁₅; ἔχουσι p. 238,₅₂; ὑπερέχουσι p. 263,₃₆, cett.
De futuris u. infra (corrigatur p. 230,₂₉: ἔξουσι). Aor.
pass. coniunct. in —έωντι exit: ἀποτμαθέωντι p. 219,₂₃;
264,₃₃; 290,₄₇; κατασκευασθέωντι p. 240,₂₅; ₃₃; τεθέωντι p.
32,₁₅; 33,₂; 226,₁₁, al.; συντεθέωντι p. 221,₂₂; ἐπιζευχ-
θέωντι p. 220,₁₆; λαφθέωντι p. 220,₁₅; 221,₃₂; 258,₂₀, al.;
περιενεχθέωντι p. 220,₃; ἀποκαταστα θέωντι p. 220,₄; ἐκβλη-
θέωντι p. 232,₁₂; ἐγγραφέωντι p. 31,₃₄; 36,₂₆; 28; 220,₁₈;
cett. In tanta constantia nullius est momenti, quod
uno et altero loco legitur forma contracta (uelut p.
253,₂₇; λαφθῶντι; lin. 28: ἐπιζευχθῶντι) aut etiam uulgaris:
ἀχθῶσι p. 30,₃₁; 241,₉ (ed. Basil., codd.), alibi. Etiam
in perfecto —ντι restituendum est: p: 18,₈ ἀποδεδείχασι;
p. 260,₃₈: ἀντιπεπόνθασι.

Quod Ahrens p. 296 ex Archimedis operibus testimonium petit, quo confirmet, coniunctiui med. per-
sonam II singul. in η omisso ι subscripto apud Dorienses exiisse, id propter codicum condicionem incertissimum est; nam in cod. Florentino ι subscr. semper
fere omittitur.

Imperat. act. pers. III plural. apud Dorienses
interdum in —ντω exit, et apud Archimedem quoque
sunt, quae huius formae reliquiae haberi possint; sed
ueri similius est locis illis excidisse ν; nam formae in
—ντων, quibus et ipsis utuntur Dorienses, apud Archimedem frequentissimae sunt: ποτιπιπτόντων p. 232,₂₃
(ed. Basil., codd.); 233,₆ (ed. Bas. et codd. plerique:

ποτιπίπτοντι); ἐπιψαυόντων p. 325,36 ; 37 ; τεμνόντων p. 322,38;
ἐχόντων p. 326,5; ἐκπιπτόντων p. 232,25 (codd. ἐκπιπτέτων);
ἀνεσταχόντων p. 285,49 (ed. Bas. et codd. ἀνεσταχότων). Hic
nusquam inuenitur uulgariis forma, excepto ἔστωσαν,
de quo infra uidebimus. In imperatiuo medii formae
in —ωσαν longe usitatissimae sunt, sed etiam ων
non raro legitur, et hunc in modum formas quasdam
in ω exeuntes corrigendas putauerim (cfr. Ahrens
p. 297 sq.): ἄχθων p. 46,1 (cod. Flor.); 284,15; 285,47 et
p. 272,18; 303,28; 308 ult., ubi ἄχθω codd. meliores
(sed ἄχθωσαν p. 8,43; 15,5; 25,18; 27,7; 28,17; 41,31;
266,23; 313,17; 322,34; διάχθωσαν p. 249,36); διανυέσθων p.
221,35; ἀναγεγράφθων p. 284,20; 286,5 (ἀναγεγράφθωντι
codd.); sed γεγράφθωσαν 241,26; 243,25; 293,3; διῃρήσ-
θωσαν p. 241,6; συγκείσθωσαν p. 221,1; λελάφθωσαν p.
220,48 ; 221,39; ἐκβεβλήσθωσαν p. 25,16; 27,9 ; 244,16 ; 245,3 ;.
ἐπεζεύχθωσαν p. 10,20; 11,3 13,26; 15,6; 231,45; 243,13;
254,1; 266,2; 25,16; 27,9; 28,13; 46,4; ἀριθμείσθωσαν p.
325,44.

Aoristi pass. pers. III plural. in —εν exit pro
uulgari —ησαν: κατέγνωσθεν p. 17,20; συνεξέδοθεν p. 257,8;
ἔτεθεν p. 325,24. Siculis atque adeo Syracusanis proprium esse traditur (Ahrens p. 328 not.) perfectum
in flexionem praesentis conuertere: nec desunt apud
Archimedem huius proprietatis exempla: τετμάκει p.
289,18: 297,23 (τετμήκει codd.); eodem pertinent impera-
tiui in —έτω exeuntes: γεγονέτω p. 11,2; 12,13, al.;
ἀνεσταχέτω p. 269,6 ; 273,18; 32 ; 272,24; 280,24; 284,17; 285,9;
289,11; 297,19; 303,31; 313,20; (de ἀνεσταχόντων u. supra);
παραπεπτωκέτω p. 263,10; 294,48; particip. femin. gen.
in —ουσα: ἀνεσταχοῦσα (u. p. 85); μεμεναχοῦσα p. 257,21;
258,21; 24; 259,19. Perfecti medii pers. III plural.
in thematibus in uocalem exeuntibus in —νται exit (τέ-
τμανται p. 266,34, al. (τέτμηνται codd.); ὑπέκειντο p. 265,27);
post consonantes in —ονται (ut in praesentibus): ἀναγέ-

γράφονται p. 245,₂₀; sed de hac forma est cur dubitemus; nam p. 246,₄₆; 248,₁; 249,₄₆ in ed. Basil. et codd. est ἀναγεγράφαται, quod etiam p. 245 habet cod. Paris. B; et ueri simile est, sic ubique scribendum esse, etiam p. 250,₄₅, ubi ed. Basil. et codd. ἀναγεγράφεται praebent, et p. 244,₂₉ pro ἀναγέγραπται, quod male defendit Ahrens p. 333. Infinitiui, qui in lingua communi terminationem —ναι habent, apud Archimedem fere in —μεν exeunt: διδύμεν p. 217,₉; θέμεν p. 225,₁; 48; ῥηθῆμεν p. 325,₂₂; ἀντιπεπονθέμεν (nam sic scribendum) p. 8,₂₀. Hinc uulgares formae corrigendae uidentur, uelut τετελευτηχέναι p. 17,₂. De εἶμεν infra dicemus.· Futura act. et med. more Doriensium circumflectuntur, cum ε, in quod exit thema, cum uocali sequenti coalescat: ποιησοῦντι p. 10,₂₅; ἰσορροπησοῦντι p. 3,₃₂; 38 (u. p. 86); 39; 46; 4,₂; 31 (u. p. 86); 7,₂; 6; 23; ἐξοῦντι saepissime; ἐπιψαυσοῦντι p. 309,₃; 313,₂₄; γραψοῦμεν p. 260,₄₈; δειξοῦμες p. 259,₃₇; 281,₃; ἐφαρμοξοῦντι (u. infra); corrigenda: ποιήσομεν p. 31,₂₈; ἐπιδείξομεν p. 226,₄₇; δείξομεν p. 230,₁; in tertia persona sing. act. nusquam edita est forma genuina, sed sine dubio restituenda est. In medio: πειρᾶσοῦμαι p. 219,₁₅; περιλαψοῦνται p. 258,₁₉; δυνασεῖται p. 276,₈; 277₁₉,; de ἐσσεῖσθαι cett. u. infra. Futura passiua interdum apud Dorienses terminationes futuri act. uidentur habuisse (Ahrens p. 289): φανήσειν p. 331 ult.; δειχθήσειν p. 320,₂₅; ·(δειχθεῖσι ed. Basil. et codd. plerique); δειχθησοῦντι p. 277,₂₈; 278,₂₆; quamquam hic error librarii esse potest, ut ἐξοῦνται p. 39,₄₁ (ed. Basil., ἐξοῦντι recte codices), ἐσσοῦντι p. 41,₁₁, 44,₂₆. His formis exceptis, ubi futuri act. terminationes substitutae sunt, futurum pass. semper uulgares formas exhibet (qua re confirmantur illae formae): δειχθήσεται saepissimę; δειχθήσονται p. 276,₃₄ al.; διαιρεθήσεται p. 8,₄₃; λαφθήσεται p. 24,₂₃; τμαθήσονται p. 36,₂₄, cett. Cum in ceteris futuri formis rarissime formae uulgares legantur (in fut. med. γενήσεται p. 56,₂₃ (codd. et Eutocius p. 59,₃); συμβήσεται

p. 234,46), putandum est, formas genuinas ac proprias in futuro pass. prius, quam in ceteris futuri formis, communibus cessisse. Idem in futuro exacto factum esse statuendum est: τετμήσεται p. 19 ult.; 276,4; 277,16. Ex futuris, quae in communi quoque lingua circumflectuntur, haec apud Archimedem occurrunt: πεσεῖται, πεσοῦνται saepissime; τεμοῦντι p. 36,35; μενεῖ p. 24,26 (nam sic scribendum propter ἰσορροπήσει).

Uerba in —ζω futurum et aoristum I in —ξω et —ξα habent: ἐπροχειριξάμεθα p. 17,7; ἐφαρμόξει p. 9,40 (codices ἐφαρμόζει, sed de commutatis ξ et ζ infra dicetur); ἐφαρμοξοῦντι p: ·283,21 (ἐφαρμόζουντι codd.); ἐμφανίξαι p. 218,11 (cod. Flor., alii); πολλαπλασιάξαντες p. 326, 45; 46; 49; 327,9; 328,1; eodem modo κατονόμαξιν p. 325, 32; κατονομαξίαν p. 320,26 (ᾳατονομαξιων cod. Flor., κατονομαξιῶν ed. Basil., alii). Male p. 218,36 ἐκόμισεν editur.

Uerba in —υμι in participio et infinitiuo et imperatiuo praesentis act. semper in coniugationem in —υω transeunt: ἐπιζευγνύουσα saepissime; ἐπιζευγνυέτω p. 14,37, alibi; ἀποδεικνύειν p. 320,31; 319,15, alibi.

Εἰμί. In pers. III sing. praes. interdum ἐντί pro ἐστί reperitur, uelut p. 15,20; 28,15; 46,40; 247,4; 265,1: 39; 272,6; 20; 50; 274,4; 12; 18; 21; 28; 275,47; 277,13; 278,43; 286,42; 287 paenult.; 291 ult.; 312,37 (cod. Flor.) (p. 10,23 ἐστί cod. Flor., al.; p. 48,12 et fortasse p. 50,23 pluralis numerus defendi potest). Sed fortasse hi omnes loci cum Ahrensio p. 319 corrigendi sunt. In plurali uero ἐντί pro εἰσί semper aut scribitur aut scribendum est (εἰσί p. 6,18; 11,7; 13; 55,31; 57,1; 225,41; 244,35; 276,40; 284,34; 287,44). Incredibile est, Archimedem semel (p. 281,38) ἔοντι scripsisse; scripserim ἐσσοῦνται; etiam ἔωντι p. 281,14 corrigendum est (in ἐντὶ τά). Coniunct. pers. III plural. est ἔωντι, quod fere semper seruatum est. Imperat. pers. III plural. saepe est ἔστωσαν, quod reiicere non audeo, cum terminatio-

nem —ωσαν in imperat. med. apud Archimedem satis
constare supra uiderimus; sed inuenitur etiam forma
magis Dorica (quamquam eam quoque improbat Ahrens
p. 322) ἔστων p. 263,₁₃; 326,₈; ₅₀; et sic pro codicum
scriptura ἔστω scribendum p. 226,₂₁; 228,₂₉ (?); 263,₉;
264,₄₃; 291,₈; 294,₄₅; 301,₃; 305,₄₅ (cod. Florent.); 325,
40. In infinitiuo fere legitur εἶμεν (εἶναι p. 241,₅₁ ed.
Basil., codd.; p. 304 paenult. et saepius in ed. Basil.,
errore ob compendium scripturae perfacili); suspectum
est ἔμμεναι p. 319,₁₄. In participio uulgo reperimus ἐών
p. 286,₃₅; 290,₃₆; 314,₃₄; ἐόντα˙p. 296,₂₅; ἐόντος p. 273,₅;
321,₂₄; ἐόντες p. 259,₄₃: ἐόντων p. 292,₁₉; 323,₂₈; ἐοῦσα
p. 322,₃₀; 325,₆; ποτεοῦσα p. 293,₃₇; 39; 46; 295,₁₄;
297,₁₈; ἐοῦσαν p. 21,₃₄; 275,₂₄; 292,₁₉; 320,₃₂; 323,₁₆;
ἐούσας p. 275,₄₈; 281,₂₈; ποτεούσας p. 258 ult.; 259,₆; 8;
297,₃; ₅; ἐοῦσαι p. 281,₃₇; ἐουσᾶν ˙p. 263,₄; ἐόν p. 17,₁₄;
21,₄₆; 27,₄₀; 29,₁₂; 235,₁₄; 239,₄₉; 267,₉; 290,₃₆; 297,₂₃,
307,₃₀ cett. Uulgares formae, quae hic illic his per-
mixtae occurrunt, omnes corrigendae sunt, uelut ὤν p.
286,₃₅; ὄν p. 38,₃₉ (codd.); οὖσα p. 269,₁₄; 273,₂₈; 276,₁₁;
οὖσαν p. 20 paenult.; 56,₃₈; οὖσας p. 49,₉; 223,₂₆, alibi.
Genuinae formae pers. III sing. imperfecti (Ahrens p.
326) uestigium fortasse seruatum est p. 321,₄₄: ἦς (sic
ed. Bas. et codd.); semper alibi legitur ἦν (uelut p.
17,₃; 10; 274,₂₁, al.); p. 257,₁₆ ἦν₁ pro ἦσαν more Doriensium usurpatum esse puto; nam Archimedes etiam post
subiecta neutri generis numero plurali uti solet. Futurum est: ἐσσεῖται, ἐσσοῦνται; interdum male editur
ἐσεῖται, ἐσοῦνται, uelut p. 11,₃₈ (ed. Basil., codd.); 233,₄₄;
241,₄₁; 258,₅; 286,₂; 8; 290 ult.; 292,₄₅, alibi. Etiam
ἔσται haud raro irrepsit, sed uix cuiquam dubium esse
potest, quin tollendum sit (p. 4,₁₄; 6,₃₄; ₄₂, sed linn.
39—40 ἐσσεῖται); 8, ₂₂; ₃₄ (sed lin. 19 ἐσσεῖται); 11,₃₄;
14,₄₆; 23,₃₃; (29: ἐσσεῖται); 28,₆ (8: ἐσσεῖται); 31,₅; ₃₇;
32,₁₉; 36,₄; ₉; 39,₅₀ (41 et 44: ἐσσεῖται; 47; 49: ἐσσοῦνται);

41,33; 42,27; 44,22; 49,33; 57,9; 222,15; 25; 225,29; 241,
32; 243,20; 250,17; 271,14; (13: ἐσσεῖται); 283,36; 288 ult.);
ἐσσεῖσθαι legitur p. 220,7; 10.

Γίνομαι saepius sine γ legitur; γίγνομαι corrigendum
(Ahrens p. 122) p. 260,16 (30: γίνεται, ut p. 34,4; 322,17,
al.); 259,1; similis ratio est in uerbo γιγνώσκειν, quod
semper cum duobus γ editur (p. 325,39; 326,7 [cod.
Florent.]; 42), sed alterum tollendum. In uerbo γίνεσθαι
praeter imperatiuum perf. γεγονέτω (p. 88) memorabilis est forma participii aoristi, quod et γενόμενος et
γενάμενος scribitur; hoc rarius est, sed tamen saepius
occurrit, quam ut cum Lobeckio et Ahrensio (p. 305)
pro mero errore calami habeam (p. 17,6; 259,50; 54;
260,13; 18).

Εἴπαμεν legitur p. 319,20 (debebat esse εἴπαμες).
Λαμβάνω. Perf. partcp. μεταλελαβηκώς p. 331 ult.;
perf. med. λέλαπται, λελαμμένος, λελάφθω; u. p. 85. Du-
bia sunt: εἰλημμένα p. 57,3; 8; 238,48; 49; ἀπειλήφθω p.
9,36 (p. 8,9: ἀπολελάφθω); εἰλήφθω p. 326,23.

Γράφω. Aor. pass. est ἐγράφην (ἐγγραφῇ, ἐγγραφέν,
περιγραφέν, γραφείσα, similia sexcenties leguntur): quod
p. 259,12; 16 editur περιγραφθέν, cum cod. Florent. in
περιλαφθέν corrigo; γεγράφηκα legitur p. 219,35. P. 220,18
γεγραφέωντι in γραφέωντι, p. 238,5 ἀναγεγραφέωντι in ἀνα-
γραφέωντι (cfr. p. 230,18), p. 267,7 ἐγγεγραφέντος in ἐγγραφέντος corrigenda esse, nemo non uidet. Cfr. p. 222,13
(περιγραφέντος cod. Flor.); 298,8.

Φέρω. Frequens est aor. pass. ἠνέχθην (ἐνεχθῇ p.
220,43, al; ἐνεχθέν p. 221,32, al.); p. 221,43 ἠνεγμένον male
editur pro ἐνηνεγμένον (p. 221,37; 41; 232,33; ἐνήνεκται
p. 221,10), ut p. 220,48: ἠνέχθω pro ἐνηνέχθω; οἰσθήσονται,
quod in libris de sphaera et cylindro legitur (uelut p.
102; 107; 118; 121; sed ἐνεχθήσεται p. 102,5; 7, al.), fortasse non Archimedi, sed librario posterioris temporis
tribuendum est.

Ἥκω, quod Ahrens p. 244 (cfr. p. 183) improbat, legitur saepius, uelut ἥξει p. 273,₄₁; ἀφικνεῖται de eadem re dicitur p. 231,₁₉; 28.

Χράω. Χρώμενοι (cfr. p. 86) p. 18,₉; κέχρηνται (cfr. Ahrens p. 131) p. 18,₅; ἀποχρέωντι p. 326,₆ in ἀποχρέοντι corrigo; de hac forma uerbi (ἀποχρέω = ἀποχράω) apud alios quoque scriptores Doricae dialecti obuia cfr. Ahrens p. 311. Conferri potest ἀποχρεόντως = ἀποχρών-τως p. 325,₃₈.

De praepositionibus, aduerbiis particu-lisque quibusdam.

Ποτί = πρός semper restituendum est, quamquam non raro forma uulgaris librariorum culpa legitur.

Εἰς saepius quam ἐς traditum est et fortasse omni-bus locis more mitioris dialecti Doricae (Ahrens p. 259) restituendum.

Εἵνεκεν semel legitur p. 17,₅.

Quod interdum in ecthlipsi neglegitur adspiratio, Doriensium est (Ahrens p. 38 sq.): ἀπ' ἑκάστας p. 301,₆; μετ' ἑνός p. 220,₈₁; κατατέμνοντι p. 241,₂₅; 243,₂₈ (codd.) ⊃: καθ' ἃ τέμνοντι; tamen saepissime legitur καθ' ἅ, μεθ' ὅλας, ἀφ' ἑνός, ἐφ' ἅς cett. Etiam ποτί ecthlipsin pati-tur ante uocales.

In aduerbiis localibus terminationes uulgares ubique leguntur; sed pro ποτέ more Doriensum usur-patur πόκα p. 8,₃₇ (ποιά traditum esse uidetur); p. 11, ₃₄ (ἀποκα). Δίχα sine dubio διχᾷ scribendum (nam in accentibus codicum nostrorum auctoritas prorsus nulla est); cfr. Ahrens p. 373. Pro ἀεί saepe traditum est αἰεί, seruato uestigio pristini F (Ahrens p. 378 sq.), quod semper restituendum (αἰεί legitur p. 8,₃₇; 251,₂₂ (cod. Flor.); 217,₃: ἀεί p. 11,₃₃; 31,₂₄; 34,₄; 14; 20; 220,₉; 227,₁₅; 21; 241,₁; 251,₁₂; 301,₁₂; 326,₄).

Pro Dorico αἰ (= εἰ) semper traditum est εἰ; nam quod Torellius saepius αἴκα edidit, id de suo fecisse

putandus est; in editione enim Basil. legitur εἶχα, nec
ulla codicum uarietas commemorata est. Sed αἱ reponendum esse existimo.

Κα pro ἄν interdum seruatum est, saepe in καί uel
κατά deprauatum (u. intra); ἄν tollendum est, sicubi
legitur, uelut p. 15,19; 27,37; ὅπου ἄν p. 55,25; ἐάν p. 9
paenult.; 34,31; 44,14; ἄν = ἐάν p. 24,24; ἐστ' ἄν p. 241,
29; 244,18; 245,5; 246,38; 247,45; 249,38.

Caput VI.

De re critica

Archimedis operum codex Graecus Nicolao V^{to},
papae propter studium codicum Graecorum comparan-
dorum clarissimo, sine dubio Constantinopoli adlatus
est, quem ab Iacobo Cremonensi Latine uertendum
curauit. Cuius interpretationis exemplum Nicolao Cu-
sano dedit. [1]

1. Nicolaus Cusanus Opp. p. 1004 Nicolao V^{to} scribit:
»tradidisti enim mihi proximis his diebus magni Archimedis Geometrica Graece tibi praesentata et studio
tuo in Latinum conuersa«. Editio Basil. praef. fol. 2
uerso: »Is (Ioannes Regiomontanus), inquam ego, primae uocationi suae in Italiam ultro obsequens, ut am-
plissimam nominis suae famam est consequutus, ita
ex Constantinopolitana clade ereptos Graecos libros et
uidit plurimos et descripsit non paucos articulis propriis. Inter alia autem Archimedis libros, de sphaera
et cylindro, de circuli dimensione deque aliis rebus
non tam utilibus quam necessariis mortalium generi,
ueluti palam est legere in istis libris, quos Iacobus
Cremonensis uir ea tempestate duplici honore dignus,
cum quod Graece doctus esset tum quod linguarum
commercio adiutus, hanc operam solus uideretur ab-

soluere posse, in gratiam Nicolai V Rom. Pont. iam pridem latinos fecerat: oblatos sibi ab amicis diligentissime descripsit, adiectis non raro in marginibus Graecis (quod etiam Graecorum codicum facta fuisset sibi copia), si quae uisa fuissent uel uersa duriuscule uel non admodum intelligenter descripta.«

Hanc interpretationem Iacobi Cremonensis Ioannes Regiomontanus Romae circiter a. 1461 descripsit et correxit*) collatis codicibus quibusdam Graecis (u. not. 1), et opera Archimedis Graece edendi consilium cepisse uidetur, quod quo minus exsequeretur, morte impeditus est, quam Romae, quo ex Germania iterum profectus erat, occubuit a. 1476. Idem ea Archimedis opera, in quae Eutocius commentarium non composuisset, explicare uoluisse fertur. 2)

2. Edit. Basil. praef. fol. 3 rect.:»Altera deinde suscepta in Italiam profectio ut non fuit felix, ita nihil bonorum autorum ad nos reportare potuit. Hominem enim exuens (non sine dati ueneni suspicione) ad nos ciues suos, quid referret exanimis?«. Commandinus: Archimedis opp. nonn. lat. conu. Uenet. 1558; praef. fol. 2 uerso:»quorum (operum Archimedis) cum nonnulla iam ab Eutocio Ascalonita doctissime planissimeque explicata essent, superioribus temporibus Ioannes Regiomontanus reliqua interpretanda suscepit. uerum, nescio quo fato, lucubrationes illae a studiosis adhuc desiderantur.« Hoc Regiomontanus ipse profitetur apud Gassendi: Op. V p. 531.

Archimedem primus edidit Nicolaus Tartalea (Uenet. 1543. 4) et id quidem Latine; is enim ex codicibus Graecis mutilissimis et qui uix legi possent, interpretationem Latinam librorum II de planorum aequilibriis, libellorum de quadratura parabolae et de circuli dimensione, libri I de aquae insidentibus (cfr. p. 13) con-

---

*) Eam emendatam edere uoluit; nam inter opera, quae edere pararet, ipse (Gassendi: Op. V p. 530) hanc interpretationem nominat: „traductio est Iacobi Cremonensis, sed nonnusquam emendata."

fecit. 3). Postea ex schedis eius editus est liber II
de aquae insidentibus (p. 13). Omnia opera Archimedis edere in animo ei erat, sed hoc non perfecit.
Habuit codicem Graecum nostriş simillimum; nam
de plan. aequil. II, 9 haec uerba adduntur fol. 16
uerso: »in alio exemplari graeco sic habebatur«; sequitur demonstratio ea, quae in nostris codicibus est
(p. 48—50 ed. Torellii); errores quoque eosdem reperimus, uelut p. 48,19: ποτὶ τὰν β (ɔ: διπλασίαν) τᾶς ΒΔ et
codices omnes praebent pro ποτὶ τὰν ΒΔ, et Tartalea
»ad duplam iqsius bd«; p. 50,23; τᾶς ΔB cod. Flor.,
alii pro τᾶς AB; »ipsius db« Tartalea; fol. 5ʳ libri I
περὶ ἐπιπ. ἰσορρ. prop. 1 suo numero priuata est et
cum praecedentibus coaluit, ut in ed. Basil. et codd.
Quod p. 48,31 Tartalea uerba: καὶ δ' τᾶς ΓΒ habet,
quae male omittunt codices nostri, id fortasse ipsius
coniecturae debetur; nam quod p. 48,44 uerba: ἀλλ' ἁ
συγκειμένα — καὶ δ' συναμφοτέρου τᾶς ΓΒ, ΒΔ a cod. Florent. abesse dicuntur, de ea re dubito, quoniam in
codd. Paris. exstant, saltem in C et D.

Sed ex iisdem illis Tartaleae uerbis, quae supra
exscripsi, colligi potest, eum hunc codicem nostris
similem secundo tantum loco habuisse, praecipuo uero
duce alio ab hoc diuerso usum esse. Id ea re confirmatur, quod in codice eius libri duo περὶ ὀχουμένων ex-
stitisse uidentur, qui in nostris desiderantur (u. not. 3);
etiam commentarium Eutocii hic codex continuisse
uidetur; adnotatio enim fol. 18—19 addita ex Eutocio
p. 57,37—58,16 uersa est, omissis uerbis p. 58: ὡς δέδεικται ἐν τοῖς σχολίοις τοῦ περὶ σφαίρας καὶ κυλίνδρου et
additis fol. 18: »in illo quem dicitur de quadratura
parabolæ« et fol. 19: »per 25 sexti Euclydis«, »per
20 propositionem primi Apolloni pergei«, »per 36 un-
decimi Euclydis«. Quamquam cetera, quae addita sunt
commentariola (»interpres« fol. 3; 4; 13ᵘ; 20), Tarta-

leae ipsius sunt (cfr. fol. 2ᵘ »diffinitio prima a Nicolao
Tartalea Brixiano interprete addita«).
Prior illa demonstratio de plan. aequil. II, 9 (fol.
15ᵘ—16) persimilis est demonstrationi ab Eutocio pro-
positae p. 50—54, ita tamen ut uerbosae Eutocii amb-
ages plerumque recisae sint; sed demonstrationem
illam apud Tartaleam tamquam Archimedis propositam
re uera Eutocii esse, et inde adparet, quod adnotatio
Eutocii, cuius hoc est initium p. 50: τὸ ἔννατον θεώρημα
πάνυ ὂν ἀσαφὲς ἐκθησόμεθα παραφράζοντες σαφῶς κατὰ τὸ δυνατόν, alioquin prorsus abundaret, et his locis apertissime cernitur: Tartalea fol. 15ᵘ, 13: »si ergo faciamus«
= Eutocius p. 51,13: ἐὰν ἄρα θελήσωμεν ποιῆσαι, et fol.
16,30: »Quoniam igitur ostensum est, ut quidem quae
kb ad ·be, ita tripla ipsius ab cet.« = Eutocius p. 54,4:
ἐπεὶ οὖν δέδεικται, ὡς ἡγούμενον ἡ OB πρὸς ἐπόμενον τὴν BE
κτλ. Quare putandum est, codicem Tartaleae grauiter
interpolatum fuisse, quoniam demonstratio ex Eutocio
amplificata et planior facta pro genuina Archimedis
ipsius irrepere potuit. Nec desunt alia deprauationis
indicia; uelut fol. 5 tamquam Archimedis uerba haec
adduntur: »dixerunt enim theorema esse, quod premittitur ad demonstrationem ipsius, quod premittitur;
problema autem, quod preiacitur ad constructionem
ipsius, quod premittitur; porisma autem, quod premittitur ad acquisitionem ipsius, quod premittitur«; fol.
13 uerba: »per signum o, ut sit sicut abg trigonum ad
portiones atb, bkg, ita xo ad oe, erit o centrum grauitatis
totius portionis« hoc loco prorsus abundant nec in
nostris libris leguntur (p. 42,ʋ); contra eodem loco male
omittuntur uerba p. 41—42,1: τοῦ δὲ συγκειμένου ... τὸ X,
et alii quoque errores deprehenduntur (»quoniam
aequalis est portio atb portioni bkg« cet.; »quoniam
inaequales sunt«); fol. 20ᵘ: »secans rectam, quae per
puncta bg, in puncto t et circonferentia[m] circuli in

7

puncto *h*«; hoc loco etiam ed. Basil. corrupta est, sed interpolatione saltem uacat: τέμνουσαν ⋆ τὰν δὴ τῶν αγ εὐθειᾶν; scribendum enim est cum cod. Florent.: τέμνουσαν τὰν διὰ τῶν *Α,Γ* εὐθείαν (p. 19,19); fol. 26ᵘ uerba: »aequaliter est quae *te* ipsi *tk*« commentatorem sapiunt et a nostris libris absunt (p. 29 extr.). Itaque, quod Tartalea interdum lacunas apertas codicum nostrorum expletas habet, inde minime colligendum est, codicem eius nostris fuisse meliorem; nam fieri potest, ut ipse de suo eas expleuerit; eius generis haec maxime sunt: fol. 12: »similiter diuidentia lineas *rs*, *76* (ↄ: *ΛΜ*, *Ως*) rectas in *mn*, *f9* (ↄ: *ΖΘ*, *ΥΨ*) temporalibus (trapezalibus?) centra grauitatum erunt similiter diuidentia lineas *pr*, *26* (ↄ: *ΜΝ*, *ςQ*)« $=$ p. 39,48 sq., ubi τὰς *ΛΜ*, *Ως* ... διαιρέοντα in codd. omittuntur; fol. 12ᵘ: »sed sic (sicut?) *abg* ad spacium *x*, ita ...«·$=$ p. 40,4⁷, ubi codd. om.: ἀλλ' ἔστι ὡς τὸ *ΑΒΓ* τρίγωνον ποτὶ τὸ *Κ*; fol. 14ᵘ: »itaque *td* ad *mz*; quæ autem *db* quadrupla ipsius *kz*« $=$ p. 46,9, ubi codd. om.: οὕτως ἁ *ΘΔ* ποτὶ τὰν *ΜΖ·* ἁ δὲ *ΒΔ* τετραπλασίων τᾶς *ΚΖ*; fol. 17ᵘ: »manifestum autem, quod et sectoris *adeg* dyameter est quae *hz*, et quae quidem *ag*, *de*« $=$ 55,3, ubi τοῦ *ΑΒΕΓ*... αἱ μέν omittunt codd., sed abesse nequeunt, maxime propter Eutocium p. 57; fol. 18: »ex dupla ipsius *az*« $=$ p. 56,⁶, ubi διπλασίας τᾶς omittunt codd. plerique; ibid. lin. 18: »ex dupla ipsius *dh* et ipsa *az* et cubus qui ab *az*« $=$ p. 56,15, ubi codd. haec omittunt: καὶ ὁ ἀπὸ [τᾶς] *ΑΖ*; tol. 18ᵘ: »ad *ri* et est totius quidem portionis centrum grauitatis signum *r*« $=$ p. 57,24, ubi codd. om. *Pl·* καὶ ἐστὶ μὲν ... τμάματος κέντρον; fol. 20ᵘ: »penes eam, quae secundum *b* contingentem (!)« $=$ p. 19,4, ubi παρὰ τὰν κατὰ τὸ *Β* om. codd.; fol. 21: »est ergo ut quae *gd* ad lineam *dz*, ita quae *tz* ad lineam *th*« $=$ p. 19,37, ubi uerba ποτὶ τὰν *ΔΖ*, οὕτως ἁ *θΖ* in codd. deesse uidentur. Nec me mouet, quod nonnullis locis (p. 19,4; 37; p.

46,₉; p. 56,₉; ₁₅) lacunae iisdem fere uerbis in interpretatione editionis Basil. expletae sunt; casu enim factum esse, ut uterque in eadem supplementa, quae locorum sententia ipsa apertissime desiderabat, inciderent, inde intellegitur, quod interdum lacunae in interpretatione in eandem fere sententiam, sed aliis uerbis expletae sunt, uelut p. 40,₄₅: »qui eam habet quam«; p. 57,₂₄: »ad lineam, quae est inter centrum gravitatis *abc* portionis et centrum gravitatis frusti. Sed centrum gravitatis *acb* portionis est *r* punctum« (male); p. 39,₁₈; 55,₃ etiam interpretatio easdem habet lacunas.

Eadem de causa additamenta quaedam per se bona, sed quae in codicibus nostris omittantur et abesse possint, interpolatione orta esse puto nec in Archimedis uerba recipienda. Cuius generis memora biliora haec sunt: fol. 8: »et secetur in duo quae *db* penes *t*«; om. codd. p. 9,₃₉; fol. 11ᵘ: »dyameter autem portionis sit *bd*«; om. codd. p. 37,₁₉; fol. 13: »et copulentur quae *tn* et *mi* ... portiones enim trigonis ostensae sunt in aliis epytritae esse«; om. codd. p. 42,₁₇ sq.; fol. 14ᵘ: »et secetur in duo aequa utraque linearum *ab*, *bg* penes *z,h* et ipsi *bd* aequidistantes ducantur«; uerba χατὰ τὰ Z,H et παρὰ τὰν BΔ om. codd. p. 45 extr. — 46; fol. 18: »hoc est quae *mn* ad *no* longitudinem, ita quae *mn* ad *nx* potentia«; uerba ποτὶ NO· ὡς ὸὲ ἁ MN ποτὶ NO μάχει, οὕτως ἁ MN om. codd. p. 55,₃₃. Haec omnia eo magis suspecta sunt, quod etiam in interpretatione omittuntur, praeterquam quod supplementa leuia et primo adspectu cuiuis obuia χατὰ τὰ Z,H et παρὰ τὰν BΔ p. 45—46 ea quoque habet, sed sine dubio ex coniectura, sicut etiam in loco adlato ex p. 9 in margine hoc habet interpretamentum cum supplemento Tartaleae congruens: »intellige diametrum *bd* divisam esse per medium in *h* puncto«. Contra quod

ipsa editio Basileensis haec omnia totidem uerbis praebet, inde colligendum est, inter eam et codicem Tartaleae interpolatum necessitudinem quandam esse; nam
additamentum utrique commune p. 42,17 sq. (ed. Basil.
p. 114—15: καὶ ἐπεζεύχθω τὰ θμ, ιν. ἴση ἄρα ἐστὶν ἁ θχ τᾷ
χμ, ἁ δὲ ιτ τᾷ τν. ἀλλὰ καὶ τριγώνῳ τῷ αχβ ἴσον ἐστὶν τὸ
βλγ. τμᾶμα δὲ τὸ αχβ τμάματι τῷ βλγ. δέδεικται γὰρ ἐν ἄλλοις
τὰ τμάματα ἐπίτριτα εἶμεν τῶν τριγώνων) eius generis est, ut
utrique simul in mentem uenire non potuerit id inter-
ponere. Nihilo minus genuinum esse nequit; nam
Eutocius p. 43,7 sq. aperte haec uerba non habuit.

In plerisque autem erroribus codex Tartaleae
cum nostris congruit; nonnulla huius rei exempla
infra adferentur; hoc loco minora quaedam proferam:
p. 17,3: τινά male codd.,»quendam« Tartalea fol. 19ᵘ;
p. 5,42: ἀντιπεπονθότων codd. pro ἀντιπεπονθότως,»contra
passis« Tartalea fol. 6; p. 8,37: ποία codd. pro πόκα,
»aliqua« Tartalea fol. 9. Est etiam, ubi codex Tartaleae nostris deterior sit, uelut fol. 4ᵘ male omittuntur
uerba p. 1,17: αἴ κα μεγέθεα ... ἰσορροπήσειν, et quadr.
parab. propp. 15—21 numeratio et diuisio capitum
peruersissima est. Ex antiquo archetypo codicem illum fluxisse, his locis cernitur: fol. 17ᵘ: »ei, quae a *b*
sectionem attingent*es*« = p. 55,31: τᾷ κατὰ τὸ B τᾶς
τομᾶς ἐφαπτομένᾳ; sine dubio scriptum erat ... *MENAI*;
fol. 19ᵘ: »ab aliis speculatum«; scribendum est (p. 17,10):
ὑπ' ἁμῶν, sed confusa sunt *ΑΛΛΩΝ* et *ΑΜΩΝ*; ἐφαπτόμεναι
habet cod. Uenetus (et Paris. D), qui idem p. 18,19
praebet ὑπ' ἁμῶν (de p. 17,10 siletur); sed hinc nondum
colligendum est, cod. Uenetum esse apographum codicis Tartaleae. Nam dubito, an eadem habeat cod.
Florent., quamquam nihil de eo traditum est (cfr.
infra). Ne hoc quidem statuendum est, Tartaleam
ipso cod. Ueneto usum esse; neque enim in eo exstant libri περὶ ὀχουμένων, neque omnino descriptio co-

dicis Tartaleae (u. not. 3) in cod. Uenetum quadrat, nec lacunae plurimae huius codicis apud Tartaleam inueniuntur (uelut p. 5,25 = Tartal. fol. 6; cfr. p. 12,6 = fol. 9, al.). Sed fortasse alter Tartaleae codex, nostris similis (u. p. 96), ipse cod. Uenet. fuit; nam interpretatio eius Uenetiis edita est; et fieri potest, ut inde similitudines illae ortae sint.

Ex hac igitur disputatione hoc sequi uidetur, ex editione Tartaleae non magnum auxilium ad opera Archimedis emendanda exspectari posse, quamquam constat, eum codicem habuisse a familia nostrorum codicum diuersum.

3. Praef. fol. 2 : »cum sorte quadam ... ad manus meas peruenissent fracti, et qui uix legi poterant, quidam libri manu graeca scripti ... Archimedis, ... omnem operam meam ... adhibui, 'ut nostram in lin-- guam, quae partes eorum legi poterant, conuerterentur; quod sane difficile fuit. Nam et temporum vetustate et eorum incuria, qui hosce libros detinuerant, errores non paucos fuisse corrigendos certe scias velim; ... verum cum locos multos deprauatos et figuras quasdam ineptas ... offendissem, ab incepto desistere pene coactus sum; sed desiderio incredibili id opus inspiciendi accensus, magna ex parte erroribus purgatum et propria manu figuris aptis et propriis oppositis luce dignum censui, et maxime eam partem, quam et uerbis et exemplis, quantum in me fuit, dilucidum reddidi, donec totum opus, quod (ut spero) breui a me fiet [id nunquam factum est], omnino castigetur.« Itaque, quoniam liber I de insidentibus aquae cum ceteris libris editus est, nulla adiecta adnotatione, colligendum est, eum quoque in libris illis Graecis fuisse, nec, ut uulgo traditur, Latine uersum a Tartalea repertum esse. Nec huic repugnant, quae alio loco dicit Tartalea (Ragionamenti I; cfr. p. 22): »ragionandomi vostra signoria questi giorni passati, magnifico signor Conte, de l'opra di A. Siracusano da me data in luce e massime de quella parte, che e intitolata de insidentibus aquae quella, me notifico esser molto desiderosa di trouare e di vedere l'original greco, doue che tal parte era stata tradotta. Per la qual cosa compresi, che vostra signo-

ria ricercaua tal originale per la oscurità del parlare, che nella detta traduttion latina si pronontia. Onde per leuar questa fatica a vostra signoria di star a ricercare*) tal original greco (qual forsi piu oscuro e incorretto lo ritrouaria della detta traduttion latina) ho dechiarita e minutamente dilucidata tal parte in questo mio primo ragionamento.« Etiam librum II postea uertit, sed ante quam editus esset, morti occubuit; ex schedis eius edidit Troianus Curtius (Uenet. 1565. 4). Praef. fol. 2: »quare cum habeam adhuc apud me Archimedem de insidentibus aquae ab ipso Nicolao in lucem reuocatum, et quantum ab ipso fieri potuit, ab erroribus librarii emendatum et suis lucubrationibus illustratum, videor fraudare omnes litteratos sua possessione, ni cmnia, quae huius ingeniosissimi uiri apud me restant, in lucem emisero«. Idem eodem anno cum hac eadem praefatione librum I iterum edidit.

Graece opera Archimedis primum prodierunt Basileae apud Ioannem Heruagium (1544 fol.) curante Thoma Gechauff Uenatorio. Quae editio quattuor partes suis quamque paginarum numeris signatas continet: 1) textum Graecum, 2) interpretationem Latinam, 3) Eutocii commentaria, 4) horum Latinam interpretationem. Praemittitur epistula editoris ad senatum Norinbergensem. Textus Graecus sine dubio ex eo codice descriptus est, quem Bilibaldus Pirckheymer Norinbergensis († 1530) Roma accepit. 4). In margine paucis locis emendationes adponuntur: p. 45 in textu male †μ,θυν πρὸς †μ,γυθ, mg. recte $\frac{\lambda\delta}{\mu}$ et $\frac{\beta}{\mu}$; p. 53 : * τμαμάτων, mg. τὰν τῶν; p. 120: οὐ δοξάζοντες, mg. οὕτως δ.; p. 122: ἴσον γωνίαι ἐστὶ τᾷ γωνίᾳ, mg. αὕτη ἡ γωνία ἴση τᾷ γωνίᾳ; p. 128: τέμνουσαν δὴ τῶν αγ εὐθειᾶν, mg. τέμνουσα ἑκατέραν τᾶν αγβ εὐθειᾶν (u. supra p. 98); in Eu-

---

*) Itaque libri illi „Graeca manu scripti" non iam Tartaleae ad manum erant, nec tamen ex uerbis eius necessario colligitur, eum ipsum nondum Graecum codicem huius libri uidisse.

tocio p. 1 : *θεωρήματα*, mg. *δυσθεώρητα*; p. 3: *νοείσθω*, mg. *νοείσθαι*; *ἔθηκεν*, mg. *ἐπέθηκεν*; p. 22: *σεῖρον*, mg. *σωρὸρ* (*σωρόν?*); p. 27: mg. titulus *περὶ συνθέσεων λόγων*; p. 30: *διωρισμένων*, mg. *διορισμῶν*. Sunt sine dubio coniecturae uel editoris uel Christiani Herlini 4).

Interpretatio Latina plurimis locis a Graecis uerbis discrepat et saepe scripturas meliores et cum codicibus congruentes habet 5). Quare ad eundem codicem, ad quem textus, facta esse nequit. Itaque, cum non sit interpretatio Tartaleae, uix aliud relinquitur, quam ut illa ipsa interpretatio Iacobi Cremonensis esse putetur, quae a Regiomontano emendata sit (u. p. 95); scimus enim, Regiomontanum Roma Norinbergam profectum esse a. 1471 et ibi uixisse; ueri simile est, eum interpretationem illam secum reportasse, quam deinde Norinbergae Thomas Gechauff nactus esse putandus est; nam epistula ad senatum Norinbergensem scripta est »ex urbe vestra ad Calend. Decemb. 1543«. Quo eodem ducunt uerba praefationis (u. not. 2): »altera profectio in Italiam ... nihil bonorum autorum ad nos reportare potuit«; reportauit igitur prior profectio.

Itaque, cum constet, Iacobum Cremonensem in conficienda interpretatione sua codice illo Constantinopoli adlato usum esse, interpretatio editionis Basileensis summae esset auctoritatis, nisi Regiomontanus eam correxisset. Sed sic quoque non leuis est momenti; nam ubi ea cum nostris codicibus contra Graeca editionis Basileensis uerba congruit, certum est in codice illo archetypo eandem, quam in nostris, fuisse scripturam; contra ubi cum edit. Basil. a nostris discrepat, minime inde colligendum est, etiam archetypum cum ed. Basileensi congruisse. Interpretatio enim Latina a Regiomontano suppleta et correcta esse potest, fortasse etiam a Uenatorio in similitudinem textus Graeci redacta.

4. Ed. Basil. praef. fol. 2^u:»Bilib. Pirckheymerus ... cum Rhoma græce scriptum Archimedis nostri exemplar, opera amici cuiusdam, tandem post longam exspectationem accepisset, non tantum quasi vilem aliquem in ædibús suis passus est habitare hospitem, sed illum quotidianae suorum studiorum consuetudini uoluit esse consortem.« Fol. 3^u:»Christianum quoque Herlinum, Argentinensem Mathematicorum, hoc loco ... celebrandum puto, quippe cui non solum bonarum artium studiosi, sed et ipsi Archimedis nostri manes plurimum debent, quod in hosce libros, quo cum emendatiores, tum elegantibus typis illustriores prodirent, studium haud leve impendit.« Etiam titulus interpretationis Latinae significat, eam textu Graeco antiquiorem esse; sic enim legitur:»Archimedis ... opera, quae quidem extant omnia, latinitate iam olim donata, nuncque primum ·in lucem edita«.

5. Cfr. quae supra adlata sunt de pagg. 9,39; 37, 19; 42,17; 55,33; plura infra dabo; hoc loco haec sufficiant:

p. 18,31 sq. Torellii: $\tau o\mu\tilde{\alpha}\varsigma$ $\varkappa\alpha\tau\grave{\alpha}$ $\tau\grave{o}$ β, $\dot{\epsilon}\sigma\sigma o\tilde{\upsilon}\nu\tau\alpha\iota$ $\alpha\acute{\iota}$ $\alpha\delta$, $\delta\gamma$ $\check{\iota}\sigma\alpha\iota$ ed. Basil. p. 128; $\tau o\mu\tilde{\alpha}\varsigma$, $\check{\iota}\sigma\alpha$ $\check{\epsilon}\sigma\tau\alpha\iota$ ($\check{\alpha}\rho\alpha$ al.) $\acute{\alpha}$ $A\varDelta$ $\tau\tilde{\alpha}$ $\varDelta\varGamma\cdot$ $\varkappa\grave{\alpha}\nu$ $\check{\iota}\sigma\alpha$ $\acute{\alpha}$ $A\varDelta$, $\pi\alpha\rho\acute{\alpha}\lambda\lambda\eta\lambda o\iota$ $\dot{\epsilon}\sigma\sigma o\tilde{\upsilon}\nu\tau\alpha\iota$ $\alpha\check{\iota}$ $\tau\epsilon$ $A\varGamma$ $\varkappa\alpha\grave{\iota}$ $\acute{\alpha}$ $\varkappa\alpha\tau\grave{\alpha}$ $\tau\grave{o}$ B $\dot{\epsilon}\pi\iota\psi\alpha\acute{\upsilon}o\upsilon\sigma\grave{\alpha}$ ($-\sigma\alpha\iota$ codd.) $\tau\tilde{\alpha}\varsigma$ $\tau o\tilde{\upsilon}$ $\varkappa\acute{\omega}\nu o\upsilon$ $\tau o\mu\tilde{\alpha}\varsigma$ codd. recte;»— aequalis erit ad ipsi dc. Quodsi ad est ipsi dc [haec de suo addidit] aequalis, æquedistantes erunt ac et contingens sectionem coni in puncto b« interpretatio p. 143. Similiter Tartalea fol. 20. P. 76, 33: $\iota\sigma\acute{\upsilon}\pi\lambda\epsilon\upsilon\rho o\nu$ $\check{\epsilon}\chi o\upsilon\sigma\alpha$ $\tau\rho\acute{\iota}\gamma\omega\nu o\nu$ $\tau\grave{o}\nu$ $\alpha\beta\gamma$ ed. Basil. p. 4; $\iota\sigma\acute{\upsilon}\pi\lambda\epsilon\upsilon\rho o\nu$ $\check{\epsilon}\chi o\upsilon\sigma\alpha$ $\beta\acute{\alpha}\sigma\iota\nu$ $\tau\tilde{\omega}$ (scrib. $\tau\grave{o}$) $AB\varGamma$ codd. optime (cfr. lin. 26);»aequilateram basim habens, quae sit abc« interpretatio p. 6.

Eutocium quoque continuisse interpretationem illam· antiquam his locis adparet, ubi a Graecis uerbis ed. Basil. discrepat, cum nostris autem codicibus congruit: p. 76,19: $\pi o\lambda\lambda\tilde{\omega}$ $\check{\alpha}\rho\alpha$ $\tau\grave{o}$ $\pi\epsilon\rho\iota\gamma\rho\alpha\phi\acute{o}\mu\epsilon\nu o\nu$ $\pi\rho\grave{o}\varsigma$ $\tau\grave{o}\nu$ $\varkappa\acute{\upsilon}\varkappa\lambda o\nu\cdot$ $\check{\omega}\sigma\tau\epsilon$ ed. Basil. p. 5; $\pi.$ $\check{\alpha}.$ $\tau\grave{o}$ $\pi.$ $\pi\rho\grave{o}\varsigma$ $\tau\grave{o}\nu$ $\varkappa\acute{\upsilon}\varkappa\lambda o\nu$ $\dot{\epsilon}\lambda\acute{\alpha}\sigma\sigma o\nu\alpha$ $\lambda\acute{o}\gamma o\nu$ $\check{\epsilon}\chi\epsilon\iota$ $\check{\eta}\pi\epsilon\rho$ $\tau\grave{o}$ $\sigma\upsilon\nu\alpha\mu\phi\acute{o}\tau\epsilon\rho o\nu$ $\pi\rho\grave{o}\varsigma$ $\tau\grave{o}\nu$ $\varkappa\acute{\upsilon}\varkappa\lambda o\nu\cdot$ $\check{\omega}\sigma\tau\epsilon$ codd.;»multo magis ergo circumscriptum habet ad circulum minorem proportionem quam utrumque simul ad circulum. Quare« interpr. p. 7; p. 112,15: $\dot{o}\rho\vartheta\tilde{\omega}\nu$ $\gamma\omega\nu\iota\tilde{\omega}\nu$

ed. Basil. p. 9; *ὀρθῶν γενομένων* codd.; »angulis ad *kl*
factis rectis« interpr. p. 10; p. 126,₆: *τουτέστιν ἡ εκ πρὸς αλ,*
ἡ ἀπὸ τοῦ κέντρου τῆς ἐλάσσονος σφαίρας ed. Basil. p. 10;
τουτέστιν ἡ ΕΚ πρὸς ΑΔ, ἡ ἀπὸ τοῦ κέντρου ἐπὶ τὴν ἀφὴν ἐπιζευχ-
θεῖσα (—*σαν* codd.), *τουτέστιν ἡ ἐκ τοῦ κέντρου τῆς ἐλάσσονος*
σφαίρας codd.; »hoc est *ek* ad *al*: sic quae ex centro
ad contactum ducta, hoc est quae ex centro minoris
sphaerae« interpr. p. 12; p. 138,₄₇: *ἐπιτεταγμένα σημεῖα*
ed. Bas. p. 16; *ἐπὶ τὰ γενάμενα σημεῖα* codd.; »ad puncta
facta« interpr. p. 18. Interpretationem emendatam et
amplificatam esse, id quoque confirmat, quod non raro
nimis libere Graeca reddit et interdum etiam additamentis aucta et explanata est. De priore genere con-
ferantur: p. 6,₃₄-₃₇ = p. 76,₉ sq. ed. Torellii; p. 9,
₁₃-₁₅ = p. 80,₂₀ sq.; p. 9,₃₀ sq. = p. 81,₉ sq.; p. 12,
₆ sq. = p. 85,₁₄ sq.; p. 61,₃₄ sq. = p. 261,₃₄ sq.; p.
115,₃₉ = p. 241,₄₉ sq. Additamenta his locis deprehendi: p. 16,₃₀ sq. = p. 91,₄₃; p. 30,₄ = p. 110,₂₃;
p. 31,₁ = p. 111,₁₀; p. 41,₃₅ sq. = p. 131,₈; p.
55,₁₁ sq. = p. 203,₁₀; p. 102,₂₉ = p. 223,₁; p. 103
₉ = p. 223,₃₉ sq.; p. 64,₄₈ = p. 265, ₄₀; cfr. p. 107
in marg.: »non dicit propter constitutionem, sed differentiam positionis« = p. 231,₂; p. 149,₁₂ additamentum
uncis inclusum est, = p. 26,₁₃. Cfr. Torellius praef.
p. XVI sq. Sed eadem permultis locis obscura et
prorsus peruersa est, nec omnino tam accurata, ut in
minoribus rebus quidquam ex ea de scriptura codicis
archetypi colligi possit.

Deinde F. Commandinus interpretationem op-
timam operum quorundam edidit (Uenet. 1558 fol.), qua
continentur: circuli dimensio, de lineis spiralibus, quadratura parabolae, de conoidibus, de arenae numero.
Ibidem eodem anno prodierunt eiusdem commentarii
in libros illos (una cum Eutocii in circuli dimensionem
commentario) egregii et summae utilitatis, ut fuit ille
vir Graecorum mathematicorum peritissimus. Ex his
adparet, eum compluribus codicibus Graecis usum esse
6), inter quos fuit cod. Uenetus noster 7), sed nullo,
qui nostris anteponendus sit. Multas uero lacunas fe-
licissime suppleuit erroresque nonnullos correxit; emendationes eius fere a Torellio tacite receptae sunt. Fr.

Maurolycus, iisdem temporibus in Archimedis operibus uertendis et explicandis occupatus, nonnulla cum Commandino communicauit 8); sed interpretatio eius multis demum annis post prodiit (Panormi 1685 fol.; cfr. p. 24), uerum inde nihil auxilii adfertur, ut quae uerius retractatio et explicatio, quam interpretatio nominanda sit.

6. Commentar. fol. 42ᵘ: »ita legitur in codicibus omnibus, quos vidi«: fol. 47ᵘ: »ut etiam habent antiqui codices«. Interdum commemoratur »codex Graecus impressus«, quibus uerbis significatur editio Basileensis, uelut fol. 18: »ih codice graeco impresso multa desiderantur, ut ita scribi oporteat: πάλιν οὖν ἐντί τινες γραμμαὶ τῷ ἴσῳ ἀλλάλαν ὑπερέχουσαι ἀπὸ τοῦ ϑ ποτὶ τὰν ἕλικα ποτιπίπτουσαι, ὧν ἐστι μέγιστα μὲν ἁ ϑα, ἐλαχίστα δὲ ἁ ϑε, καί ἐστιν ἁ ἐλαχίστα ἴσα τᾷ ὑπεροχᾷ· ἐντὶ δὲ καὶ ἄλλαι γραμμαὶ ἀπὸ τοῦ ϑ ποτὶ τὰν τοῦ αζηι κύκλου περιφέρειαν ποτιπίπτουσαι, τῷ μὲν πλήϑει ἴσαι ταύταις, τῷ δὲ μεγέϑει ἑκάστα ἴσα τᾷ μεγίστα«; ita fere Torellius p. 245,7 sq. (om. αζηι, add. τινες ante γραμμαί lin. 16); ὧν ἐστι μέγιστα ... ποτιπίπτουσαι om. ed. Basil. p. 98,12, addito corruptionis signo inter ἴσῳ et ἀλλάλαν; ut Commandinus, codices nostri (nam apud Torellium αζηι omitti et τινες addi in cod. Ueneto falso tradi puto) et interpr. p. 117; fol. 47ᵘ: »ubi autem in graeco codice impresso legitur δεικτέον δέ, scribendum δέδεικται δέ, ut etiam habent antiqui codices«; δέδεικται δέ Torellius p 295,15, sine dubio ex cod. Ueneto; sic enim codd. Florent. et Paris. tres habent, etiam interpretatio p. 86; δεικτέον δέ ed. Basil. p. 70,28. Sed eadem illa editio interdum etiam »codex Graecus« adpellari uidetur: fol. 19: »addenda sunt haec in graeco codice: ἔστω ἕλιξ, ἐφ' ἇς ἁ αβγδε ἐν τᾷ δευτέρᾳ περιφορᾷ γεγραμμένη«; haec omittit ed: Basil. p. 99 [82],6; habent codices omnes (p. 246,1) et interpr. Basileensis p. 118; ibid. »post ea verba χωρὶς τοῦ ἀπὸ τᾶς ἐλαχίστας et haec addenda sunt: οἱ ἄρα τομέες οἱ ἀπὸ τᾶν ἴσαν τᾷ μεγίστᾳ ποτὶ τοὺς τομέας τοὺς ἀπὸ τᾶν τῷ ἴσῳ ἀλλάλαν ὑπερεχουσᾶν χωρὶς τοῦ ἀπὸ τᾶς ἐλαχίστας«; haec uerba om. ed. Basil. p. 99 [82],41; habent codd. omnes p. 246 extr., et interpr. p. 119; sed potius ex codd. sic scribendum est: καὶ ἀπὸ τᾶν τῷ ἴσῳ ἀλλάλαν ὑπερεχουσᾶν ἀπὸ δὲ τᾶς ἐλαχίστας οὐκ ἀναγράφεται· οἱ ἄρα τομέες ... ἀπὸ τᾶν τῷ ἴσῳ ἀλλάλαν ὑπερεχουσᾶν χωρὶς τοῦ ἀπὸ τᾶς ἐλαχίστας (interpr. »a minima autem

non est confectum aliquod; frusta igitur ... dempto eo, quod a minima«); aberratum in ed. Basil. a priore ὑπερεχουσᾶν ad alterum. Ibidem:»graecus codex ita restituendus: καὶ τὸ τρίτον μέρος τοῦ τετραγώνου τοῦ ἀπὸ τᾶς ὑπεροχᾶς, ᾇ ὑπερέχει ά ἐκ τοῦ κέντρου τοῦ μείζονος κύκλου, τῶν εἰρημένων τᾶς ἐκ τοῦ κέντρου τοῦ ἐλάττονος ποτὶ τὸ τετράγωνον«; uerba τᾶς ἐκ τοῦ κέντρου τοῦ ἐλάττονος om. ed. Basil. p. 100,₄₆; ex codicibus recipiendum (p. 248,₃₃): τᾶς ἐκ τοῦ κέντρου τοῦ ἐλάσσονος κύκλου τ.ὸν εἰρημένων, unde, quomodo ortus sit error, satis patet; eadem interpretatio habet p. 120; fol. 46:»corrigendus est hoc loco graecus codex; namque habet δυνάμει pro eo, quod est μήκει«; δυνάμει ed. Basil. p. 67,₁₃ (ante ἐπεί); μάκει recte codd. Florent., Uenet., Pariss. tres p. 290,₂₀; etiam interpr. p. 82,₁₉:»longitudine«. Ceteris locis, ubi commemoratur»graecus codex« (fol. 10 bis; 10ᵘ; 12ᵘ; 13ᵘ; 14 bis; 15; 19ᵘ; 20; 42 bis; 44ᵘ; 45; 47ᵘ quater; 48; 48ᵘ), errores, quos deprehendisse sibi uidetur, et in ed. Basil. et in codicibus, etiam cod. Ueneto, reperiuntur, ita ut definiri nequeat, utrum significet; ueri simile tamen mihi uidetur ubique significari editionem. Ex fol. 43ᵘ:»ita (sc.»extra«) legendum ut opinor, non intra coni sectionem; codex etiam graecus ἐντός habet pro eo, quod est ἐκτός« fortasse colligi potest, eum sic opus adgressum esse, ut interpretationem antiquam emendaret et expoliret et obscuris tantum corruptissimisque locis codices consuleret [»intra« interpr. p. 75,₃₆; ἐντός ed. Basil. p. 61,₂₇, codd. omnes. p. 281, ₁₂; sed ferri nequit; sequitur enim: ὅπερ ἀδύνατον· ἐδείχθη γάρ, ὅτι ἐντὸς πεσεῖται (sic omnes)].

7. Morellius Biblioth. manuscr. Uenet. (Bassani 1802) I p. 186 de codice Ueneto nostro:»Est codex· mutuo datus F. Commandino an. 1553 Venetiis cum Ranutio Farnesio. Cardinali [ad quem misit interpretationem suam] degenti, at quem ex eo fructum ceperit, minime constat«.

8. Commandinus praef. interpr.:»Nostra vero memoria Franciscus Maurolicus Messanensis in hoc genere literarum a primis temporibus aetatis suæ versatus, ad eandem interpretationem [sc. operum Archimedis] aggressus est, qua in re (ut mea fert opinio) et officio suo et exspectationi hominum cumulate satisfecisset, nisi postremo, scientiis mathematicis multa salute dicta, sacrarum literarum in studia sese penitus abdidisset.« Idem in commentar. fol. 42ᵘ:»Fr. Mau-

rolicus Messanensis, vir omni doctrina atque optimarum artium studiis eruditissimus, et in Mathematicis ita exercitatus, ut his temporibus Archimedes alter iure optimo dici possit, arbitratur corollarium quoddam esse (cfr. Nizze p. 286) quamquam mutilum ac depravatum; is enim in quibusdam ad me humanissimis ac doctissimis literis ita scribit« cet.

Nouam deinde recensionem operum Archimedis edidit D. Riualtus (Paris. 1615 fol.). Propositiones solas Graece habet, demonstrationes autem Latine et ab ipso retractatas refictasque; addita est adnotatio ad Arenarium. Sequitur editionem Basileensem, sed etiam »codice quodam regio« usus est, qui est noster codex Parisinus 2360 (B). 9) In emendando nihil effecit; fuit enim linguae Graecae imperitissimus, et omnino editio eius erroribus plurimis et ineptissimis laborat; quare nullus inde fructus exspectandus est. 10)

9. Riualtus p. 1 prooemium libri I de sphaera et cylindro habet, quod omittitur in ed. Basil. et tribus Parisin., exstat autem in cod. Florent. et Parisin. B solis; lacunas de suo suppleuit Riualtus; nam eum hanc praefationem ex cod. B sumpsisse, inde cernitur, quod eadem uerba praemittit: »τὸ προοίμιον λείπει· ἡ πρώτη γὰρ σελὶς τοῦ ἀντιγράφου ἀφανὴς ἦν, ὡς ὁρᾷς«, quae habet cod. B (u. apud Torellium p. 430). Et scripturas, quas e codice suo adfert, magnam partem in cod. B solo reperimus: Riualtus p. 161: »vocabulum [τὸ] μεῖζον, quod in typico libro (ɔ: ed. Basil. p. 105,4−5) deerat, restitui ex ms.«; habet B solus p. 3,16; p. 179: »ἐπὶ ταὐτὰ πάντα ἐντί, τουτέστιν ἐπὶ θάτερον μέρος [sic ed. Basil. p. 110,23], quae sic explicat ms. codex: ἐπὶ τ' αὐτὰ πάντα πεσεῖται τὰ κέντρα«; haec ipsa uerba (ταῦτα pro τά?) e correctione B p. 12,34; p. 190: διαιρέων ed. Basil. p. 112,5; Riualtus e coniectura διαιρέοντα (!); Torellius p. 35,8 bene διαιρέον; adiicit Riualtus: »magis quadraret lectio manuscripti, qui habet διαιρουμένας οὕτω τὰς εἰρημένας εὐθείας«; sic B p. 35,7−8; p. 448: »manuscriptus: τινὲς δὲ αὐτὸν ἄπειρον ἢ ἕνι μέν«; sic B p. 329,5−6; p. 449: »at ms. habet: μεγέθει ταλίκαν εἶμεν ἐν ᾧ τὸν κύκλον καθ' αὐτὰν γᾶν ὑποτίθεται«; sic B p. 320,4−x; p. 486: »in ms. pro ἐπεστράφη est ἐπιγράφη«; ἐπεγράφη B p. 321,25.

Etiam p. 368 sine dubio ἀναγραφέοντι (ἀναγραφέντι᾽ ed. Basil. p. 89,₁) ex B sumpsit. P. 412 haec habet: »porro haec verba: κἂν ἴσῃ ἦ ἁ αδ τᾷ δγ, παράλληλοι ἐσσοῦνται ἅ τε αγ καὶ ἁ κατὰ τὸ B ἐπιψαύουσα τᾶς τοῦ κώνου τομᾶς desumpsi ex ms., quae desunt in impresso« (ed. Basil. p. 128,₅); addere debuit: ἴσα ἔσται ἁ αδ τᾷ δγ. κἂν ἴσῃ cett. (ita enim ipse habet); quae ipsa praebet B p. 18,₃₂ (ceteri ἄρα pro ἔσται); p. 473: »in manuscriptis reperio ὡς τῶν μ σταδίων καὶ μὴ μείζων«; eadem in cod. B esse uidentur: ὡς τῶν μ σταδίων καὶ μὴ μείζων p. 320,₃₅. Omitto locos quosdam, ubi scriptura a Riualto e codice illo regio adlata et in B et in ceteris codd. Parisinis exstat. Non est, cur miremur, quod Riualtus non omnem scripturae discrepantiam ex B rettulit, nec quod interdum scripturas sui codicis adfert, quae e cod. B apud Torellium non adferuntur; nam huius collationes minime fide dignae sunt; uelut p. 314 in codice regio esse dicitur αὐτῆς; αὐτοῖς ed. Basil. p. 68,₂₄, nec ulla codd. Parisinorum discrepantia adnotatur; habent tamen sine dubio αὐτῆς, ut cod. Florent. p. 292,₂₄. P. 450: »οὐ τινάς habet vulgaris codex [h. e. ed. Basil. p. 121,₁], sed male; itaque ex ms. restitui οὕτω τινάς«; οὕτως ex cod. Florent. et Pariss. CD adfertur p. 320,₂₅, de Pariss. AB siletur; sed in A est οὕτως, in B οὕτω. ut tradit Riualtus; p. 454: »ms. habet εἰ κοκα παραπολύ«; hoc ex solo cod. Flor. adfertur p. 322,₂, sed etiam in omnibus Pariss. legitur; ibid. »manuscripti habent ἐπικροτεῖν«, quod in codd. Florent. et Ueneto solis esse traditur p. 322,₁₃; sed exstat etiam in ABD. Nam quod Torellius p. 224 not. dicit, uerba ποτὶ τὰν εὐθείαν· abesse a codice regio Riualti, error est; omittit sane haec uerba p. 359, sed sine dubio errore ob praecedentia ueιba τινὰ εὐθεῖαν exciderunt; de codice suo tacet, sed in B ea uerba exstare diserte testatur Carolus Graux.

10. Ridiculi causa duo adferam, quae omnium instar esse possint: p. 486 in notis: »μείζων lege μεῖζον. nisi velit quis in Archimede μείζων pro μειζόνων multis locis referri non ad substantivum, . sed ad genetivum praecedentem«; et paullo inferius: »pro ἐπεστράφη fortasse legendum esset ἐπιστρεφέτω. nisi hoc vocabulum, ut infinita alia . . . ut κατεστάθη pro κατιστάθω et ἐλάφθη seu potius λάφθη pro λάφθητι . . . sumenda essent imperatiue, ut fuerit in usu antiquis Siculis«. Ceterum ipse opus iuuenile et exile

esse confitetur, et quod ipse »prelis interesse non potuit«, queritur in prolegomenis.

Nouissime opera Archimedis edîta sunt Oxonii
1792 fol.; hanc editionem parauit Iosephus Torellius
Ueronensis, ed. Basileensem maxime secutus, collato
tamen codice quodam Ueneto, cuius uarias scripturas
in margine editionis ponere in animo ei erat. 11) Sed
cum, ante quam opus in lucem prodiret, moreretur a.
1781, heredes eius, intercedente Philippo Stanhope,
opus inceptum Academiae Oxoniensi tradiderunt, cuius
sumptibus editionem curauit Abramus Robertson (praef.
p. [II]). Idem collationes codicum quinque addidit,
quorum descriptionem continet praef. p. [II] – [IV].
Gloriatur Torellius, quod Archimedem totum ita in
integrum restituerit, »ut nihil iam sit in eius scriptis,
quod Geometriae peritum morari possit« (p. XIV).
Quod quam non uerum sit, ex hac disputatiuncula
satis superque adparebit. Sed multa Robertsono imputanda esse uidentur, qui in opere typis mandando
neglegentissime uersatus est. Ne collationes quidem
satis fide dignas esse, iam supra docui. 12)

11. Praef. p. XIII: »A. libros recognoscendos
suscepi, usus editione Basileensi, quae ab antiquo codice singulari fide descripta cum fuerit, codicis ipsius
loco habenda est.« Ibid. p. XVI: »Cum certior fac-
tus essem membraneum codicem, quem maxime cupe-
rem, Venetiis asservari, curavi, ut statim examinaretur
quaeque varia in eo essent, missis levioribus et inani-
bus, describerentur: ... Non .. poenituit codicem
illum consuluisse. Nam quaedam in eo emendate per-
scripta erant, quibus eorum nonnulla, quae ipse coni-
ciendo suppleveram, si omnino consentirent, confir-
mavi, aut si qua ex parte discreparent, perpolivi ac
retexui. Quin etiam varias ex eo lectiones excerpsi,
easque, ut optima quaeque visa est, extremo margini
adscripsi, reiectis illis, unde nullus est usus, sed inanis
quaedam diligentiae ostentatio.« Itaque adparet, non
omnes scripturas cod. Ueneti enotatas esse. Eodem
loco etiam scripturas ed. Basil., quas improbaret, con-

gestas uoluit; u praef. p. XV:»quamvis autem quae-
cumque ego emendavi et correxi, adeo certa sint, ut
omnia fere præstare audeam, ea tamen ita in con-
textum recepi, ut quae loco movissem, in extremam
quamque paginam reiicerem«. Sed hoc minime factum est. Crediderim equidem, omnia ea, quae in margine adferuntur, codicis Ueneti esse, nec ullo loco discrepantiam ed. Basil. enotatam esse; sed hoc certe
constat, saepissime Torellium tacite huius editionis
scripturam mutasse.

12. Tenendum est, has collationes ad editionem
Basileensem confectas esse (u. p. 379; p. 421). ubi
igitur de codicibus siletur, eos cum ed. Basil. con-
gruere putandum erat. Sed quam facile hac ratione
in uarietate scripturae enotanda errari potuerit, apertum est. In primis puto saepe scripturas codicum ab
ed. Basil. discrepantes omissas esse, quae cum ed.
Torelliana congruerent. Apertissimos errores collationum hos repperi praeter eos, quos supra indicaui
p. 109: p. 22,34 in collatione cod. Paris. non constat,
quid in AB exstet; nam τὰ γε ed. Basil. p. 130 extr.,
»l'E« C, »τὰ l'E« D; p. 3, 2; 39; 42; 52 in collatione
cod. Flor. scripturae ed. Basil. tamquam Torellii adferuntur. Idem factum ibidem p. 162,47; 166,14; 264,
49. P. 82,19 in collatione cod. Flor. omissa est scriptura
ed. Basil.: βάσις. quae adfertur in collatione codd Pariss.;
p. 312,33 in coll. cod. Flor. editio Basil. εδ habere dicitur,
sed habet εη p. 80,19. P. 213,33 in coll. codd. Pariss.
bis C, p. 305,47 bis B. P. 29 bis, p. 88,18, 208,39 significatio codicum prorsus omittitur: P. 121,44 nota 1 in
lin. 33 ponenda erat (ante μείζων); cfr. Parr. ACD.
P. 214,46 quae adfertur codicis Florent. scriptura, pertinet ad lin 47. P. 307,2 ed. Basil. ἐφ' αὐτᾶ; de codd.
Pariss. siletur; sed habent ἐφ' ἀν τά (ἐφαντά), ut cod.
Flor.; p. 314,12 etiam in B repetuntur uerba: ζη, ξδ
ποτὶ τὸ ὑπὸ τᾶν (sine dubio etiam in cod. Flor.)

In libello de arenae numero praeter minora quaedam hos inueni errores: p. 319,8 B habet οὕτω, non
οὐ; lin 9 ἦν etiam in A exstat: ibid. νοῆσαι ἕν in AC,
non in D exstat; lin. 10 ἀλίκων AD; lin 15 D habet
πειρασοῦμεν; ibid. γεωμετρικᾶν ABC, μετρικᾶν D; lin. 19
καί etiam A; lin. 23 μέτρον etiam A; lin. 28 habet B
ὑποθέσεών τινων, D ὑπόθεσίν τινα; p. 320,8 A habet γ',
non γάρ; lin. 11 αὐτόν etiam CD; lin. 16 καθ' οὐ etiam

BCD; lin. 17 B ὑποτίθεται, non ὑποτίθενται; lin. 23 ταλίκα etiam D; lin. 24 πλανέων etiam D; lin. 25 δειχθεισῶν etiam D; lin. 26 κατονομαξιῶν AB, κατανομαξιῶν D;
lin. 31 πεπειραμένων etiam A; lin 39 λαμβάνω etiam D;
lin. 49 ἀναμφίλογον AB; p. 321,26 ἄψις etiam A; lin. 27
ἀποχωριζομένου B; lin. 42 ἀχθεῖσα etiam A; lin. 47 λαμ-
βάνεται etiam AC; lin. 51 ὄψιας etiam AB; p 322,9 ἀ δέ
etiam A; lin. 12 κανόνος etiam D; lin. 14 τῷ etiam
A; lin. 22 διαιρεθείσας AD; p. 324,36 σελήνας etiam
325,23 τετρωκοστομόριον A; lin. 32 χρήσιμα etiam D; lin.
A; p. 49 τρίτων etiam AB; p. 326,14 τῶν etiam A;
lin. 25 ἤ etiam AC; lin. 31 ὁ etiam A; lin. 45
ἀλλάλους etiam in A omittitur; p. 327,1 ἴσος D, ἴσον A;
lin. 7 ἴσον etiam A; ibid. ὁ etiam in BCD legitur; lin.
26 ἀλλάλας etiam A; lin. 32 ἀριθμοί etiam A; lin. 34
μονάδες A solus; lin. 37 τῶν etiam A, qui ibid. etiam ἐφ'
ἤ habet; lin. 38 λόγον etiam BCD; lin. 43 πολλαπλασιασθεισᾶν etiam AB; lin. 50 lacunae, quae in B exstat,
significatio omissa est; lin. 52 αυσος etiam D; p. 328,7
μέγεθος etiam ABD; lin. 20 ἀναλογίαι etiam D; lin. 26
τᾷ etiam A; lin. 34 μέγεθος etiam A; p. 329,1 μονάδες etiam ABC; lin. 3 μέγεθος etiam AB; lin. 22 οἱ
etiam A; lin. 33 τὸ μέγεθος etiam D; ἀ om. C; p. 330,4
σφαίρας etiam CD; lin. 11 τῶν χιλίων etiam A; lin. 14
νομάδος D; lin. 25 etiam A; p. 332,4 ᾠήθων D, non A;
ἐπιθεωρῆσαι etiam ABC.   Haec exempla, quibus facili
negotio plura addi possunt, satis arguunt, qua neglegentia collationes codd. Pariss. factae sint; de collatione cod. Flor. nihil constat, sed non desunt, cur
suspicemur, de ea non multo melius actum esse. Moneo, lineas ed. Torellianae diuerse numerari in collationibus, prout tituli propositionum aut numerentur aut
neglegantur, uelut p. 40,18 collationis codd. Parr. =
p. 40,20 coll. Flor., p. 18,43 = p. 18,40 cett.

.Ceteris omnibus, qui in hoc genere laborarunt,
nullum obtigit nouum auxilium. Wallisius (u. p. 20)
in libro de dimensione circuli et in arenario multa
bene emendauit, multa etiam falso suppleuit, quae
utraque recepit fere Torellius (cfr. eius praef. p. XIII).
Unum et alterum locum emendauerunt Barrowius
(u. p. 24), Sturmius (ibid.), Hauberus (u. p. 16), in
libro de dimensione circuli Fr. Wurmius (Jahns Jahrbücher XIV p. 175—185). De uniuersa ratione lib-

rorum nostrorum et de emendatione locorum singulorum multa docte et egregie disseruit censor edit. Torell. Jenaer Literaturzeitung 1795 Nr. 172—73 p. 610—23. Plurimas coniecturas et fere optimas proposuit Nizzius in interpretatione sua p. 263—91. His omnibus perpensis satis, opinor, constat, emendationem operum Archimedis fere totam in codicum collationibus Torellianis positam esse. Iam igitur de illis codicibus uideamus.

Codex Florentinus (F), bibliothecae Laurentianae Mediceae plut. XXVIII 4to membranaceus, saeculi, ut uidetur, XIII; constat foliis 177, sine accentibus scriptus, figuris geometricis instructus. Continet Archimedis libros hoc ordine:

1) de sphaera et cylindro I—II, 2) de dimensione circuli, 3) de conoidibus, 4) de lineis spiralibus (cum scholio in prop. 19), 5) de planis aeque ponderantibus I—II, 6) arenarium, 7) quadraturam parabolae; praeterea commentaria Eutocii in 1), 2), 5) et in fine excerpta Heronis de mensuris. In fine librorum semper titulus repetitur. Post librum de quadratura parabolae hos habet uersiculos:

εὐτυχοίης λέον γεώμετρα
πολλοὺς εἰς λυκαβάντας ἴοις πολυφίλτατε μούσαις

et in fine commentariorum Eutocii ad librum II de sphaera et cylindro (cfr. Fabricii Bibl. Gr. II p. 562 not.):

Εὐτοκίου πινυτοῦ γλυκερὸς πόνος, ὅν ποτ' ἐκεῖνος
γράψεν. τοῖς φθονεροῖς πολλάκι μεμφάμενος.

De eo u. Bandinius Catalog. II p. 14. Idem in editione Torelliana praef. p. II tradit, in hoc codice saepissime plures uoces coniungi in unum et permulta compendia inueniri, uelut: $=$ ἐστίν, ·//· $=$ εἰσίν,

$f\cdot =$ $\varepsilon\bar{\iota}\nu\alpha\iota$, $\overset{\omega}{\varsigma} = \check{\varepsilon}\sigma\tau\omega$, $\overset{\sigma}{\omega} = \check{\varepsilon}\sigma\tau\omega\sigma\alpha\nu$, $\lambda = \check{\varepsilon}\sigma\tau\alpha\iota$,

$\check{\tau}\cdot/.$ $= \tau o\nu\tau\acute{\varepsilon}\sigma\tau\iota\nu$, $\mathring{\eta} = \check{\iota}\sigma o\nu$, $\grave{\alpha}\lambda\lambda^{\nu} = \grave{\alpha}\lambda\lambda'$ $\mathring{o}\nu$ $(\mathring{\alpha}\lambda\lambda o\nu?)$,

$\xi := \pi\rho\acute{o}\varsigma.$*) Quod dicit »cum spiritibus valde raris
iisque vetusto more formatis, ut in variantibus ipsis,
ubi ipsi inciderunt, videre est«, nullo loco spiritus in
uarietate scripturae additus est.

Codex Uenetus (V) (cfr. p. 110) bibliothecae
St. Marci CCCV, in 4to, membranaceus, saeculi XV;
de eo Morellius Bibl. manuscr. I p. 186 haec habet:
»Archimedis opera cum Eutocii commentariis ab inepto
librario cum describerentur, Bessario manu sua passim
supplevit, ne, quod non raro faciebat, pro veris lec-
tionibus in rebus sibi incomprehensis monstra verborum
ille poneret. Hic initio mutilus, Archimedis scripta
eodem ordine continet, quo sunt in codice Laurentiano (u. supra), immo vero easdem cum illo lectiones
in Oxoniensi editione vulgatas habere solet, reliquas
differentes librarii incuria fortasse fudit, ut proinde
codex uterque unius eiusdemque familiae esse videatur.
Sequuntur uti post Archimedem in cod. reg. Paris.
2361 et in Laurentiano Heronis de mensuris.«

Codex regius Parisinus nr. 2359 (A) continet
eadem Archimedis et Eutocii scripta, quae cod. Florentinus, atque eodem ordine; duorum (interdum etiam
tertius accedit) librariorum manu scriptus est, saeculi
ut uidetur XVI; u. Torellius p. II. De hoc codice et
sequentibus u. Catalogus codd. mss. bibl. reg. (Paris.
1739 sq.) II p. 488—89. Est chartaceus, olim Mediceus.

Codex Parisinus 2360 (B), chartaceus, olim
Mediceus, eadem continens. In fine libelli de quadratura parabolae habet uersus p. 113 ex cod. Flor. ad-

---

*) Hae siglae accurate expressae non sunt, sed satis habui
eas per litteras similes significare, ita ut aliquatenus adpareret similitudo compendiorum infra adlatorum.

latos (testante Carolo Graux). In fine uoluminis eadem manu haec addita sunt (Torellius p. III):

Ταῦτα ἐξεγράφη ἀπὸ τοῦ ἀντιγράφου ἐκείνου τοῦ παλαιοτάτου, ὃ πρότερον κτῆμα ὂν τοῦ Γεωργίου τοῦ βάλλα ὕστερον τοῦ ἐπιφανεστάτου ἄρχοντος Ἀλβέρτου πίου τοῦ καρπαίου ἐγένετο· ὃ μὲν ἀντίγραφον ὡς εἰρήκαμεν παλαιότατον ἦν, πλείστην δὲ καὶ ἀμέτρητον ἔχον ἀσάφειαν ἐκ τῶν πταισμάτων, ὥστε ἀναρίθμητα χωρία μὴ δὲ σαφηνίσασθαι μηδαμῶς· περὶ δὲ τὰς καταγραφὰς πολλῶν ὄντων καὶ ἄλλων ἁμαρτημάτων ταῦτα ἦν πυκνότερα τὰ ὑπογεγραμμένα· στοιχεῖα δηλαδὴ ἀντὶ στοιχείων· χ ἀντὶ τοῦ κ καὶ ἀνάπαλιν, Η ἀντὶ τοῦ Ν καὶ ἀνάπαλιν, ζ ἀντὶ τοῦ ξ καὶ ἀνάπαλιν, θ ἀντὶ τοῦ β καὶ ἀνάπαλιν, α ἀντὶ τοῦ λ καὶ ἀνάπαλιν· ἦν δὲ ἐν τῷ αὐτῷ ἀντιγράφῳ καί τινα ἴδια χαρακτηρίσματα συντομίας χάριν τῆς ἐν τῷ γράφειν· τάδε·

ῶ⁺ περ, ⏝ οις· οἷον ⋝ τ· τοῖς·*) ς ης· οἷον ς/τ· τῆς.

ᄂ καὶ ἄλλως ς· καί. ꭤ ἴσαι· ꭤ ισος· ꭤ ισον· καὶ τἄλλα

ὡσαύτως· ꭤ ισας· ꭤ ἴσον· ⌒ ων· οἷον ⌢ τ τῶν· ᔓ ουν· ·/· ἐστιν.

Ꙅ ἔσται Ꙅ. Ꙅ. ἔσται· ς αι· οἷον ᄂ καί· φερε ᏚᏥ φέρεσθαι· ·//· εισιν· ⳦ εἰναι· ἢ οὕτως ⳡ εἶναι· Λ ιν καὶ ην.

ὡς ἐχουσ ἔχουσιν· καὶ τ· τήν·⁻ ον· ὡς τ· τον· ⋃ ως· οἷον π πως· ＜ αν· μουσ⁻ μουσαν· ⌐ ας· ⋜ τας. ο ος· οἷον

ουτ· οὗτος· υ ου· οἷον τ του· πάντων δὲ πυκνότατα ἦν τάδε:

Ꙓ προς· Ꙓ κείσθωσαν· προσκείσθωσαν· γ οὕτως· ꕔ

γάρ· ꕔ γίνεται. ꝺ ἄρα· ꝑ ἔστω καὶ ꙍ ἔστωσαν·

---

*) In his compendiis apographo Caroli Graux, uiri palaeographiae peritissimi, usus sum. Cfr. Hultsch. Hero p. XVIII.

𝄢 οτι· ⌀ οτι· 𝄢 οτι· ὅλον δὲ ἐτύγχανεν ὂν ἄνευ προσῳ-
διῶν εἰ μὴ ἐν ὀλίγοις χάριν διαφορᾶς.

Codex Parisinus 2361 (C), chartaceus, Fonte-
blandensis, quo praeter opera Archimedis et Eutocii
supra commemorata continetur Heronis liber de mensuris, praeterea capita duo, de ponderibus et de mensuris; praemittitur index Graecus manu Constantini
Palaeocappae*) et index Latinus manu Auveri scriptus.
Folio uerso leguntur uersus Claudiani in sphaeram
Archimedis manu Georgii Armagniaci descripti, qui
deinde haec addit (u. Torellius p. III—IV):»Nec te
offendat, studiose lector, hunc Authorem citra ullam
ipsius commendationem aut præfationem aliquam videre: ita prima folii facies in veteri exemplari, unde
hoc descriptum est, vetustate consumpta et extrita fuit,
ut ne Archimedis quidem nomen agnosci potuerit: nec
tum aliud Romae restabat, quo restitui hoc πρόσωπον
posset. Carebat in universum et spiritus et accentus
omni nota; reliquis partibus integrum et absolutum,
nisi quod ἥρωνος de mensuris postremi folii secunda pagina itidem ut Archimedis penitus obliterata
fuerit. Quo tamen commendatione ejusmodi Authoris
etiam Gallia laetaretur, malui potius quoquo modo
ejus tibi copiam meo sumptu fieri, quam Mathematices
amatoribus in hac parte mea culpa videri negligentior.«

In fine codicis librarius haec uerba addit: τέλος
ἐπέθηκε τούτῳ τῷ συντάγματι χριστοφόρος ὁ ἀυυέρος γερμανὸς
τῇ πρώτῃ ἡμέρᾳ τοῦ χιλιοστοῦ πεντακοσιοστοῦ καὶ τεσσαρακοστοῦ
τετάρτου. Δαπανήματι τοῦ εὐσεβεστάτου τῶν ρουθένων ἐπι-
σκόπου γεωργίου ἀρμαγνιακοῦ τότε πρὸς παῦλον τὸν τρίτον τῆς

---

*) Erat bibliothecarius Fonteblandinensis; catalogus mss.
Graecorum huius bibliothecae ab eo confectus etiam nunc
exstat (Catal. codd. impr. bibl. reg. I p. XV).

ἀγίας ἐκκλησίας τὴν διοίκησιν οἰκονομοῦντα ἐν τῇ ῥώμῃ παρὰ
φραγκίσκου τοῦ κελτῶν βασιλέως ἐγκεκωμιασμένως πρεσβεύοντος.

Codex Parisinus 2362 (D), chartaceus, Fonte-
blandensis, quo continentur eadem illa Archimedis et
Eutocii opera; saeculi, ut uidetur, XVI; u. Torellius
p. IV. Omnes nostros codices ex eodem exemplari fluxisse inde adparet, quod in initio libri I de sphaera et
cylindro mutili sunt. In ed. Basil. ex epistula Archimedis huic libro praemissa haec sola reperiuntur:
καλῶς ἔχειν μεταδιδόναι τοῖς οἰκείοις τῶν μαθημάτων,
ἀποστέλλομέν σοι τὰς ἀποδείξεις ἀναγράψαντες ὑπὲρ ὧν ἐξέσται
τοῖς περὶ τὰ μαθήματα ἀναστρεφομένοις ἐπισκέψασθαι· ἔρρωσο
(p. 1 in summa pagina). De scriptura codd. Pariss. me certiorem fecit, cui
plurima debeo, Carolus Graux; est igitur haecce:

2359. A.	2361. C.	2362. D.
Ἀρχιμήδης Δοσιθέῳ χαίρειν· πρότερον μὲν ἀπεστάλκαμέν σοι (la-cuna XIII linea-rum) καλῶς ἔχειν με-ταδιδόναι τοῖς οἰκεί-οις τῶν μαθημάτων (lacuna duorum uel trium uerborum) σοι (in initio lineae sequentis) τὰς ἀπο-δείξεις ἀναγράψαντες· ὑπὲρ ὧν ἐξέσται τοῖς περὶ τὰ μαθήματα ἀνα-στρεφομένοις, ἐπισκέψ-ασθαι ἐρρωμένως. Γράφονται κτλ.	Duo prima folia prorsus uacant. Dein fol. 3ʳ : καλῶς ἔχειν μεταδι-δόναι τοῖς οἰκείοις τῶν μαθημάτων, ἀποστέλ-λομεν σοι τὰς ἀπο-δείξεις ἀναγράψαντες· ὑπὲρ ὧν ἐξέσται τοῖς περὶ τὰ μαθήματα ἀνα-στρεφομένοις ἐπισκέψ-ασθαι ἐρρωμένως. γράφονται κτλ.	Ἀρχιμήδης Δοσιθέῳ χαίρειν. πρότερον μὲν ἀπεστάλκαμέν σοι (re-liqua pagina ua-cat). Dein fol. 2ʳ: καλῶς ἔχειν μεταδι-δόναι τοῖς οἰκείοις τῶν μαθημάτων (la-cuna decem fere litterarum) σοι τὰς ἀποδείξεις ἀναγράψ-αντες· ὑπὲρ ὧν ἐξ-έσται τοῖς περὶ τὰ μαθήματα ἀναστρε-φομένοις ἐπισκέψασ-θαι ἐρρωμένως γρά-φονται κτλ.

118

Codicem Uenetum quoque initio mutilum esse testatus est Morellius (u. supra p. 114). Sed in F et B exstant huius epistulae fragmenta, in F autem manu recentiore scripta; ex B (u. p. 108 sq.) sua sumpsit Riualtus, sed multa coniectura sua suppleuit:

F.	Paris. 2360 B.	Riualtus.
ΑΡΧΙΜΗΔΗΣ Δωσιθέ- ῳ χαίρειν. Πρότερον μὲν ἀπέσταλκά σοι τὰ δυς ποτε θεωρημένα γράψαντες μετὰ ἀποδείξεων, ... ὅτι πᾶν τμῆμα τὸ περιεχόμενον ὑπὸ ὀρθογωνίου κώνου, τομῆς ἐπι .... τρίτον ἐστὶ ταύτην τὴν βάσιν ἔχοντος τῷ τμήματι καὶ ὕψος ἴσον· μετὰ δὲ ταῦτα ἀποπεσον τῶν θεωρημάτων ἀντιλεγον· πεπραγματευον δὴ μετὰ τὰς ἀποδείξεις αὐτά. ἐστὶν δέ τι τάδε. πρῶτον μέν, ὅτι τῆς σφαίρας ἡ ἐπιφάνεια τετραπλασία ἐστὶ τοῦ μεγίστου κύκλου· ἔπειτα δέ, ὅτι παντὸς τμήματος σφαιρας τῇ ἐπιφανείᾳ ἴσος ἐστὶ κώνῳ, οὗ ἡ	Ἀρχιμήδης Δοσιθέῳ εὐπράττειν· πρότερον μὲν ἀπεσταλκα .... ὅτι πᾶν · τμῆμα τὸ περιεχόμενον ὑπό τε εὐθείας καὶ ὀρθογωνίου κώνου τομῆς ἐπίτριτον ἐστὶ τριγώνου τοῦ ἔχοντος βάσιν τὴν αὐτὴν τῷ τμήματι καὶ ὕψος ἴσον .... πεσοντων θεωρημάτων ..... πεπραγμα ...... τὰς ἀποδείξεις .... σφαίρας ἡ ἐπιφάνεια τετραπλασία ἐστὶ τοῦ μεγίστου κύκλου τῶν ἐν αὐτῇ .. εἶτα δὲ ὅτι παντὸς τμήματος σφαίρας τῇ ἐπιφανείᾳ ἴσος ἐστὶ κύκλος οὗ ἡ	Ἀρχιμήδης Δοσιθέῳ εὖ πράττειν· πρότερον μὲν ἀπέσταλκα τὰ ὑφ᾽ ἡμῶν ἐσκεμμένα, γράψαντες αὐτῶν ἀποδείξεις ὡς ὅτι πᾶν τμῆμα τὸ περιεχόμενον ὑπό τε εὐθείας καὶ ὀρθογωνίου κώνου τομῆς ἐπίτριτον ἐστὶ τριγώνου τοῦ ἔχοντος βάσιν τὴν αὐτὴν τῷ τμήτατι καὶ ὕψος ἴσον· νῦν δὲ τινῶν προσπεσόντων θεωρημάτων πεπραγματεύμεθα τὰς ἀποδείξεις, ἃ ἐντὶ τοιαῦτα· πρῶτον μὲν ὅτι σφαίρας ἡ ἐπιφάνεια τετραπλάσια ἐστὶ τοῦ μεγίστου κύκλου τῶν ἐν αὐτῇ· δεύτερον δὲ ὅτι παντὸς τμήματος σφαίρας τῇ ἐπιφανείᾳ ἴσος ἔστι κύκλος, οὗ ἡ

119

F.	Paris. 2360 B.	Riualtus.
ἐκ τοῦ κέντρου ἴση ἐστὶ τῇ εὐθείᾳ τῇ ἀπὸ τῆς κορυφῆς τοῦ τμήματος ἀγομένη ἐπὶ τὴν περιφέρειαν τοῦ κύκλου, ὅς ἐστι βάσις τοῦ τμήματος· πρὸς δὲ τούτοις, ὅτι πάσης σφαίρας κύλινδρος τὴν βάσιν ἔχοντος ἴσην τῷ μεγίστῳ κύκλου τῶν ἐν τῇ σφαίρᾳ, ὕψος δὲ ἴσσον διαμέτρῳ τῆς σφαίρας· τότε ἡμιόλιόν ἐστι τῆς σφαίρας καὶ ἡ ἐπιφάνεια αὐτοῦ τῆς ἐπιφανείας τῆς σφαίρας. ταῦτα δὲ τὰ συμπτώματα αὐτῇ φύσει προυπῆρχεν περὶ τὰ εἰρημένα σχήματα· ἠγνοειστο δὲ .... πρὸ ἡμῶν περὶ γεωμετρίαν ἀνε ..... ἐνοηχότος ὅτι τούτων τῶν σχημάτων ἐστιν ...... ὀκνήσαιμι ἀντιπαραβαλεῖν αὐτὰ ..... τὸ τεθεωρημενα καὶ πρὸς τὰ δόξ-	ἐκ τοῦ κέντρου ἴση ἐστὶ τῇ εὐθείᾳ τῇ ἀπὸ τῆς κορυφῆς τοῦ τμήματος ἀγομένη ἐπὶ τὴν περιφέρειαν τοῦ κύκλου, ὃς ἐστι βάσις τοῦ τμήματος· πρὸς δὲ τούτοις, ὅτι πάσης σφαίρας ὁ κύλινδρος ὁ βάσιν μὲν ἔχων τὴν αὐτὴν τῷ μεγίστῳ κύκλῳ τῶν ἐν τῇ σφαίρᾳ· ὕφος δὲ ἴσον τῇ διαμέτρῳ τῆς σφαίρας αὐτός τε ἡμιόλιος ἐστὶ τῆς σφαίρας καὶ ἡ ἐπιφάνεια αὐτοῦ τῆς ἐπιφανείας τῆς σφαίρας· ταῦτα .... τῇ φυσει προυπῆρχεν περὶ τὰ εἰρημένα σχήματα . γνοει ..... πρὸ ἡμῶν περὶ γεωμετρίαν ἀνε ..... νενοηχότος ὅτι τούτων τῶν σχηματων .... ἀντιπαραβαλεῖ αὐτὰ ..... τε θεωρη· μένα καὶ πρὸς τὰ δόξ-	ἐκ τοῦ κέντρου ἴση ἐστὶ τῇ εὐθείᾳ τῇ ἀπὸ τῆς κορυφῆς τοῦ τμήματος ἀγομένη ἐπὶ τὴν περιφέρειαν τοῦ κύκλου, ὃς ἐστὶ βάσις τοῦ τμήματος· πρὸς δὲ τούτοις, ὅτι πάσης σφαίρας ὁ κύλινδρος ὁ βάσιν μὲν ἔχων τὴν αὐτὴν τῷ μεγίστῳ κύκλῳ τῶν ἐν τῇ σφαίρᾳ· ὕφος δὲ ἴσον τῇ διαμέτρῳ τῆς σφαίρας αὐτός τε ἡμιόλιος ἐστὶ τῆς σφαίρας .καὶ ἡ ἐπιφάνεια αὐτοῦ τῆς ἐπιφανείας τῆς σφαίρας ἡμιολία· ταῦτα μὲν τεθεωρημένα τῇ φύσει προυπῆρχεν περὶ τὰ εἰρημένα σχήματα, οὐ μέντοι γέγονεν ὑπὸ τῶν πρὸ ἡμῶν περὶ γεωμετρίαν ἀνεσκεμμένων νενοηκότα, ὅταν τούτων τῶν σχημάτων ταῖς ἀποδείξεσιν ἀντιπαράβαλει αὐτὰ τὰ τεθεωρημένα καί περ τὰ δόξ-

F.	Paris. 2360 B.	Riualtus.
αντα πολλα	αντα πολ	αντα πολλὰ τῶν ὑπὸ τοῦ
. . . περὶ τὰ στερεὰ	ξου περὶ τὰ στερεὰ	Εὐδόξου περὶ τὰ στερεὰ
θεωρητέντων ὅτι πα-	θεωρεθέντων ὅτι πᾶ-	θεωρηθέντων· οἶον ὅτι
σα πύραμις τριτον	σα πυραμὶς τρίτον	πᾶσα πυραμὶς τρίτον
ἐστι μέρος πρίσματος	μέρος ἐστὶ πρίσματος	μέρος ἐστὶ πρίσματος
τοῦ βάσιν ἔχοντος	τοῦ βάσιν ἔχοντος	τοῦ βάσιν ἔχοντος
τὴν αὐτὴν τῇ πυρα-	τὴν αὐτὴν τῇ πυρα-	τὴν αὐτὴν τῇ πυρα-
μίδει καὶ ὕφος ἴσον· καὶ	μίδι καὶ ὕφος ἴσον· καὶ	μίδι καὶ ὕφος ἴσον· καὶ
ὅτι πᾶς κωνος τρί-	ὅτι πᾶς κῶνος τρίτον	ὅτι πᾶς κῶνος τρίτον
τον μέρος ἐστὶ τοῦ	μέρος ἐστὶ τοῦ κυ-	μέρος ἐστὶ τοῦ κυ-
κυλίνδρου τοῦ βάσιν	λίνδρου τοῦ βάσιν	λίνδρου τοῦ. βάσιν
ἔχοντος τὴν αὐτὴν	ἔχοντος τὴν αὐτὴν	ἔχοντος τὴν αὐτὴν
τῷ κώνῳ καὶ ὕφος	τῷ κώνῳ καὶ ὕφος	τῷ κώνῳ καὶ ὕφος
ἴσον· καὶ γάρ που	ἴσον· καὶ γὰρ τού-	ἴσον· καὶ γὰρ τού-
τῶν προυπαρχόντων	των προυπαρχόντων	των προυπαρχόντων
φυσικῶς περὶ ταῦτα	φυσικῶς περὶ ταῦτα	φυσικῶς περὶ ταῦτα
τὰ σχήματα πολλῶν	τὰ σχήματα πολλῶν	τὰ σχήματα πολλῶν
πρὸ εὐδόξου γεγενη-	πρὸ . . . εὐδόξου γεγενη-	πρὸ τοῦ εὐδόξου γεγε-
μένων ἀξίων λόγω	μένων ἀξίων λόγου	νημένων ἀξίων λόγου
γεωμέτρων συνέβαι-	γεωμετρῶν συνέβαι-	γεωμετρῶν συνέβαι-
νεν ὑπὸ πάντων ἀγ-	νεν ὑπὸ πάντων . . .	νεν τὸ πάντων εἰσθαι
νοείσθαι. μὴ δ᾽ ὑφ᾽	εισθαι· μηδ᾽ ὑφ᾽ ἑνὸς	(!) μηδ᾽ ὑφ᾽ ἑνὸς
ἑνὸς κατανοηθῆναι·	κατανοηθῆναι· ἐξέσται	κατανοηθῆναι· ἐξέσ-
ἔξεσται δὲ περὶ τού-	. . . δὲ περὶ τούτων	ται δὲ περὶ τούτων
των ἐπισκέψασθαι τοῖς	ἐπισκέψασθαι τοῖς δυ-	ἐπισκέψασθαι τοῖς δυ-
δυνηησομένοις· ὤφειλε	νησομένοις· ὤφειλε μὲν	νησομένοις· ὤφειλε μὲν
μὲν οὖν κόνωνος ἔτι	οὖν Κόνωνος ἐτι ζῶν-	οὖν Κόνωνος ζῶντος
ζῶντος ἐκδίδοσθαι ταῦ-	τος ἐκδίδοσθαι ταῦ-	ἐκδίδοσθαι· ταῦτα τῇ-
τα· τηνον γὰρ ὑπολαμ-	τα· τῆνον γὰρ ὑπο-	νυν (!) γὰρ ὑπολαμ-
βάνομέν που μάλι-	λαμβάνομεν που μάλι-	βάνομεν που μάλι-
στα δύνασθαι κατα-	στα δύνασθαι κατα-	στα δύνασθαι κατα-
νοῆσαι ταῦτα· καὶ τὴν	νοῆσαι ταῦτα καὶ τὴν	νοῆσαι· ταῦτα καὶ τὴν

F.	Paris. 2360 B.	Riualtus.
ἁρμόζουσαν ὑπὲρ αὐ- τῶν ἀπόφασιν ποι- ήσασθαι· δοκιμάζον- τες δὲ (»in hisce verbis desinit pri- mæ paginæ codi- cis pars anterior, ubi notandum, ea, quæ nos hucusque descripsimus, ma- num præferre di- versam ab ea, quæ totum deinde co- dicem exaravit. Pars paginæ po- sterior incipit a verbis καλῶς etc , a quibus etiam exorditur ed. Basi- leensis« Bandinius apud Torellium p. 387) καλῶς ἔχειν με- ταδιδόναι τοῖς οἰκείοις μαθημάτων, ἀποστέλ- λομέν σοι τὰς ἀποδεί- ξεις ἀναγράψαντες, ὑπὲρ ὧν ἐξέσται τοῖς	ἁρμόζουσαν ὑπὲρ αὐ- τῶν ἀπόφανσιν ποι- ήσασθαι· δοκιμάζον- τες δὲ (in margine ad uerba πρὸ ... εὐδύξου (p. 120,18) adscribitur eadem manu: ἐν τοῖς ἐσχά- τοις χωρίοις τούτοις οὐδὲν λείπει. Uidit igitur librarius, se non recte inter πρό et εὐδύξου lacunam reliquisse. In ini- tio epistulae haec habet: Ἀρχιμήδους τοῦ περὶ σφαίρας καὶ κυλίνδρου τὸ προοίμιον λείπει*) ἡ πρώτη γὰρ σελὶς τοῦ ἀντιγράφου ἀφανὴς ἦν, ὡς ὁρᾶις) καλῶς ἔχειν μεταδι- δόναι τοῖς οἰκείοις τῶν μαθημα .... λομέν σοι τὰς ἀπο- δείξεις ἀναγράψαντες ὑπὲρ ὧν ἐξέσται τοῖς	ἁρμόζουσαν. ὑπὲρ αὐ- τῶν ἀπόφανσιν ποι- ήσασθαι. δοκιμάζον- τες δὲ (In initio libri habet, sicut B: ΑΡΧΙΜΗΔΟΥΣ ΤΟΥ (!) περὶ σφαί- ρας καὶ κυλίνδρου (ti- tuli loco), deinde: ΤΟ ΠΡΟΟΙΜΙΟΝ ΛΕΙΠΕΙ. Η πρώτη γὰρ σελὶς τοῦ ἀντιγράφου ἀφα- νὴς ἦν, ὡς ὁρᾶς) καλῶς ἔχειν μεταδι- δόναι τοῖς αὐτοῖς οἰ- κείοις τῶν μαθημά- των, ἀποστέλλομεν τοι τὰς ἀποδείξεις ἀναγράψαντες, ὑπὲρ ὧν ἐξέσται τοῖς περὶ

---

*) Uidetur significare: mancum est. Cfr. scholium ad Eurip. Ion. 534 (Bothe II p. 533), ubi λείπει adscriptum est uersui uno pede breuiori.

122

F.	Paris. 2360 B.	Riualtus.

τε ... τὰ μαθήματα
ἀναστρεφομένοις ἐπι-
σκέψασθαι ἐῤῥωμενω·
γραφονται κτλ.

περὶ τὰ μαθήματα
ἀναστρεφυμένοις ἐπι-
σκέψασθαι ἐῤῥωμένως·
γράφονται κτλ.

τὰ μαθήματα ἀνα-
στρεφομένοις ἐπισκέψ-
ασθαι· ἔῤῥωσο. Γρά-
φονται κτλ.

In interpretatione, quod mirere, initium epistulae integrum est, finis omittitur; habet enim:

Archimedes Dositheo salutem.

Prius quidem ad te misi, quæ a nobis inspecta
essent, conscribentes eorum demonstrationes, quod omnis portio contenta a recta et a coni rectanguli sectione sesquitertia sit triangulo habenti basim cum
portione eandem, et altitudinem eidem æqualem. Nunc
autem quorundam occurrentium theorematum, quæ ef-
fectu probata videntur, demonstrationes conscripsimus.
ipsa vero huiusmodi sunt. Primum quidem, quod omnis
superficies spheræ quadrupla est circulo in ea maximo.
Deinde quod superficiei cuiuscumque portionis sphæræ
circulus ille æqualis est, cuius quæ ex centro æqualis sit
rectæ ductæ a vertice portionis ad circuli, qui basis est
portionis, circumferentiam. Ad hæc quod cuiusque sphæræ cylindrus, qui basem habeat circulum in sphæra maximum et altitudinem æqualem sphæræ diametro, sesqui-
alter habetur: et superficies eius cum basibus superficiei sphæræ est itidem sesquialtera. Hæc autem ac-
cidentia natura ipsa inerant prius circa dictas figuras,
uerum non fuerant a superioribus cognita, qui ante
nos — Reliqua pars pag. 1 uacat, et deinde p. 2 sequitur:»scribantur autem prius« cett.

Sed necessitudinem aliquam inter libros nostros
intercedere etiam alibi adparet, cum eaedem lacunae
in omnibus exstent, uelut:

p. 66,23: σύγκειται * τῇ αβγδ· ἀλλ’ ἐπειδή ed. Basil. et

sic sine dubio etiam codd. omnes. B in margine: ἔν
ὅλον σελίδιον ἢ καὶ δύο λείπει (lacuna relicta). Sic etiam
interpretatio: »quamvis siue ex rectis pluribus con-
nectatur [sive ex curvis sive ex rectis et curvis, unam
tamen eam-ex ea connexione postulat appellari]*).
Hic deest una charta in exemplari græco.
ipsi- abcd. Verum quoniam« cett.;
p. 81,₃₆ sq. τὸ θ χωρίον· τὸ δὴ θ χωρίον et τῶν περιλειμ-
μάτων ... ἐπεὶ οὖν om. codd. lacuna relicta; nisi quod
in D quaedam altera manu suppleta sunt; p. 82,₁₇:
τὸ δὲ ὕψος om. omnes; p. 115,₃₀: πρὸς τὴν I. ἡ δὲ K
om. omnes. Cfr. praeterea, quos supra p. 98 adtuli
locos. Etiam schemata multiplicationum p. 209—15
eandem fere speciem corruptissimam in omnibus codicibus prae se ferunt (de Ueneto cfr. p. 216, de Florentino p. 402—5, de Parisinis p. 449—52); in interpretatione prorsus omittuntur. Hinc quoque non minimum argumentum necessitudinis codicum nostrorum
peti potest, quod in omnibus numeratio capitum in
libro περὶ κωνοειδέων corruptissima est et id quidem
eundem fere in modum. De codd. Paris. certiorem me
fecit H. Omont. In cod. enim Flor. numeratio capitum
a prop. 2 ed. Basil. et Torellii incipit (Torelli p. 411);
idem in AC factum est; in B numerus propp. 1—8
prorsus omissus est, in D significatio prop. 1 omissa,
sed prop. 3 Torellii littera β significata est. Deinde
in cod. Flor. a uerbis εἶκα κώνου p. 264 caput 3 incipit
(u. p. 412), quod idem in AC reperimus. In F prop.
10 uerba ab ἔστω πάλιν p. 273,₁₄ ad ἀλλ' ἔστω p. 273,₂₉
continet, deinde ex parte extrema prop. 10 Torellii
nouum caput (11) factum est (u. p. 412); eodem modo

---

*) Haec extrema de suo addidit; nec mirandum est, quod
 Torellius (qui τῇ αβγδ et lacunae notam suo more tacite
 sustulit) eadem fere suppleuit; nam sententia loci facilis est
 intellectu.

AC; in BD nullus numerus his locis additus est, sed in eorum quoque antigrapho eadem numeratio fuit; nam prop. 12 Torellii etiam in iis est prop. 12. Praeterea prop. 15 Torellii, quae in F prop. 16 esse debuit, numero 14 errore significatur (p. 113); eodem modo B; in A uerus numerus hic et in prop. sequenti in ιδ et ιε correctus est; in D propp. 14, 15, 16 Torellii omnes numero 15 significatae sunt; in C, qui omnino et manu prima in hac re correctius scriptus est et postea manu recentiore ad similitudinem ed. Basil. emendatus, hoc loco uerus numerorum ordo seruatus est. Postremo nec cod. Flor. (p. 416) nec Pariss. ABD propp. 30—34 suis numeris, significant.

Uidimus supra codicem C sumptibus Georgii Armagniaci Romae descriptum esse a. 1544. Cui ab epistulis erat Guil. Philander, qui eum a. 1541 Uenetias et inde Romam secutus est. Is in editione sua Uitruuii, prius Lugd. 1552, iterum ibid. 1586 excusa, haec Francisco I scribit (IX, 3 p. 357 ed. II):»Haec ego scripseram, cum beneficio Rodolphi Pii Carporum Cardinalis facta est mihi copia videndi exscribendique, curante id Maecenate meo [Georgio Armagniaco], Archimedis de sphaera et cylindro cum enarratione Eutocii volumen, ornamento futurum augustissimæ illi et instructissimæ Bibliothecæ, quam tu ... ad Fontem Bleeium instituisti: Id volumen Georgii Vallæ fuerat, in quo præter linguæ Doricæ proprietatem et omissionem spirituum atque accentuum, quæ in legendo nonnihil exhibuerunt difficultatem, occurrunt subinde syllabarum et dictionum notæ, quæ ne a Græcis quidem ipsis satis agnoscuntur.« Itaque cum codex ille G. Armagniaci C eodem tempore scriptus sit, uix cuiquam dubium esse potest, quin Georgius Armagniacus illum ipsum codicem, cuius copiam Philandro fecit, qui olim Georgii Uallae († 1499), deinde Alberti

Pii Carpensis († 1531) fuerat, tum in possessionem Rodolphi Pii huius fratris filii († 1564) sine dubio hereditate cesserat, describendum curauerit. Efficitur igitur cod. C ex eodem illo codice antiquissimo fluxisse, ex quo cod. B (p. 115). Eodem ducit, quod archetypus codicis C »spiritus et accentus omni nota carebat« (p. 116); idem enim de antigrapho cod. B. traditur (p. 116). Et ad hunc ipsum codicem C, quem Armagniacus describendum curauit, ut »Gallia commendatione eiusmodi Authoris lætaretur« (p. 116), illa Philandri uerba spectare puto: »ornamento futurum augustissimæ bibliothecæ ad Fontem Bleeium« (p. 124); hoc enim non de ipso codice Rodolphi intellegendum, sed de eius apographo. Et re uera cod. C Fonteblandinensis est (p. 116).

Sed est, cur putemus, nostrum codicem F esse hunc ipsum Uallae codicem, unde et B et C deriuati sunt. Nam primum compendiorum, quae in Uallae codice fuisse dicuntur (p. 115), pleraque ex F enotauit Bandinius (u. p. 113 sq.) quorum nonnulla satis rara sunt nec in omnibus codicibus occurrunt, ut monuit Philander (»quae ne a Graecis quidem ipsis satis agnoscuntur« p. 124). Et omnino omnia, quae de suo antigrapho dicit librarius codicis B (p. 115—16), tam similia codici F sunt, ut illum ipsum describi putes; nam et accentus notis carebat (p. 116), ut F, teste Bandinio p. 114, et menda eius pleraque in F satis multis locis occurrunt, uelut (cfr. p. 115):

χ ἀντὶ τοῦ x: p. 167,7: $\varDelta K$ pro $\varDelta X$ et lin. 8: ZK pro ZX.

η ἀντὶ τοῦ N: p. 69,30: KH pro KN; 72,8 $N\Xi$ pro $H\Xi$; 147,44: θH pro θN; 148,3: MH pro MN; 166,1: ZH pro ZN; 167,36; 39: $XN\Omega$ pro $XH\Omega$; 174,5: HM pro NM; 198,26: $\varDelta H$ pro $\varDelta N$.

ζ ἀντὶ τοῦ ξ: p. 47,22: ηBZ pro $AB\Xi$; 102,12: $A\Xi$ pro

AZ; 201,₁: *NΘΞ* pro *NΘZ*; 299,₁₇: μεἴξεον pro μεῖζον ἐόν;
311,₂₄: *ΞE* pro *ZE*.

ϑ ἀντὶ τοῦ β: p. 143,₃₁ bis *AΘ* pro *AB*; 165,₂₄: *ZB*
pro *ZΘ*; 172,₅₂: *ΘAE* pro *ABE*; 172,₅₃: *ABE* pro *ΘAE*;
180,₄₂: *AΘ* pro *AB*; 181,₃₁: *ΘΠ* pro *BΠ*; 193,₆: *AB* pro
AΘ; 196,₄₁: *AΘ* pro *AB*; 264,₄₇: *BΓ* pro *ΘΓ*. Cfr. Bast.
in Schaeferi Gregorio p. 709.

α ἀντὶ τοῦ λ: p. 26,₅; *AZ* pro *AZ*; 51,₂₇: *AΔ* pro *AΔ*;
51,₄₇: *BA* pro *AB*; 93,₂₃: *AH* pro *AH*; 140,₁₀: *AΓ* pro
AΓ; 200,₄₃ *AN* pro *AN*; 292,₄₆: *KA* pro *KΔ*.

Et praeter compendia a Bandinio in praefatione adlata (p. 113) in uarietate scripturae enotanda
alia quoque indicat cum compendiis codicis Uallae con-
gruentia: p. 388 (ad 74,₂₈): »ἀνισ᷄ = ἀνίσης: hunc enim
nexum adhibere solet codex pro σης« (u. p. 115); cfr.
p. 399 (ad 188,₆). P. 392 (ad 112,₁₆; cfr. ad 121,₃₃):
»γχ, qui nexus adhiberi solet in codice pro verbo γίνεται« (u. supra p. 115). P. 392 (ad 125,₁₂): »ʋ, quo
nexu codex utitur fere semper ad indicandam vocem
οὕτως« (cfr. p. 408 ·ad 234,₂₀). P. 393 (ad 135,₁₁):
»γραφ̆, qui nexus in codice modo ην modo ειν significat«;
cfr. p. 115: »1 ιν καὶ ην«. P. 390 (ad 95,₃₃): »εἰσιν (ita
enim interpretor nexum ·/ ·)«. P. 400 (ad 190,₁₀): »γ†,
quod alias in nostro codice indicare solet γάρ et non
γίνεται«. In scholio p. 419 descripto compendia a typothe-
tis ita deprauata sunt, ut ad hanc quaestionem inutilia sint.

Hinc igitur oritur suspicio, F esse archetypum
codicum B et C; quae magis etiam confirmatur col-
lata uarietate scripturae; nam C (de B infra dicam)
saepissime eandem scripturam, quam F, praebet, raro
meliorem, nec unquam fere, quae coniectura restituta
esse non possit. Adferam iam nonnulla, ubi FC uel
FBC soli congruunt:

p. 30,₆ : ἀπὸ ἐπὶ τᾶς F, ἀπὸ   ἐπὶ τᾶς C;

p. 52,₁₅ : τεταραγμένης ης οὔσης FBC;

p. 55,₂₅ : ὅπου ἐαὺ ἔρχηται τὸ στερεόν FC;

p. 68,₄₈ : ὑπὸ ἀλλήλων πτ^ω C; ὑπὸ ἀλλήλων πως F, sine dubio sic scriptum, ut indicatum est p. 115;

p. 70,₁₇ : ὥστε C, ὥστε, manu recent. ἔστω F;

p. 89,₁₅ : ἐγγεγραμμένον FC;

p. 131,₂₂ : δι᾽ αὐτοῦ των FC;

p. 149,₄₁ : τὰ ὑπὸ BM FBC;

p. 162,₄₀ : ἔσται δῆλον FBC;

p. 164,₂₈ : ἡ γραφὴ ὑπο περιβολή FB, ἡ γραφὴ ὑπο περιβολῆς C;

p. 183,₃₅ : δύο (pro δίς) FBC;

p. 191,₁₈ : λόγον ἔχει ... ἡ Γ πρὸς Δ om. ed. Bas.; λόγον ἔχει τοῦ τῆς Γ πρὸς Δ codd. omnes; sed uerba sequentia: ὥστε ἡ ΑΒ πρὸς Δ μείζονα ἢ ἡμιόλιον λόγον ἔχει τῆς Γ πρὸς Δ soli FBC; genuina haec uerba esse, adparet ex interpretatione:»quare *ab* ad *d* maiorem proportionem habet quam sesquialteram eius, quam habet *c* ad *d*«;

p. 229,₁₈ : χα δειχθῇ FBC.

p. 241,₂₀ : ἔσται καί FC.

Praeterea in FBC pluribus locis eadem exstant scholia et interpretamenta, uelut p. 224: ἡ γὰρ ˙ ΚΙ᾽ πρὸς ΓΛ μείζονα λόγον ἔχει ἤπέρ πρὸς ΞΙ᾽, καὶ διὰ τοῦτο μείζων ἐστὶν ἡ ΞΓ τῆς Ι᾽Λ;

p. 225: ἴσον γὰρ τὸ μὲν ὑπὸ ΙΚ, ΝΙ (corr. in θΚΝΜ C) τῷ (τὸ F) ὑπὸ ΞΙ, ΙΛ. ἐν κύκλῳ γὰρ δύο εὐθεῖαι τέμνουσιν (τεμουσιν F) ἀλλήλας˙ τὸ δὲ ὑπὸ ΚΙ, ΓΛ τῷ (το F) ὑπὸ ΚΕ, ΙΛ. τρίγωνον γάρ ἐστι τὸ ΙΚΔ καὶ παρὰ μίαν ἦκται ἡ ΕΓ˙ ἀνάλογον οὖν ἐστιν ὡς ΙΚ πρὸς ΚΕ ἡ ΙΛ πρὸς (om. FC.) ΛΓ καὶ διὰ τοῦτο τὸ ὑπὸ τῶν ἄκρων ἴσον ἐστὶ τῷ (το F) ὑπὸ τῶν μέσων;

p. 251 et in BC (p. 457) et in F (p. 409) tria sunt

scholia satis ampla (de F hoc in transcursu moneo, notam /: significare errorem a librario ipso deprehensum; scripsit enim τοῦγτῆς Ͻ: τὸ ὑπὸ γ′ (Ͻ: τοῦ τρίτου μέρους) τῆς pro τὸ ἀπὸ τῆς; in B correctum in τὸ τετράγωνον τῆς AB; C peruerse τὸ ζ″ τῆς);

p. 253: δῆλον ὅτι καὶ συνθέντι FB in margine. In C in uerba Archimedis irrepserunt et id quidem alienissimo loco; scribitur enim p. 253,2: ποτὶ τὸ ΘΓ· δῆλον ὅτι καὶ συνθέντι ΘΒ;

p. 272: διὰ τὸ κ′ τοῦ α τῶν κωνικῶν Ἀπολλωνίου. Etiam in multiplicationum schematis F (p. 402-5) et BC (p. 449-52) similitudinis cuiusdam speciem prae se ferunt. Denique hoc quoque commemorandum est, in B et F post librum de quadratura parabolae exstare uersus illos, de quibus dixi p. 113 (cfr. p. 114), et in C sicut in F praeter Archimedem et Eutocium contineri etiam excerpta Heronis de mensuris (p. 113; 116).

His omnibus uestigiis collectis et perpensis, constat, opinor, codd. B et C ex F esse descriptos. Quae his repugnant (perpauca sane), collationum errori tribuere non dubito (uelut quod p. 48,44 in solo F lacuna esse traditur). Sed B a docto librario descriptus est, sicut etiam praefatiuncula illa doctrinam quandam sapere uidetur, qui multa optime sua coniectura emendauit:

p. 14,23: ἔστι δή; cett. εἰ δή (ed. Bas.);

p. 19,2: ἁ διάμετρος; ed. Bas., cett. τᾷ διαμέτρῳ;

p. 19,3: παρὰ τὰν in margine; om. cett.;

p. 26,4: ἔχουσαι; cett. ἔχοντι;

p. 26,16: ἔχον; cett. ἔχων;

p. 26,45: ἐπὶ τὰ αὐτὰ τῷ; FC ἐπι τὰ τῷ; AC ἐπὶ τῷ;

p. 30,2: ΒΘΓ τμῆμα τοῦ ΒΘΓ τριγώνου; cett. ΒΘΓ τοῦ ΒΔΓ τριγώνου;

p. 32,41: ἴσα ἐντὶ τῷ Θ; ed. Bas., cett. ἴσων ὄντων τῷ Θ;

p. 41,21: εὐθυγράμμου; ed. Bas., cett. εὐθύγραμμον;

p. 112,₂₂: περιγεγραμμένου; cett. ἐγγεγραμμένου;
p. 114,₁₇: λόγον ἐλάσσονα; cett. om. ἐλάσσονα;
p. 177,₃₇⁻₃₈: βάσεις-διαμέτρους; cett. βάσις-διάμετρον;
p. 233,₅: ποτιπιπτόντων; cett. ποτιπίπτοντι (ed. Bas.);
ibid. ₃₅: ὁ ἑνὶ ἐλάσσων; cett. ὁ ἐν ἐλάσσων;
p. 243,₂₈: τῷ θ; cett. cum ed. Bas. τὰ θ;
p. 244,₁₃: δῆλον οὖν, ὅτι; cett. om. ὅτι;
p. 245,₂: ἐλάχιστος; cett. ἐλάσσων; ibid. δῆλον οὖν ὅτι;
cett. om. ὅτι;
p. 246,₄₁: ποτιπίπτουσαι; cett. ποτιπίπτουσιν; cfr. p.
247,₁₈; ₅₁; 250,₃₆; ₄₃ (ed. Bas., codd.);
p. 248,₈: τὸ τρίτον μέρος; μέρος om. ed. Bas., cett.;
p. 250,₄₆: τᾶς μεγίστας; ed. Bas., cett. τὰν μεγίσταν;
ibid. ₄₉: τῷ ἴσῳ; cett. om. τῷ;
p. 254,₃₃: ποτὶ συναμφότερα; cett. om. ποτί.

Haec omnia correctori tribuenda esse, nec e codice aliquo meliore, quam sunt nostri, sumpta esse,
inde colligo, quod et interdum nostrorum codicum
scriptura in textu exstat, sed in margine corrigitur
(quamquam hic illic manu recentiore factum esse dicitur), et satis multis locis librarius parum felix fuit in
errore, quem recte subesse uiderat, sua coniectura corrigendo. Prioris generis haec sunt:

p. 19,₇: δυνάμει; corr. μάχει (peruerse);
p. 23,₄₇: τῷ Z ed. Bas., codd.; B in margine τὸ Z;
p. 77,₁: ὥστε codd.; B (»altera manu«?) ἔστω;
p. 79,ε: ἐκπεσούσης; B »altera manu« ἐμπεσούσης;
p. 115,₃₀: πρὸς τὴν I, ἡ δὲ K om. codd.; sed in B
in margine adscripta sunt eadem manu (Graux; apud
Torellium falso traditur altera manu). Etiam correctio
infelix p. 131,₆: παντὸς τμήματος eadem manu facta est;
p. 144,₁₇ κύβου: καλου codd., κύβου in marg. B;
p. 166,₂₀: τὸ θ codd.; τῷ θ corr. B.

Coniecturas infelices his locis deprehendi:
p. 29,₁₀: εἴη καί, B εἴη ἂν καί; uerum est εἴη κα καί;

9

p. 41,7: εἴη καί, B εἴη ἂν καί; scrib. εἴη κα;

p. 55,25: ὅπου ἂν ἔρχηται τὸ ἕτερον σαμεῖον; u. infra;

p. 218,11: ἐμφανίσω; ἐμφανίξω B; u. infra;

p. 219,33: ἐπίκοινον ἔχοντα; ἐπίκοινον ἐόντα F, al.; ἐπικοινωνέον B; u. infra;

p. 232,47: αἶκα ποτί; εἰ δὲ κά et in marg. ποτί B; u. infra;

p. 234,12: τὰς — μείζονας et lin. 13 τὰς — ἐλάσσονας; τὰν ... μείζονα et τὰν ... ἐλάσσονα B;

p. 238,16: γεγραμμένα; γραμμά B; sed u. infra;

p. 241,14: ἔστ'ἄν; sic B, sed u. infra;

p. 249,43: ἐλάσσονες; ἐλάσσων FACD, ἐλάσσους B; sed haec forma Archimedea non est;

p. 252,38: ὃν τό; ὅν τε FCD, ὅν τε τό B.; scrib. ὃν τό;

p. 254,28: τομέα solus cum ed. Bas. addit B; u. infra;

p. 258,3: προεβάλλοντο; προεβάλλεντο F, quod in προεβάλλοντο bene corrigitur; προεβάλλετο B;

p. 260,31: ἀπότμαμα κώνου recte scriptum est, cum in FACD legatur ἀποτμάματος κώνου: sed B habet: ἀπότμαμα τοῦ κώνου;

p. 260,37: δὴ ὅτι; διότι ed. Bas., FACD; δὴ ὅτι B; u. infra.'

p. 263,13: ἔστων; ἔστωσαν B; sed u. p. 91.

Codex igitur C ex F descriptus est, ante quam lacuna illa initio libri I de sphaera et cylindro suppleta est; hoc igitur post a. 1544 factum. Idem de B statuendum est, si collatio cod. Flor. in epistula illa fide digna est. Codex enim B pluribus locis ita a cod. Flor. discrepat, ut ex eo hac in parte descriptus esse non possit (u. in primis p. 120,1: πολ ... ξου B, πολλα F: p. 120,21: εισθαι B, ἀγνοεισθαι F); sed uterque ex eodem antigrapho epistulam illam desumpsit, ut ex lacunis maxime communibus satis adparet. Suspicari licet, communem fontem fuisse codicem illum Tartaleae »fractum et qui uix legi posset« (u. p. 135), qui in ea quoque re nostris integrior erat, quod libros περὶ ὀχουμένων continebat (p. 101). Is codex ad nos

non peruenit uel certe latet. Sed quoniam uidimus,
librarium codicis B multa de suo correxisse, etiam
epistula ex solo F restituenda est, hunc fere ad modum:
Ἀρχιμήδης Δοσιθέῳ χαίρειν [1].

Πρότερον μὲν ἀπεστάλκαμέν σοι τὰ εἰς τότε τεθεωρη
μένα γράψαντες[2], μετὰ [τῶν] ἀποδείξεων [αὐτῶν]: ὅτι πᾶν τμῆ
μα τὸ περιεχόμενον ὑπὸ [τε εὐθείας καὶ] ὀρθογωνίου κώνου
τομῆς ἐπίτριτόν ἐστι [τριγώνου τοῦ] τὴν αὐτὴν βάσιν ἔχοντος
τῷ τμήματι καὶ ὕψος ἴσον· μετὰ δὲ ταῦτα ἐπιπεσόντων θεωρη
μάτων [τινῶν] ἀνελέγκτων [3], πεπραγματεύμεθα τὰς ἀποδεί
ξεις αὐτῶν· ἔστιν δὲ τάδε: πρῶτον μέν, ὅτι πάσης σφαίρας
ἡ ἐπιφάνεια τετραπλασία ἐστὶ τοῦ μεγίστου κύκλου· ἔπειτα δέ,
ὅτι παντὸς τμήματος σφαίρας τῇ ἐπιφανείᾳ ἴσος ἐστὶ κύκλος, οὗ
ἡ ἐκ τοῦ κέντρου ἴση ἐστὶ τῇ εὐθείᾳ τῇ ἀπὸ τῆς κορυφῆς τοῦ
τμήματος ἀγομένη ἐπὶ τὴν περιφέρειαν τοῦ κύκλου, ὅς ἐστι βά
σις τοῦ τμήματος· πρὸς δὲ τούτοις, ὅτι πᾶς κύλινδρος [4] τὴν
βάσιν ἔχων ἴσην τῷ μεγίστῳ κύκλῳ τῶν ἐν τῇ σφαίρᾳ, ὕψος
δὲ ἴσον τῇ διαμέτρῳ τῆς σφαίρας αὐτός τε ἡμιόλιός ἐστι τῆς σφαίρας,
καὶ ἡ ἐπιφάνεια αὐτοῦ τῆς ἐπιφανείας τῆς σφαίρας· ταῦτα δὲ τὰ
συμπτώματα [5] αὐτῇ [τῇ] φύσει προϋπῆρχεν περὶ τὰ εἰρημένα σχή
ματα, ἠγνοεῖτο δὲ [ὑπὸ τῶν] πρὸ ἡμῶν περὶ γεωμετρίαν ἀνε[στραμ
μένων][6]· νενοηκὼς δέ, ὅτι τούτων τῶν σχημάτων ἐστίν, [7] [οὐκ]
ὀκνήσαιμι [ἂν] ἀντιπαραβαλεῖν αὐτὰ [πρός τε τὰ] τό[τε] τεθεω
ρημένα καὶ πρὸς τὰ δόξαντα· [ἀ]ποδ[ειχθῆναι ἀσφαλέστατα
τῶν ὑπὸ Εὐδό-]ξου περὶ τὰ στερεὰ θεωρηθέντων· ὅτι πᾶσα
πυραμὶς τρίτον ἐστὶ μέρος πρίσματος τοῦ βάσιν ἔχοντος τὴν
αὐτὴν τῇ πυραμίδι καὶ ὕψος ἴσον, καὶ ὅτι πᾶς κῶνος τρίτον μέρος
ἐστὶ τοῦ κυλίνδρου τοῦ βάσιν ἔχοντος τὴν αὐτὴν τῷ κώνῳ καὶ
ὕψος ἴσον· καὶ γὰρ τούτων προϋπαρχόντων φυσικῶς περὶ ταῦτα
τὰ σχήματα. πολλῶν πρὸ Εὐδόξου γεγενημένων ἀξίων λόγου
γεωμετρῶν συνέβαινεν ὑπὸ πάντων ἀγνοεῖσθαι μηδ' ὑφ' ἑνὸς

---

[1]) Cfr. p. 216; alibi εὖ πράττειν p. 17; 257.   [2]) Cfr. p. 216,[7];
132,[11].   [3]) „nondum demonstratorum".   [4]) Cfr. p. 116 prop.
37.   [5]) U. infra.   [6]) Cfr. infra p. 132.   [7]) „harum figurarum
propria esse."

132

κατανοηθῆναι· ἐξέσται δὲ περὶ τούτων ἐπισκέψασθαι τοῖς δυνη-
σομένοις· ὤφειλε μὲν οὖν Κόνωνος ἔτι ζῶντος ἐκδῖδοσθαι ταῦτα·
τῆνον γὰρ ὑπολαμβάνομέν που μάλιστα [ἂν] δύνασθαι κατανοῆσαι ταῦτα καὶ τὴν ἁρμόζουσαν ὑπὲρ αὐτῶν ἀπόφασιν ποιή-
σασθαι· δοκιμάζοντες δὲ καλῶς ἔχειν μεταδιδόναι τοῖς οἰκείοις
[τῶν] μαθημάτων, ἀποστέλλομέν σοι τὰς ἀποδείξεις ἀναγράψ-
αντες, ὑπὲρ ὧν ἐξέσται τοῖς περὶ τὰ μαθήματα ἀναστρεφομένοις ἐπισκέψασθαι. Ἔρρωσο.

Quod putant (Torelli praef. p. III) a Philandro codicem B esse descriptum, id nihil est cur existimemus;
neque enim dicit, se codicem Uallae descripsisse, sed
ex scripsisse (p. 124); sine dubio excerpsit, quae ei ad
Uitruuium explicandum utilia erant. Codex B olim
Nicolai Radulphi*) Cardinalis Florentini († 1550) fuerat,
cuius bibliotheca postea in bibliothecam regiam Paris.
transiit (Montfaucon: Biblioth. bibl. II p. 774); is sine
dubio diuendita bibliotheca Laurentiana (u. infra) eum
comparauit; nam olim Mediceus fuisse dicitur (p. 114).

Iam licet aliquatenus fata codicis F persequi;
possedebat olim, ut supra ostendimus, Georgius Ualla.
Is a. 1486—1499 Uenetiis docebat (Tiraboschi: Storia
della letterat. Ital. VI² p. 313 sq.)**). Ibi Angelus Po-
litianus, qui in codicibus conquirendis Laurentio Me-
diceo strenuam operam nauabat, eum uidit et sine
dubio Laurentii sumptu emit, quamquam initio eum

---
*) Qui cum Rodolpho Pio Cardinali Carpensi, de quo diximus
p 125, confundendus non est.
**) Ex hoc igitur codice G. Ualla ea sumpsit, quae ex Archi-
mede et Eutocio profert in libro suo „de expetendis et
fugiendis rebus" (Uenet. 1501), uelut fol. o III uerso: „Nam
Archimedes de ponderibus orsus: petimus, inquit, aequalia
pondera ab aequalibus spaciis aequependere" (h. e. περὶ
ἰσορρ. I init.); lib. XIII, 2 solutiones problematis de inueniendis duabus mediis proportionalibus refert ex Eutocio ad lib. de sph. et cyl. II, 1 (eundem citat lib. XI,8) eodem
ordine; fol. n. II uerso haec habet: „Conon, cuius ad Dositheum de tetragonismo meminit utpote sui amici Archimedes" (h. e. quadr. parab. p. 17).

describendum curare in animo habuisse uidetur. Scribit enim Uenetiis a. 1491 Laurentio (Fabronius: Uita Laurentii II p. 285):»In Vinegia ho trovato alcuni libri di Archimede & di Herone [continet F, uti diximus, etiam fragmenta Heronis] mathematici, che ad noi mancano ... & altre cose buone. Tanto che Papa Ianni [librarius uel Uenetus uel ipsius Laurentii] ha che scrivere per un pezo.« Codicem F apographum Uallae codicis non esse, et ex aetate eius (saec. XIII) et ex genere intellegitur; nam eo tempore uix compendiis eius modi utebantur. Itaque circiter a. 1491 in bibliothecam Laurentianam uenit.*) Sed satis constat, hanc circiter a. 1494 direptam et dispersam esse (Bandini: Catal. I p. XII) et partim in Galliam partim Romam ablatam esse, partim diuenditam. Hac occasione credibile est, Albertum Pium, qui librorum studiosissimus fuit, nostrum codicem emisse; ab eo ad Rodolphum Pium transiit. Sed cum postea circiter a. 1571 bibliotheca Laurentiana a Cosmo I rursus colligeretur, sine dubio rursus in bibliothecam Laurentianam uenit,, in quàm etiam alii ˙codices Rodolphi transierunt (Tiraboschi˙VII[1] p. 210: »in·esse [codicibus Rodolphi] era fra gli altri il famoso codice di Virgilio, che or conservasi nella Laurenziana«).

Iam de ceteris codicibus, VAD, agamus. Eos omnes ex uno eodemque exemplari fluxisse adparet ex lacunis plurimis, quae in omnibus illis nec in ceteris nostris libris (ed. Bas., interpretatione, FBC) inueniuntur, ob eadem uerba repetita ortae:

p. 5,25-38 : $\dot{\epsilon}\sigma\sigma\epsilon\tilde{\iota}\tau\alpha\iota$ $\tau o\tilde{\upsilon}$ $\beta\acute{\alpha}\rho\epsilon o\varsigma$ ... $\mu\epsilon\gamma\acute{\epsilon}\vartheta\epsilon o\varsigma$ $\varkappa\acute{\epsilon}\nu\tau\rho o\nu$ om.;

p. 29,10-11 : $\ddot{\epsilon}\lambda\alpha\sigma\sigma o\nu$ $\epsilon\ddot{\iota}\eta$ ... $\chi\omega\rho\acute{\iota}\omega\nu$ om.;

p. 27,13-16 : $\ddot{\epsilon}\lambda\alpha\sigma\sigma o\nu$ ... $\tau\rho\iota\gamma\acute{\omega}\nu o\upsilon$ om.;

*) Tamen hoc quoque factum esse potest, ut tum tantummodo apographum codicis Uallae in bibl. Laurentianam peruenerit, ipse uero codex in possessionem Alberti Pii cesserit et postea demum a Cosmo emptus sit.

p. 34,28-29: μείζονι ... τμάματος om.;

p. 45,30-31: γνωρίμως ἰσοπλήθεις ... ἐγγεγραμμένου om.;

p. 50,30-31: οὕτως ἐν τοῖς δευτέροις ... ἑπόμενον om.;

p. 52,1-2: καὶ τὰ δέκα ... δύο om.;

p. 52,11-12: ἡ ΑΔ πρὸς ἄλλο τι ... μεγέθεσιν om.;

p. 58, 29-30: πρὸς τὸ ... ἀναγεγραμμένον om.;

p. 71,1-2: τέταρτον ... ἔστωσαν om.;

p. 82,37: ἡ οὕτως ... ἐστι om.;

p. 96,3-4: ταῖς βάσεσι ... λόγον om.;

p. 112,51-52: ἔστι δὴ ... τῆς σφαίρας om.;

p. 113,52—114,1: οὐκ ἄρα ... τῆς σφαίρας om.;

p. 116,12-13: ἤπερ ἡ Η ... τῆς Η om.;

p. 125,12-13: οὕτως ἡ ... τοῦ Ν κύκλου om.;

p. 129,35: μείζων ... σχήματος om.;

p. 130,5-7: Εὐτοκίου ... διδασκάλῳ om.;

p. 134,7-8: κείσθω αὐτῆς ... τὸ ΖΝ om.;

p. 137,3-4: ἔχει ἡ ... λέγω, ὅτι om.;

p. 140,50-52: ΜΑ. Ἀλλ'ὡς ... ἡ ΑΜ. om.;

p. 149,39-40: ΑΔ. ἴση ... ἐστι τῷ μέν om.;

p. 165,13-14: μεῖζόν ἐστι ... εἰ μὲν οὖν om.;*)

p. 183,35-36: ΕΔ,ΔΒ τρὶς ... ἡ ΕΔ,ΔΖ om.;

p. 186,7-9: τοῦ ὃν ἔχει ... ἢ διπλασίονα om.;

p. 188,9-10: ὁ τοῦ ... ΓΘ,ΘΒ om.;

p. 193,23-24: τὸ ἀπὸ ΑΘ ... τὸ αὐτὸ om.;

p. 195,24-25: ἤπερ ἡ ΘΗ ... λόγον ἔχει om.;

p. 195,37-39: ἤπερ ἡ ΓΘ ... λόγον ἔχει om.;

p. 200,12-13: ἤπερ ἡ τρίτη ... λόγον ἔχει om.; quod hoc loco
uerba καὶ ἐναλλὰξ ... πρὸς ΑΡ in interpr. omittuntur,
casu factum est, nec ullam cum VAD necessitudinem arguit;

---

*) Quod hoc loco et uno et altero ceterorum lacunae uno
aut pluribus uerbis differunt, non me mouet; tribuendum
enim erroribus collationum. Et plerumque loci natura
uerum arguit, uelut hoc loco uerba μεῖζόν ἐστι, quae in
V esse dicuntur, sine dubio etiam in eo omittuntur; aberratum enim a priore μεῖζόν ἐστι ad alterum lin. 14.

p. 206,28-31: μη΄. Κείσθω ... ὀρθῆς ἐστι om.;

p. 220,12: τὸ δὲ ἐν τᾷ ... χωρίον om.;

p. 226,33-34: τριπλάσια ... ΑΒΓΔΕΖΗΘ om.;

p. 233,11-13: ποτὶ ΘΚΗ ... περιφερείας om.;

p. 239,38-40: ἔστω. εἰ δυνατόν, ... ἐλάσσων om.;

p. 241,4-5: καὶ ἔστω ... προτεθέντος om.;

p. 244,12-14: ἐλάχιστος δὲ ... σχῆμα om.;

p. 265,34-35: τὸ ΑΔΕ τμῆμα ... ἐπίτριτον om.;

p. 282,30-31: εἰ μὲν οὖν ... τῷ ἄξονι om.; nam in ed.
Bas. et codd. omnibus om. ἢ μὴ ποτ' ὀρθάς;

p. 294,33-34: τοῦ τμάματος ... σχῆμα om.:

p. 300,18-19: ἔλασσον ὑπερέχει ... τοῦ σφαιροειδέος om.;

p. 307,18-19: καὶ ἄξονα ... τμάματι om.

Praeterea saepius eadem uerba in VAD falso repetuntur, uelut:

p. 73,36-37: πρὸς ΚΛ ... πρὸς ΠΤ;

p. ΄145,30-32: καὶ ἡ ΗΚ ... ἡ ΒΖ πρὸς ΓΙΙ;

p. 149,10-11: ἴση οὔσῃ ... ἡ ΓΘ;

p. 173,37-38: καὶ τὸ ὑπὸ ... πρὸς τὴν Δ;

p. 178,16-17: πρὸς τὸ ἀπὸ ΘΚ ... ὡς ἡ ΑΒ. Cfr. p. 12,7;
46,50; 174,30; 190,1.

Codices uero VAD ex F originem ducere, eo fit
ueri simile, quod persaepe errores habent, qui nisi ex
compendiis illis codicis F orti esse non possunt, uelut
οὕτως pro οὐ (quia οὕτως scribebatur ꙁ, ū. p. 115) VA
p. 7,18; pro οὗ V p. 40,31; 45,21; 44; 46,13; οὗ pro οὕτως
V p. 96,35; 46; cfr. p. 9720: »in Ms. pro οὕτως semper
est οὐ«; οὗ pro οὕτως A p. 88,24. Cfr. p. 118; 132;
133. Ex compendio uerbi ἴσος permulti errores orti
sunt; interdum prorsus omittitur (p. 106,22; 28; 29; 108,
28; 109,12; 35; 40; 41; 42; 111, AD; p. 89,19 D); interdum scribitur καί (ς): p. 105,3; 23; 26; 38 AV; p.
p. 98,13 in A τ scribitur, in D τό. Compendium uerbi
ἔσται modo ἄρα (p. 8,22; 222,14 A; p. 36,4; 304,17 D),
modo τινα (p. 82,11 AD; p. 82,7; 16; 25 ·A) interpretan-

tur, modo prorsus omittunt (p. 36,₄ DV; p. 39,₅₀ V;
p. 107,₅₁ AD). P. 133,₃₆ pro ἔσται D habet ἄρα, A (et
ed. Bas.) διά. In F γάρ et γίνεται per compendia simillima scribuntur, qua de causa saepissime confun-
duntur: p. 116,₃₉ γάρ AD; 121,₃₃; 43 pro ἔστι habent
AD (V) γάρ; scrib. γίνεται cum FB; 144,₂₁ V γάρ. Interdum γίνεται omittitur (p. 117,₁₉; 161,₅₀; 162,₄; 39;
168,₂₁; 200,₁₇ AD); γάρ om. AD p. 110,₅ al. Compendium uerbi ἔστω et in ὥστε (p. 118,₃₉ A) et in ὡς (p.
112,₄₅ AD; hoc enim compendio ὡς scribi solet; u.
Wattenbach: Anleit. z. gr. Palæogr. p. 26) deprauatum
est. Ὅτι interdum οὖν (p. 292,₄₃ AD) interpretati sunt;
contra pro ἐστι interdum ὅτι legerunt (p. 116,₂₇ V; 265,
45; 277,₃₃ A; 278,₃₆ D). Compendia aliquatenus similia uerborum καί, πρός, οὖν non raro commutantur,
uelut οὖν pro καί p. 52,₃₉ A; καί pro πρός p. 176,₇ A;
πρός pro οὖν p. 84,₃₁ A. Etiam Z et πρός commutat A
p. 88,₁₆; 18. Cum καί etiam per ς scriberetur, interdum pro ς' (ἔξ) legunt καί: p. 38,₁ D; 251,₃₅ A.

Itaque omnes hos codices ex F deriuatos esse
puto, praesertim cum errores fere eosdem habeant
nec nisi rarissime meliora praebeant. Quare cum in
F lacunae illae nondum irrepserint, unum codicum
VAD ceterorum duorum fontem communem, ipsum
autem codicis F apographum esse necesse est. Iam
quoniam V saec. XV, AD autem saec. XVI scripti
sunt, colligitur AD apographa esse codicis V, V autem codicis F. Hoc aliis quoque rebus confirmatur.
Nam primum V, ut FC, post Archimedem etiam fragmenta Heronis continet (p. 114); dein p. 255 ed. Torellii ex V scholium adfertur idem, quod F praebet
p. 419; in eo occurrit compendium illud uerbi γίνεται;
sed in editione perperam editur γχ (lin. 17) uel ΓΧ
(lin. 10 ter; 11; 18 ter; 19; 20). Unum addam argumentum certissimum; p. 82,₃₇: ὅτι γὰρ ἡ οὕτως ἀγομένη

παράλληλός ἐστι in F pro ἐστι legitur γάρ (scrib. γίνεται cum BC), quo orto errore ob uocabulum γάρ repetitum in VAD exciderunt uerba ἡ οὕτως ἀγυμένη παράλληλος γάρ. In interpretatione recte est: »fiat«. Haec ratiocinatio ea re non euertitur, quod uno et altero loco (p. 267, 22; 309,23) in V lacunae esse dicuntur, quae in AD non sunt; nam si collationes his locis fide dignae sunt (quod equidem non putauerim), in AD coniectura suppletae sunt. Codex D ex ipso V, non ex A descriptus est; nam qui hoc significare uidentur loci, uelut quod p. 59,23-24 eadem uerba repetunt AD, non V; p. 101,47: ὡς ἄρα ἡ ΔZ πρὸς ZB om. AD, non V; p. 142,42-43: πάλιν ... πρὸς BE rep. AD soli; p. 145,3: sq. eadem uerba in AD rep.; cfr. p. 157,26; 180,28; etiam p. 275,4 sq. eadem rep. AD; hi, inquam, loci nullius sunt momenti, cum sciamus (p. 110), scripturam codicis V non omnibus locis enotatam esse. Contra non paucae sunt scripturae eius modi, ut aperte ostendant, D ex ipso V descriptum esse, uelut:

p. 323,23: uerba δῆλον οὖν ... εἰς σ´ τούτων ἓν μέρος ' in VD male repetuntur cum F, sed in A altero loco recte omissa sunt;

p. 155,40-41: πρὸς τὴν ἐπιφάνειαν ... ἴση ἐστί om. A solus;

p. 191,32-35: τὸν Θ ... πολλαπλασιάσας om. A solus;

p. 271,1-3: ἔχει ἄρα ... τετράγωνον rep. A; cfr. p. 101,14;

p. 302,30-32: τὸ ἐγγραφέν ... ἔλασσόν ἐστι rep. A.

Ceterum D neglegentissime scriptus est; scatet enim et lacunis (p. 8,45; 23,31; 27,13; 30,45; 36,33; 66, 52; 71,10, 78,26; 142,47; 158,18; 186,1; 301,24; al.) et uerbis perperam iteratis (p. 153,23; 156,19; 23; 180,46; 278,6 al.) et omni omnino genere mendorum.

Codex Uenetus cum Bessarionis manu correctus esse dicatur (p. 114), ueri simile est, eum cum huius bibliotheca, quam a. 1468 ciuitati Uenetianae dono dedit (Tiraboschi VI 1 p. 129), Uenetias uenisse. Porro, quoniam scimus Regiomontanum amicum Bessarionis fuisse et cum eo Romae et Uenetiis uixisse (Gassendi: Op. V p. 524), fortasse colligere licet, Bessarionem ei huius ipsius codicis copiam fecisse (cfr. p. 94).

Editionem Basileensem e codice nostris simillimo deriuatam esse, arguunt errores plurimi, qui ob compendia illa, de quibus saepe iam egimus, male intellecta irrepserunt, uelut οὕτως pro οὖ habet p. 8,7 (ed. Torell.); 37,43: οὕτως γὰρ πάντως (scrib. οὖ γὰρ πάντως); 121,47; 122,3; γίνεται pro γάρ p. 3,52; $\mathcal{C}$ (ἄρα p. 115) modo cum $\mathcal{C}$ (ὅτι) confundit (p. 92,45, al.), modo E $\left(\boldsymbol{\epsilon} \right)$ interpretatur (p. 83,17; 104,40; 190,23). Pro ἔσται pessime legit ἀλλ' p. 6,41, quod recepit Torellius. Cum per $\overset{\backprime}{y}$ significetur ἴσος. p. 244,9 pro ὁ $\mathcal{G}$ κύκλος (est coppa, u. Wattenbach: Anl. p. 18) ed. Bas. habet ὁ ἴσος κύκλος, et p. 251,41 pro ἔκτον (ς') legit ἴσον. In F μεῖζον scribitur $\overset{\zeta}{M}$, ἔλασσον $\overset{o}{\chi}$ (u. p. 379 ad p. 3,46), quae compendia editor Bas. non intellexit; nam μείζων omittitur p. 3, 46; 48; ἔλασσον p. 3,52, relictis lacunis; eadem causa est, cur p. 65,28 in ed. Bas. pro μείζων scribatur μεταξύ. Cfr. p. 302,15, ubi in codd. est: λοιπῶν ... να ἐντί. Hinc id quoque intellegitur, quomodo factum sit, ut p. 244, 24; 245,2; 250,28 μείζων et ἐλάσσων scribatur pro μέγιστος et ἐλάχιστος, quae sensus ac ratio postulat (p. 245,2 in B uerum restitutum est).

Sed cum supra demonstratum sit (p. 100), ed. Basileensem etiam cum codice interpolato Tartaleae necessitudinem quandam habere, nunc decerni nequit, quae ratio inter eam nostrosque codices intercedat.

Nam quod multis locis cod. A cum ea ita congrueie fertur, ut propius inter se coniuncti esse uideantur (cfr. collatio codd. Pariss. Torelliana ad p. 23,46; 24, 44; 25,22; 50,17; 55,22; 30; 108,8; 117,15; 131,22; 133,27; 144,32; 148,19; 151,39; 158,23; 166,14; 169,44; 188,27; 193,32; 196,38; 200,15; 219,37; 224,16; 231,10; 232,1; 243, 39; 244,35; 265,23; 273,18; 289,12; 293,3; 298,28; 301,35; 303,33; 305,46; 313,13; 314,1), collationi parum accuratae tribuendum est, eo magis quod A praeter ceteros neglegenter collatus esse uidetur (cfr. p. 112). Ed. enim Basil. e cod. A non fluxisse, uel inde adparet, quod in ea lacunae codicis A non reperiuntur; eiusdem rei argumentum certissimum deprehendi p. 325,1 sq.; ibi enim ed. Basil. cum FBC: καὶ πολυγώνου ὅτι τοῦ ἐξαγώνου ἐγγεγραμμένου μὲν τοῦ κύκλου εἴη· καὶ ἁ διάμετρος sine sensu; A. habet ἄμετρος ceteris omissis. Sed quidquid id est, constat, editioni Basil. in re critica nihil prorsus auctoritatis tribuendum esse, et quod interpolata est et fortasse etiam ab editore restituta, et quod saepissime codice Flor. et·interpretatione Jacobi Cremonensis nisi ad scripturas meliores et integriores peruenire pos-, sumus, cuius rei supra p. 104 nonnulla exempla adtuli; quare etiam in ceteris certa auctoritas cod. Flor. praeferenda est editioni Basil., quae unde sua habeat, nescimus.

Iam constat, omnes nostros codices ab uno eodemque codice F originem ducere, et quoniam codici·F simillima est interpretatio Jacobi Cremonensis, procliue est suspicari, cod. F esse illum ipsum codicem, qui Constantinopoli Nicolao V^{to} adlatus est (p. 94). Neque enim ueri simile est, eodem fere tempore duos codices Archimedis arcta iunctos necessitudine e Graecia in Italiam uenisse; uetustas enim codicis F ostendit, eum in Italia scriptum non esse. Sed haec quaestio tum demum diiudicari poterit, si quando collationem fide dignam accuratamque habebimus. Hoc loco duos tantum locos adferam, qui aliquatenus sententiam meam confirmant:

p. 95 extr. (post prop. 17) · hoc sequitur scholium in margine cod. Florentini: *οἱ γὰρ κύκλοι πρὸς ἀλλήλους εἰσὶ πρὸς τοῦ* (scrib. *ὡς τὰ*) *ἀπὸ τῶν διαμέτρων τετράγωνα*; referendum est ad lin. 29: *ὥστε καὶ ὁ Δ κύκλος ἴσος ἐστὶ τοῖς Κ,θ κύκλοις*. Eodem loco B: *οἱ γῆν κύκλοι πρὸς ἀλλήλους εἰσὶ πρὸς τὰ ἀπὸ τῶν διαμέτρων τετράγωνα*; et paullo inferius (nam in ed. Bas. *λῆμμα* p. 94 post prop. 17 ponitur; u. supra p. 72) C: *οἱ τ΄ κύκλοι ποτὶ ἀλλήλους εἰσὶ ποτὶ τὰ ἀπὸ τῶν διαμέτρων τετράγωνα*. Idem scholium interpretatio p. 18 ipsis Archimedis uerbis adnexuit:»nam circuli quicumque sic se habent ad invicem comparati sicut quadrata suorum diametrorum«.

P. 263,32 uerba *καὶ ἁ ὑπεροχὰ ἴσα τῷ ἐλαχίστῳ* sic in interpr. uertuntur p. 63: »ei eorum excessus est aequalis numero«. Confudit $\overset{o}{\chi}$ (p. 138) cum $\overset{\omega}{\varsigma}$ o: *ἀριθμῷ*, de quo compendio infra dicetur.

Huic non repugnat, quod in interpr. pars prior epistulae Archimedis libro I de sphaera et cylindro praemissae integra paene est, posterior prorsus omittitur (p. 122), cum in cod. F a manu priore haec epistula prorsus omissa esse dicatur. Nam fieri potest, ut F, cum interpr. illa facta est, integrior et lectu facilior fuerit (cfr. p. 116); et pleraque eorum, quae ex epistula habet interpr., ex libr. II p. 131 facili negotio suppleri potuerunt. Ne hac quidem re sententia mea refellitur, quod cod. F Georgii Uallae fuit; nusquam enim dicitur codex ille Constantinopolitanus in possessionem Nicolai V^ti uenisse; ei »præsentatus« esse dicitur (p. 127); putauerim igitur, Nicolaum eum mutuum accepisse, ut uertendum curaret.

Sed quidquid de hac re statuerimus, non nisi cautissime ex interpr. de archetypo illo concludendum

est, nec nisi aperti codicis F errores ex ea corrigendi,
quoniam incertissimum est, quae meliora praebet, ea
utrum antigrapho integriori an coniecturae tribuenda
sint (p. 103—4).

Unum igitur superest uestigium codicis integrioris,
quam sunt nostri, Tartaleae codex ille, qui libros περὶ
ὀχουμένων continebat (p. 101); ad eundem referenda sunt
fragmenta a Maio edita (p. 13), et fortasse supplementum lacunae, quae initio libr. I de sphaera et cyl. exstat, in F et B receptum (p. 118). Sed quam exigui
ad rem criticam momenti interpr. Tartaleae sit, ex
toto genere eius et ex ipsa rei natura adparet. Efficitur igitur, ut emendatio librorum Archimedis tota ex
F pendeat. Quare hoc primum omnium faciendum
est, ut is denuo diligenter conferatur.

Restat, ut de codicibus, qui hic illic in bibliothe-
cis adseruantur nondum collati, pauca dicam.

In bibliotheca Scorialensi:

R—I—7 (Miller: Catal. des ms. gr. de l'Escurial
p. 3), saec. XVI; περὶ κωνοειδέων, περὶ ἑλίκων, τετραγωνισμὸς παραβολῆς, Eutocii commentaria omnia.

T—I—6, saec. XVI; eadem opera, quae F, eodem
ordine; Miller p. 106. Eadem opera continet X—I—
14 (Miller p. 304). Qui cum etiam in fine fragmenta
Heronis de mensuris habeat (cfr. p. 113), sine dubio
ex eodem fonte, unde nostri, fluxit. Praeterea in Ω—
I—1 (Miller p. 453) fragmenta libelli de dimensione
circuli exstant.

In bibliotheca S. Marci Florentina: armar.
4 Nr. 6 continet: A. de rotundis pyramidibus (h. e.
conoidibus), de speculis, de dimensione circuli.

In Uaticana: Nr. 487: A. de figuris; de speculis comburentibus. Idem liber »de figuris« (?) exstat in Bodleiana (Catalog. p. 85): »de figuris et

142

curvis superficiebus«; (?, cfr. eiusdem catalogi p. 173).
Cfr. p. 300.

In Ambrosiana (Montfaucon: Bibl. biblioth. I
p. 493): A. de arenae numero et quadratura parabolae.
Cfr. praeterea Heilbronner: Hist. math. p. 581; 582; 630.

Caput VII.

Emendationes Archimedeae.

Constituto iam, quoad fieri potuit, emendationis
certae fundamento, praeter eos locos, quos hic illic
quasi in transcursu tractaui, Graeca omnia Archimedis
scripta ordine perlustrabo et errores aliquot editionis
Torellianae corrigam uel ex codicibus uel, ubi opus
erit, mea ipsius coniectura. In qua re nunc non id
ago, quod eius erit, quicumque aliquando editionem
iustam Archimedis paraturus est, ut omnia, quae corrupta uel certe suspecta existimem, hoc loco indicem,
et quidquid ab aliis recte disputatum sit, repetam;
sed satis erit mihi, si ex hac nostra disputatiuncula
aliquid tamen boni fructus futurae editioni proueniet.
In libris de sphaera et cylindro et de circuli dimensione multa ferenda sunt, quae, si integri essent hi
libri, tollenda essent: quare in iis non multum posui
operae. Eutocium quoque intactum reliqui, quia alio
loco de eo plura me propediem acturum esse spero.

Περὶ ἐπιπέδων ἰσορροπιῶν libb. I—II.

I p. 1,12: *ἐφαρμόζειν*] *ἐφαρμόζει* F, *ἐφαρμόζῃ* Bas.
(quod idem est); et sic scribendum. Transiit Archi-

medes ad directam orationis formam; etiam lin. 13.
cum Bas. et codd. scribendum ἔσται (ἐσσεῖται); »erunt«
Cr.. p. 125; etiam lin. 19 omnes ἰσορροπήσει praebent
(»æqualiter ponderabunt« Cr.) et lin. 21 δεῖ (»oportet« Cr.). Cfr. lemmata Eutocii p. 2—3.

P. 1,19 recte FCD οὐ χα ἁ περίμετρος, ut in lemmate Eutocii est p. 3,4.

P. 3,33: ἀφῄρηταί τι] τι in omnibus libris omittitur nec necessarium est; cfr. p. 1,6: ποτιτεθῇ (τι om.
omnes); lin. 7: ᾧ ποτετέθη; lin. 9: ἀφ' οὗ οὐκ ἀφῃρέθη; p.
4,1. Etiam p. 3,43 ποτετέθη (ποτιτεθῇ codd., ποτιτεθείη
Bas.) scribendum est.

P. 5,1: ὃ καὶ τοῦ μέσου αὐτῶν κέντρον ἐστί] recipienda
scriptura codicum FCDV: ὃ καὶ τοῦ μέσου τὸ αὐτὸ κέντρον ἐστί, quam confirmant et Tartalea: »quod et mediae idem centrum« et Cr. p. 126: quod idem est me-
diæ magnitudinis centrum«.

P. 5,19: ὁπόσων καὶ ... ἐῶντι] scrib. ὁπόσων χα ex
FA (κατω πλήθει). Etiam p. 37,11 pro εἰ δὲ καὶ ... ἐγγραφῇ scrib. αἰ δέ χα ... ἐγγ., et p. 41,7: ὥστ' εἴη χα;
eodem modo p. 222,2; corrigo: αἰ μὲν οὖν χα. P. 223,
20 pro εἰ καὶ ... ἦν scribendum est: αἰ χα ... ἦ; p.
224,2 ἦ seruatum est, sed χαί in χα mutandum: contra
p. 224,30 recte scribitur αἰ χα, sed pro ἦ male ἐστι;
etiam p. 225,21 αἰ χα seruatum est, sed pro ἦ irrepsit
ἦν, ut p. 223,20. Eodem modo scribendum puto p.
259,38: ὦν χα ... ἔχωντι; p. 261,12: αἰ μὲν οὖν χα; p.
275,4: αἰ δέ χα (cfr. lin. 14; 15; 18); p. 275,3; αἰ μέν χα διά.

P. 5,33: καὶ τὰ μέσα αὐτῶν ἴσον βάρος ἔχοντι] (scrib.
ἔχωντι) hoc loco errorem esse, apertum est, sed sic
omnes libri, etiam Tartalea: »mediae ipsarum« et
Cr.: »earum mediae«; sed supplementum Torellii: καὶ
(πάντα τὰ) ἐφ' ἑκάτερα τῶν μέσων (cfr. p. 9,3), quod probat
censor Jenensis, parum aptum est; neque enim necesse est, omnes magnitudines idem pondus habere;

requiritur tale aliquid: *καὶ τὰ ἴσον ἀπέχοντα ἀπ'*
αὐτῶν ἴσον β. ἐχ.; cfr. lin. 21.

P. 6,₃₄: *ἄρτιά τε γάρ ἐστι τὰ πάντα τῷ πλήθει.*] τε
ostendit aliquid excidisse, uelut: *καὶ τὰ ἐφ' ἑκάτερα τοῦ*
E ἴσα τῷ πλήθει; sic aptius sequitur: *διὰ τὸ ἴσαν εἶμεν*
τὰν ΔΕ τᾷ ΗΕ. Lacuna ob repetitum uocabulum *πλήθει*
orta iam apud Tartaleam (»paresque enim sunt omnes
multitudine«) et apud Cr. (»nam omnes numero pares
sunt«) irrepsit.

P. 6,₃₆: *κἂν αἴκα*] scrib. *καὶ αἴ κα.*

P. 6,₄₁: *ἀλλ' οὖν*] *ἔσται οὖν* FBC; scrib. *ἔστω οὖν.*

P. 7,₁₈: *μεῖζον ... τοῦ Γ ὥστε ἰσορροπεῖν*] scrib. *μεῖ-*
ζον ... τοῦ Γ ἢ ὥστε ἰσ. (ut lin. 26), quamquam *ἢ* etiam
Eutocius omisit in lemmate lin. 28.

P. 8,₇: *οὐ τὸ κέντρον*] scrib. *οὗ κέντρον* cum F; *οὕτως*
Bas., cett.; nam in cod. F *οὗ* etiam *οὕτως* significat.

P. 10,₂₅: *ἑκάσταν ἑκάστᾳ*] recipiendum ex FV (Parr.?):
ἕκαστον (*κέντρον*) *ἑκάσταις* (*πλευραῖς*); »unumquodque singulis« Tartalea. Nam Archimedes puncta, unde duc-
tae lineae angulos aequales faciunt, aequales angulos
ipsa facere dicit; cfr. p. 11,₁₉; 13,₄₂.

P. 10,₃₂: *ἔστιν ἄρα τὸ Ν σαμεῖον ὅπερ εἴρηται*] τὸ Ν
σαμεῖον ὅπερ εἴρηται cum FBCDV omitto. Cfr. p. 237,
₄₄: *ἴσος ἄρα*; p. 248,₂₀; 251,₇; *εἴρηται* om. Bas.; de
A dubito; »quare punctum n erit centrum dictum«
Cr.; confuse Tartalea: »ergo non est centrum grauitatis *dex* signum *h*: est ergo *nt* centra«.

P. 10,₃₇ *βάσιν*] *τὰν βάσιν* recte F; cfr. p. 11,₂₈, alibi.

P. 10,₄₄: *ἐπεζεύχθω* ex F recipiendum, ut p. 11,₁;
28,₅₁; p. 231,₄₄; 234,₂; 239,₃₁; 243,₁₃; 254,₁; 266,₂₆;
288,₇; 296,₁₂; 302,₂₉; 307,₃₈. Etiam inuitis codicibus
restituo p. 250,₂₁; 291,₁₉.

P. 11,₈: *ἁ ὑπὸ ΑΗΒ τᾷ ὑπὸ ΔΜΕ*] demonstrationis
ratio ostendit, contra omnes libros esse scribendum:

145

ἁ ὑπὸ *ΛΒΗ* τᾷ ὑπὸ *ΔΕΜ*; lin. 14 scrib.: λοιπὰ ἁ ὑπὸ ...;
lin. 20: ποτὲ τ ὰς ὁμολόγους CDV; π. τοὺς ὁ. F.

P. 11,21: καὶ ἴσας γωνίας ποιεῖ] καὶ om. F, al.; delenda haec uerba ut glossa commentatoris alicuius;
»similiter iacent signa *ln.* ad proportionalia latera
æquàles angulos faciunt« Tartalea.

P. 12,28: ἐπὶ τᾶς *PΘ* εὐθείας ἐκβληθείσας καὶ ἀπολαφθείσας
ποτὶ τὰν *ΘΡ* ἐχούσας]. Sic etiam Tartalea: »in recta
educta *cf* et assumpta habente..« et Cr.: »in linea *hr*,
quae educta et protracta est ad *hr*, eamque habet
proportionem ad illam«. Pro ποτί Bas. et codd. ἐπί
(cfr. Cr.). Sed καί corruptum est; fortasse scribendum: εὐθείας ἀπολαφθείσας ποτί.

P. 13,47 sic interpungendum: .. τρίγωνα. Καί ἐστι
.. τὸ *N*, ἐπεί ἐστιν .. ποτὶ *ΛΔ*· εἰ δὲ τοῦτο κτλ.

P. 14,46: ἔσται τὸ τοῦ *ΗΒΓ* τριγώνου τὸ κέντρον] scrib.
ἔσται ο ὖ ν κτλ.

II. p. 36,3: ἔστω δέ] scrib. ἔστω δή. Eodem modo
corrigo p. 39 paenult.: ἔσται δέ (δή uulgo) cum
Bas., FV; p. 40,1: ἔχοντι δ ή (δέ uulgo): p. 41 paenult.: ἐπεὶ δ έ cum Bas:, codd.; p. 19,10: ἀποδέδεικται ὸ ὲ;
p. 21,48 et 46 δή restituendum; p. 27,22: νοείσθω δή recte
F; p. 64,34 scrib. ὁμοίως δ έ ut p. 65,17 FD; p. 83,47 τὸ ὸὴ
ll recte F, cett.

P. 36,4: ἔσται καί] ἔσται ἄ ρ α καί F recte; ἄρα καί
DV. De ἔσται et ἄρα ob compendiorum similitudinem
permutatis cfr. p. 135.

Ibid. lin. 7 παραβεβλήσθω bene FBCD; lin. 20 ὥστε
καὶ τοῦ FAV (»quare et« Cr.). Hoc iam Nizze probauit.

P. 39,37 περισσῶν recipiendum erat ex omnibus codd.

P. 40,1 τὸν αὐτόν et lin. 3 ἐγγεγραμμένου optime F, alii.

P. 40,6 ἐπί cum Nizzio deleo, ita ut τὰν *ΟΡ* pendeat ex διαιρεῖ; cfr. propositio ipsa p. 39; »in *or*« Cr.;
»lineam *et*« Tartalea.

P. 40,47: ἐγγεγραμμένον ἄρα FCDV; lin. 50 τὸν αὐτὸν

10

λόγων τὸν τοῦ εὐθυγράμμου ex codd. recipiendum; »eam proportionem, quam rectilinea figura« Cr.

P. 42,8 : ὥστ᾽ εἴη ΚΑ] sic ineptissime Torellius ; cum codd. scrib. ὥστ᾽ εἴη κα. Hoc Nizzii causa adnoto καί suspicantis. Lin. 9 idem pro διαμέτρων suspicatur διάμετρος; equidem potius hoc uocabulum deleuerim.

P. 42,30 ex codd. recipiendum τοῦ ΑΒΓ᾽ τριγώνου κέντρον, cum per ΑΒΓ etiam segmentum significari possit; cfr. p. 41 paenult.

P. 43,35 ; δυνατὸν ἐς τὸ τμᾶμα] scrib. δυνατόν ἐστι εἰς τὸ τμ.; nam Archimedes talibus locis ἐστι non omittit.

P. 43,39 ex codd.᾽ cum Torellio recipiendum πάσας τᾶς προτεθείσας; de articulo addito cfr. p. 18,5 ; 31,25; 29 ; p. 240,46; 241,52; 242,2; 283,40; 284,46.

P. 44,14 sqq. bene se habet scriptura codicum (quam sequitur Cr. p. 137): ὥστε ἐὰν ποιῶμεν (ꞅ: αἴ κα ποιέωμες) ὡς τὸ ΑΚΒΔΓ᾽ εὐθύγραμμον ποτὶ τὰ περιλειπόμενα τμάματα, οὕτως ἄλλαν τινὰ ποτὶ ΘΕ, ἐπειδὴ τοῦ ΑΒΓ᾽ ... ἐστι τὸ Θ (sic Bas., codd.), ἐκβληθείσας τᾶς Εθ ... τμάματα, ἔσται μείζων τᾶς θΒ· ἐχέτω οὖν ά ΗΘ ποτὶ ΘΕ. Sententiarum nexu non perspecto, in Bas., unde recepit Torellius, interposita sunt post ποτὶ ΘΕ: ἔσται μείζων τᾶς Βθ· καὶ ἔστω ά θΠ, quae uerbis sequentibus repugnant, et post τὸ θ: εὐθυγράμμου δὲ τοῦ ΑΚΒΓ τὸ Ε, quae certe necessaria non sunt. Similia Tartalea uel e codice interpolato uel sua coniectura habuisse uidetur fol. 14: »in (ita?) aliam aliquam ad te, erit maior quam linea bt. Sitque ht; quoniam autem ... rectilinei autem akblg signum e et assumpta ... ad reliquas portiones eius quae ht ad te, h ergo est centrum«. Uidit igitur uerba interpolata sequentibus repugnare; quare ἔσται μείζων τᾶς θΒ omisit, ἐχέτω οὖν ά ΗΘ ποτὶ ΘΕ prorsus sine sensu conuertit in: »eius, quae ht ad te«.

P. 44,26 : ἐσσοῦντι τῷ τμήματι] quod ad sensum ad-

tinet, recte Nizze coniecit: τὰ τμήματα, sed idem male
retinuit ἐσσοῦντι, quod nihil est; cum in codd. sit ηστην,
fortasse scrib. ἐστιν τὰ τμάματα (lin. 25 cum Bas., codd.:
ἀχθείσας); sed uereor, ne grauior subsit error.

P. 46,₄₁: τᾶς θΔ· ὅπερ ἔδει δεῖξαι] τᾶς θΔ οῖ FA, τᾶς
θΔ.Ϟʹ V; ὅπερ ἔδει δεῖξαι om. Bas., BCD et Cr. Tartalea:»quod quidem oportebat demonstrare«. οῖ compendium huius formulae in fine demonstrationum usitatissimae est; etiam p. 50,₂₃ legitur: τᾶς ÁB Oꞁ· FV
(Parr.?); ὅπερ ἔδει Bas.

P. 48,₁₉: ποτὶ τὰν BΔ] ποτὶ τὰν β′ τᾶς BΔ codd.; »ad
duplam ipsius bd« Tartalea fol. 16ᵘ; (»ad ipsam bd«
Cr.); uereor, ne sic scribendum sit: καὶ συναμφότερος ἁ
AB,BΓ [ποτὶ τὰν BΔ, τουτέστιν ἁ διπλασία συναμφοτέρου τᾶς
AB,BΓ] ποτὶ τὰν διπλασίαν τᾶς BΔ. Sic enim ratiocinatur:

$$\frac{AΔ}{ΔE} = \frac{AB + BΓ}{BΔ} = \frac{BΓ + BΔ}{BE} = \frac{2AB + 2BΓ}{2BJ} ⊃:$$

$$\frac{2AB + 3BΓ + BJ}{2BΔ + BE} = \frac{BΓ + BJ}{BE} = \frac{AJ}{ΔE}.$$

P. 48,₂₃: ἁ ΔB] scrib. τᾷ JB, ut lin. 24 τᾷ BE
pro τὰν BE et lin. 27 τᾷ EB pro τὰν EB scribendum.

P. 49,₃: ἔκ τε τᾶς β′ συναμφοτέρου τᾶς AB, BE μετὰ
τᾶς δ′ κτλ.] de τε — μετά coniunctis cfr. p. 50,₆.

P. 49,₁₇ bene se habet scriptura codicum, sic
emendata interpunctione: ἔστι δέ, ὡς ἁ ΔE ποτὶ EB,
οὕτως ἅ τε AΓ ποτὶ ΓB (ἐπεὶ καὶ κατὰ σύνθεσιν) καὶ ἁ γ′ τᾶς

ΓΔ κτλ. Hoc dicit: $\dfrac{ΔE}{EB} = \dfrac{AΓ}{ΓB}$, quia $\dfrac{AB}{BΓ} = \dfrac{BJ}{BE}$;

nam $\dfrac{ΔE}{EB} = \dfrac{AΓ}{ΓB}$ eadem est, quae $\dfrac{BJ - BE}{BE} =$

$\dfrac{AB - BΓ}{BΓ}$, unde συνθέντι (Eucl. V, 18): $\dfrac{AB}{BΓ} = \dfrac{BΔ}{BE}$.

Apud Torellium post uerba ποτὶ ΓB haec uerba in-
terponuntur (errore ea bis posuit): καὶ ἁ ΓΔ ποτὶ BJ;
deinde ἐπεί mutauit in ὡς. Etiam Cr. eadem uerba

148

addidit, sed ἐπεί retinuisse uidetur (»quare«): in Bas.
uero omittuntur.

P. 49,20: ἔκ τε τᾶς *ΑΓ* καὶ ἁ γ΄ τᾶς *ΓΔ*] καὶ *Γ΄* τᾶς
ΓΔ BCDV, sine dubio etiam F; scrib. καὶ 'τριπλα-
σίας τᾶς *ΓΔ*; nam talibus locis articulus omittitur; u.
p. 49 mlt. 11.
P. 49,33: *ΓΒ,ΓΔ*] codd. recte *ΓΒ,Β.*ι (Nizze); cfr. Eutoc.
p. 53, 30; p. 49,45 ex codd. recipiendum: ὥστε καὶ ὡς
ἁ *ΕΑ*:
P. 50,16; καὶ ϛ΄ τᾶς *ΓΒ*] καὶ ἐκ τοῦ τᾶς *ΓΒ* FV. al.,
ɔ: καὶ ἐκτοῦ τᾶς *ΓΒ*; scrib. καὶ ἐξαπλασίας τᾶς *ΓΒ*
P. 55,25: ὅπου ἂν ἔρχηται τὸ ἕτερον σαμεῖον] ὅπου ἐὰν
ἐρχ. τὸ στερεὸν σαμεῖον FC (ὅπερ ADV); scrib. ὅπου κα
ἐρχ. τοῦ στερεοῦ τὸ σαμεῖον; »quocunque proveniat in
frusto punctum« Cr.; sed Tartalea: »ubicunque ceciderit
alterum signum«.
P. 55,37: ἐν τῷ αὐτῷ λόγῳ· καὶ ὡς ἄρα recte Bas.,
codd.
P. 56,21-22: bene Torellius coniecit ἑτέρῳ (ἑτέρου
Bas., al., τοῦ ἑτέρου FVA), τᾷ *ΝΤ* (ἡ *ΝΤ* Bas., codd.),
τᾷ συγκειμένᾳ (ἡ συγκειμένη Bas., codd.); sed praeterea
pro τᾶς *ΜΝ* (lin. 21) scribendum τᾷ *ΜΝ*, pro ἄλλο lin.
22: ἄλλῳ. Lin. 23 γενήσεται codd. recte; cfr. p. 59,3; lin.
28 male om. codd.: τᾶς *ΑΖ* καὶ τᾶς *ΔΗ*, οὕτως ἁ συγκειμένα
ἔκ τε τᾶς β; habet haec uerba Cr., sed in codice Tartaleae deerant (fol. 18: »ex dupla ipsius *nx* et ipsa *mn*
ex dupla ipsius *no* et ipsa *nc*«); lin. 29 οὕτως ἁ πεντα-
πλῇ] 'πενταπλῇ excidit in codd. (scriptum erat: οὕτως ἁ ε΄);
scrib. πενταπλασία, cum illa forma Archimedea non sit;
etiam lin. 33 pro δεκαπλῇ scrib. δεκαπλασία (ι΄ codd.).
P. 57,9: διὰ τὰ πρότερον] διὰ τὸ πρότερον (ɔ: prop. 9)
bene F; cfr. Eutoc. p. 59,42: διὰ τὸ προειρημένον, et
p. 20,29: ἐν τῷ πρότερον; p. 25,3, alibi; sed: »per ea, quae
prædicta sunt« Cr.; »per priora« Tartalea. Lin. 15
Bas., codd. recte αὐτήν (αὐτάν).

Τετραγωνισμὸς παραβολῆς.

P. 17,3: ὃς ἦν ἔτι λοιπὸς ἡμῖν ἐν φίλοις] ὡς ἦν ἔτι λεί-
πων ἡμῖν ἐν φιλίᾳ Bas., codd., nisi quod ὅς recte BC et
fortasse etiam F; requiritur tale aliquid: ὃς ἦν, ἔτι βλέπων (dum uixit), ἡμῖν ἐν φιλίᾳ, quamquam non ignoro,
βλέπων poetarum esse;»qui nobis in amicitia residebat«
Cr.; »quod nobis erat amicus« Tartalea.

Ibid. lin. 4: ἐλυπήθημεν] Torellius recte; sic BCD,
F? V?; ἐμπλήθημεν Bas.; »dolore maximo affecti sumus«
Cr.; »grauiter doluimus« Tartalea. Lin. 7 idem recte
addidit τοι; sed pro εἰωθότες retinenda erat scriptura
Bas. et codd.: ἐγνωκότες (ἦμες; Bas., codd. male εἶμεν)
ɔ: constitueramus. Quamquam et Cr. et Tartalea:
»consueueramus«. Ibid. γεωμετρικῶν θεωρημάτων, ὅ uix
ferri potest, etsi et Cr. (»inter cetera geometricae faculta-
tis theoremata hoc unum«) et Tartalea (»geometricorum
theorematum«) idem habuisse uidetur. Scripserim γεω-
μετρικὸν θεώρημά τι, ὅ.

P. 17,17: ὑπό τε τᾶς ὅλου τοῦ κώνου τομᾶς καὶ εὐθείας]
errorem subesse uidit censor Ienensis; sed quod proponit: τᾶς ὀξυγωνίου κώνου τομᾶς (probante Nizzio), uix
uerum esse potest, cum addatur καὶ εὐθείας; nam ἡ
ὀξυγωνίου κώνου τομά semper significat ellipsim totam,
numquam eius segmentum. Qualis loco corrupto me-
dicina adferenda sit, nunc non uideo; error iam
apud Cr. (»a coni totius rectanguli sectione compre-
hensum et linea recta«) et apud Tartaleam (»a portione totius coni et a recta«) exstat.

P. 17,19: διόπερ] ὅπερ Bas., codd.; scrib. ὥστε.
Ibidem recipiendum ex Bas., codd.: αὐτοῖς ὑπὸ τῶν πλείστων οὐκ εὑρισκόμενα ταῦτα κατέγνωσθεν. Notum est, κατα-
γιγνώσκειν et similia etiam apud Homerum et Herodo-
tum cum datiuo coniungi; de plurali apud subiectum
neutri generis u. infra. Lin. 20 uerba δὲ ὑπ᾽ εὐθείας
recte a Torellio suppleta sunt; desunt in Bas., codd.;

etiam Tartalea habet: »contentam a sectione rectanguli coni«. Contra apud Cr. exstant.

P. 17,21: τῶν πρώτων] scrib. τῶν προτέρων.

P. 18,4: αὐτὰν συντιθεμέναν] scrib. αὐτὰν ἑαυτᾷ συντι-θεμέναν. Cfr. p. 28,6; 44; 65,29; 233,22; alibi.\ Idem error est p. 220,39 (scrib. αὐτὰ ἑαυτᾷ συντιθ.) et p. 222,23.

Ibid. lin. 8: αὐτῷ τῷ λήμματι] scrib. αὐτῷ τούτῳ τῷ λήμμ.

Ibid. lin. 10: ἔτι δὲ καὶ πᾶσα] scrib. ἔτι δὲ καὶ ὅτι πᾶσα.

Ibid. lin. 13: καὶ δὴ ὅτι] καὶ δι ό τ ι Bas., codd., quod fortasse retinendum est; nam διότι non raro apud Archi-medem legitur pro ὅτι: p. 131,12 (Bas., codd.); 17; fort. etiam lin. 9; p. 242,43; 248,22; 260,37; 274,28. Sed p. 246,17 significat: quia.

P. 18,15: ὁμοίως τῷ προκειμένῳ λήμματι λαμβάνοντες ἔγ-γραφον] sine dubio pro ὁμοίως scrib. ὅμοιον; sed uereor, ne in ἔγγραφον mendum lateat (ἔγραψαν?); si uerum est, accipiendum: diserte scripta est proposita. Itaque to-tum locum ˉsic constitùo: τούς τε γὰρ κύκλους ... ἀποδε-δείχασι αὐτῷ τούτῳ τῷ λήμματι χρώμενοι. καὶ ..., ἔτι δὲ καὶ ὅτι . . . ὅμοιον τῷ προειρημένῳ (FBCD) λῆμμά τι λαμβάνοντες ἔγγραφον (ita ut inter se opponantur αὐτὸ τὸ λῆμμα τοῦτο et λῆμμα ὅμοιον τούτῳ; significatur Euclid. X, 1; cfr. p. 45). Συμβαίνει δὲ (recte ad-didit Torellius; abest a Bas. et codd.?) τῶν προειρημ. θεωρ. ἕκαστον μηδὲν (μηδενός omnes) ἧσσον τῶν ἄνευ τούτου τοῦ (του τουτου F) λήμματος ἀποδεδειγμένων πεπιστευκέναι (»con-firmasse«; sc. αὐτούς, τοὺς πρότερον γεωμέτρας). Ἄρτι δὲ εἰς τὰν ὁμοίαν πίστιν τούτοις (τούτου Bas., codd.) ἀναγμένων (ἀναγμένον Bas., codd.) τῶν ὑπ' ἁμῶν ἐκδιδομένων, ἀναγράψ-αντες οὖν κτλ. De οὖν cfr. p. 84,7, ubi scrib. εἰσί, μείζων οὖν.

P. 19,17: εἰ δὴ καταχθείη] scrib. αἰ δή κα ἀχθῇ.

P. 19,30 uerba οὕτως ἁ ΔΓ ποτὶ τὰν ΔΖ δυνάμει ... ποτὶ τὰν ΒΙ μάκει neque in Bas. neque in codd. sunt; nec sunt necessaria; omisit ea etiam Tartalea fol. 21; addit tamen: »æquales enim quae dz, kh«. Apud Cr.

ad uerba καὶ διὰ τοῦτο omnia ut apud Torellium; dein sequitur: »et ideo sicut *bc* ad *bh* potentia«. Quae inconstantia satis demonstrat, uerba illa genuina non esse. In codd. est: ἐσσεῖται ἄρα ὡς ἁ ΒۤΓ' ποτὶ τὰν ΒۤΓ μάκει, οὕτως ἁ ΒۤΓ'.Βθ, ΒۤΓ γραμμαί· ὥστε. Scripserim: ἐσσεῖτει ... οὕτως ἁ ΒۤΓ [ποτὶ τὰν Βθ δυνάμει· ἀνάλογον ἄρα ἐντὶ αἱ ΒۤΓ'] Βθ. ΒۤΓ γραμμαί, ὥστε; »proportionales ergo sunt quæ *bg*, *bf* et *bi* lineæ« Tartalea; »proportionales igitur sunt *bc*, *bh*, *bi* lineæ« Cr. Lin. 37 de collationibus dubito; de F dicitur p. 381: »ΔZ, οὕτως ἁ θΖ, ποτὶ τὰν θⵊ. Τᾳ̈ δέ desunt; inter θⵊ et Τᾳ̈ δέ [quae desunt!] intercedit lacuna trium vel quatuor verborum«; et p. 423: »ποτὶ τὰν ΔΖ οὕτως ἁ θΖ desunt A; hiatus est lineæ dimidio æqualis BCD«. Hoc uerum puto; nam a priore ποτὶ τάν aberratum esse potest ad secundum.

P. 19 paenult.: εἰ δή τις ἀχθείη] ut supra scribo: αἰ δὴ κά τις ἀχθῇ. Lin. ult. scrib. εἰς τὸν αὐτὸν λόγον.

P. 20,₂₃: νοείσθω δὲ τὸ ὅτε ἐστὶ τὸ ἐν τᾷ θεωρίᾳ προκείμενον ὁρώμενον] fortasse scrib.: νοείσθω δὲ πρῶτον τὸ — ὁρώμενον; sequitur ἔπειτα; »intelligatur autem hoc primum« Cr.: interpr. Tartaleae hoc loco ualde corrupta est.

P. 21,₁₅: αἴ κα ... λυθείη. κατὰ δὲ τὸ Ε κρεμάσθει] κρεμασθῇ recte Bas., codd. (Torellius in marg.); scrib. etiam λυθῇ; etiam p. 23,₂₅ legitur κρεμασθῇ et λυθείη (scrib. λυθῇ); cfr. p. 19,₁₇ et paenult.; p. ·24,₂₆ recte λυθῇ, sed lin. 25 pro κρεμασθήσεται scrib. κρεμασθῇ. Fieri tamen potest, ut in his corruptis formis in —ειη usus singularis Doriensium uestigia lateant; nam in titulis Doriensibus interdum coniunctiuus in —ει exit (u. Ahrens p. 294). Sed in talibus rebus satius est ἐπέχειν, donec codices diligentius collati erunt.

P. 21,₅: ὁ ζυγός, ἐσσεῖται ἁ ΑۤΓ] ὁ ζ. εη κα ἁ ΑۤΓ F; εκ καί Bas., A; εκ κα BCDV; scrib. ὁ ζ.. εἴη κα ἁ ΑۤΓ.

152

Lin. 6 Torellius recte, ni fallor, παρὰ τὸν ὁρίζοντα· αἱ;
αὐτὸν ὁρίζονται Bas., codd. Et similia Cr.: »ac linea ipsi
libræ assimilatur. Terminantur autem lineæ«; pro εη
(εἴη) legit ἴση (cfr. p. 115). Sic etiam Tartalea: »assimilatur linea *ag* ipsi horizonti«.

P. 21,16: ἕκαστον γὰρ τῶν κρεμαμένων ἐξ οὗ σαμείου
καταστασθὲν μένει, ὥστε κατὰ κάθετον εἶμεν τό τε σαμεῖον τοῦ
κρεμαστοῦ καὶ τὸ κέντρον τοῦ βάρους τοῦ κρεμαμένου] haec
uerba sensu uacant, sed similia habet et Cr.: »unumquodque enim suspensorum ex quo puncto constitutum manet cett.« et Tartaleá: »unumquodque enim suspensorum ex ʼquo signo statutum est, manet cett.«.
Scribendum puto. ἕκαστον γὰρ τῶν κυ.. ἐξ οὗ σαμείου κα
καταστασθ ῇ, μένει, ὥστε .... In sequentibus scrib. δέδεικται γὰρ (οὖν omnes) καὶ τοῦτο (»nam« Cr., »enim« Tartalea), cum καὶ τοῦτο referatur ad δέδεικται γὰρ τοῦτο lin.
13. Sine dubio demonstratum fuit in libro περὶ ζυγῶν,
de quo dixi p. 32.

P. 21,28: φανερὸν δέ, ὅτι καὶ αἴ κα ... χωρίου, ὁμοίως
ἰσορροπήσει] pro ὁμοίως Bas., codd. habent ὅτι; similiter
Tartalea: »manifestum autem, quod et si ..., quod
æqualiter repent«; Cr. liberius: »manifestum quoque
est, quod si ... exstiterit, ambo similiter constituta
æque ponderabunt«. Tollendum est prius ὅτι: φανερὸν
δὲ καί, αἴ κα ..., ὅτι ἴσ.

P. 25,12: ἐς τὰ τμάματα] scrib. εἰς ἴσα τμάματα; cfr.
p. 27,5: εἰς τμάματα ἴσα. Eodem modo p. 28,11 pro ἐς
τὰ μέρη reponendum est εἰς ἴσα μέρεα. De uerbo ἴσος
ob compendium scripturae uarie corrupto cfr. p. 135.

P. 26,14 ne quis ἐπεί et. ἐστιν addita uelit, moneo
uerba: πάλιν δὲ καὶ τὸ ΖΣ τραπεζεῖον reconditiore quodam
nexu pertinere ad illa lin. 7: ἐπεὶ οὖν ἐστι τραπεζεῖον
τὸ ΔΕ.

P. 27,2: ποτὶ τὸ Β] scrib. ποτὶ τῷ Β cum Bas.,
codd.; uix opus est Nizzii coniectura: ἀπὸ τοῦ Β.

P. 29,₁₀: ἔλασσον εἴη καί] ἔλασσον εἴη κα καί scribo.
P. 29,₁₄: ἅ ἐστιν] recipiendum ex FV ἅ ἐντι. Cfr.
infra.

P. 29 extr. — 30: ἐπεὶ δὲ τὸ ΒΔΓ τρίγωνον τοῦ μὲν ΒθΓ
τριγώνου τετραπλάσιόν ἐστι, τοῦ δὲ ΒθΓ τμάματος τριπλάσιον]
ἐπεὶ δὲ τὸ ΒΔΓ τρίγωνον τοῦ μὲν ΒθΓ τμήματος τριπλάσιον
Bas.; excidit propter repetitum —πλάσιον: ἐστι, τοῦ δὲ
ΒθΓ τριγώνου τετραπλάσιον; sic enim recte codd. et Tartalea fol. 26ⁿ. Quod apud Cr. p. 152 idem ordo est,
quem cóniectura restituit Torellius, id casu factum esse
puto. P. 30,₃₀ αἶκα εἰς τμᾶμα κτλ.] εἶκα τμῆμα Bas., codd.;
deinde in omnibus codd., apud Tartaleam fol. 27,
apud Cr. p. 152 omittuntur uerba: ἀχθῶσι δύο εὐθεῖαι —
τᾶς ἡμίσειας, et recte quidem, si ita scribimus Ἐν τμάματι περιεχομένῳ ... ἁ ἀπὸ μέσας κτλ. Αἶκα ex initiis ce-
terarum propositionum ortum est, ut in Bas. p. 279,₄
(εἶκα τῷ pro ἐν τῷ); deinde —τι ante π facile excidit, et περιεχομένῳ ad τμῆμα adsimilatum est; cetera a Uenatorio
suppleta sunt.

P. 30,₄₅: ἔστι μέντοι δῆλον] ἔσται μέντοι δῆλον Bas.;
αἱ μέντι δῆλον FACD (V ἡ pro αἱ); in scriptura Torellii
offendit et μέντοι et insolens uerborum ordo; ex μέντι
faciendum ἐντι, quod ad antecedentia trahendum; sed
quid in αιμ lateat, non constat; fortasse compendium
aliquod significans τᾶς τομᾶς, quae uerba similibus locis
addita sunt p. 29,₃₅; 40; p. 30,₂₅; p. 31,₁₄.

P. 32,₁ ex codd. recipiendum: τοῦ τμάματος τοῦ ΑΖΒ·
τὸ δὴ (δέ plerique) ΑΖΒ τρίγωνον.

P. 32,₂₄: τετραπλάσιον δὲ ἔστω τὸ ἡγούμενον τοῦ ἐπο-
μένου· μέγιστον δὲ ἔστω τὸ Ζ· καὶ ἔστω τὸ Ζ ἴσον F, Parr.
optime, sine dubio etiam V; nam apud Torellium p.
32 u littera male posita est ante ἔστω τὸ Ζ ἴσον; poni
debuit ante prius ἔστω; sic etiam Cr.: »et sit praece-
dens quadruplum sequentis; esto autem eorum maxi-

154

mum *f*«, et Tartalea:»quadruplum autem præcedens sequentis, maximum autem sit z«. In Bas. propter repetitum ἔστω exciderunt uerba τὸ ἡγούμενον τοῦ ἐπο- μένου· μέγιστον δὲ ἔστω. Torellius, loci ratione non per- specta, de suo interposuit τοῦ *H*.

P. 32,40: ὅτι καὶ τὰ εἰς τὰ F recte. Lin. ult. scrib. ἐλάσσονα.

P. 33,2: συντιθέωντι] συντεθέωντι F. Scrib. τεθέωντι; συν— ortum est ex συντεθέντα lin. 4.

P. 34,10: ἐπεί ἐστιν] scrib. ἐπεὶ γάρ ἐστιν.

P. 34,13: ἔπειτα δὲ τὰ αὐτὰ] scrib. ἔπειτα δὲ αὐτὰ ταῦτα.

P. 34,20: ὥστε καταγένηται] scrib. ως ἔκα γένηται; »ut fiat« Tartalea;»donec — sumptum sit« Cr.

Περὶ σφαίρας καὶ κυλίνδρου libb. I—II.

I p. 69 Bas., Cr., codd. omittunt numerum propo- sitionis apud Torellium primae et in secunda demum propositiones numeris significare incipiunt; et recte illi quidem; Eutocius enim p. 119: ἐν γὰρ τῷ δευτέρῳ (sic Bas. p. 10; Cr. p. 11; codd.) καὶ εἰκοστῷ θεωρήματι δέδεικται, ὅτι αἱ ΕΖ, ΓΔ, ΚΑ πρὸς τὴν θΚ τὸν αὐτὸν ἔχουσι λόγον, ὃν ἡ ΛΕ πρὸς Εθ. Hoc uero apud Torellium est prop. XXIII p. 101; quare licenter de suo scripsit τρίτῳ καὶ εἰκοστῷ (quod Nizzium p. 273 fefellit); cfr. etiam p. 83: ὃ καὶ ἔστιν αὐτὸ συλλογίσασθαι διὰ τοῦ ς΄ θεω- ρήματος; sic enim Bas. p. 7; »per sextum theorema« Cr. p. 8; διὰ τοῦ ζ΄ θεωρ. Torellius; nam apud eum est septimum; p. 93: τοῦ η΄ θεωρήμ. Bas. p. 8; »octavi« Cr. p. 9; θ΄ Torellius, apud quem nonum est. Propo- sitionem XXIV in cod. B certe uigesimam tertiam esse diserte testatur Riualtus p. 51: »cæterum exempla- ria Græca πόρισμα hoc tanquam πρότασιν κγ notant.«*)

P. 76,12: ὥστε καὶ ἄλλα] ὥστε καὶ ὅλα codd. recte.

---

*) Itaque etiam apud Pappum V,33 recte citatur de sph. I, 14 pro I, 15 et V, 36 libr. I, 13 pro I, 14.

P. 82,₁₄: πάλιν φανερόν] πάλιν ΔΗ φανερόν F; scrib. π. δὴ φ.

P. 83,₄₀: τῆς ΑΒ διαμέτρου μείζους ex codd. recipiendum.

P. 84,₂₁: λοιπὴ ἄρα ἡ ἀποτεμνομένη F recte; sic etiam p. 83,₅₁ scribendum. Et omnino F saepe articulum recte addit, uelut p. 75,₂₆: τὸν τομέα; p. 78,₄₈: καὶ αἱ ἐπὶ; p. 82,₅₀: τὰ τμάματα; p. 91,₄₇: τῆς περιγεγραμμένης; p. 94,₁₆: καὶ τῷ ὑπὸ; p. 99,₉: ταῖς βάσεσι; p. 101,₁₉: αἱ τὰς πλευράς; 102,₆: πρὸς τοῖς Α,Γ; ib. 37: οὗ ἡ ἐπιφάνεια; p. 106 paenult.: ἡ ἐπιφ.; p. 110,₁₆: ὁ κῶνος ὁ ἴσος; 114,₆: τοῦ βάσιν; 119,₂: τῇ ἐπιφανείᾳ; p. 229,₂₁: τῶν τετραγώνων; p. 243,₂₃: τοῦ προτεθέντος; p. 220,₂₀: ἁ ἐλάσσων; p. 222, ₂₂: ἁ ὑπεροχά; 244,₂₅: ἁ ἐλαχίστα. Etiam inuitis codicibus aiticulum addo p. 220,₃₀: τοῦ ἐλάσσονος; 260,₂₉: ἄξονι τῷ τοῦ (ut lin. 30); 268,₅₀: ἡμισείας τᾶς (cfr. p. 269,₃₂); 283,₄₂: τοῦ [μὲν] τμάματος; 286,₆: τᾶς τοῦ; 291, ₁₀: τοῦ κωνοειδέος; 302,₈; τῶν τετραγώνων; 302,₉: τῷ ἴσῳ; sic etiam p. 307,₄; cfr. 302,₃; 304,₁₆: τῷ ἁμισέῳ ut lin. 9.

P. 85,₁₄: ἀφαιρεθέντα] foi tasse scrib. ἀφαιρεθέντων (imperat.).

P. 85,₂₂: οἵ εἰσι βάσεις recte F, alii.

P. 85,₅₁: τῶν ΑΒ,ΒΓ περιφερειῶν] τῶν ΑΔ,ΔΒ,Βθ,θΓ περιφ. codd. recte; nam in figura cum F p. 389 addendae litterae Δ et΄ θ; Bas.: τῶν ΑΔΒ,Βθσ περιφ.; »arcubus ad, db, bh, hc« Cr., quamquam in figura litteras illas non habent.

P. 91,₄₆: αὐτὸ τὸ εὐθύγρ.] scrib. αὐτὸ τοῦτο τὸ εὐθυγ. uel τὸ αὐτὸ εὐθυγρ.; »eadem« Cr. Cfr. p. 92,₃₂.

P. 92,₁₈: ἐν τοῖς Α,Β κύκλοις bene F, alii.

P. 96,₆ cum codd. scribo: ἔστιν ὡς ὁ κύλινδρος πρὸς τὸν κύλινδρον, ὁ ἄξων πρὸς τὸν ἄξονα.

P. 103,₁₄: τοῦ πολυγώνου ὡς τετράπλευρας γίνεσθαι καὶ παραλλήλους .οὔσας τῇ] τοῦ πολυγ. (τετραπλεύρη) παραλλήλους

οὔσας Bas., τοῦ πολυγώνου τετραγώνους οὔσας codd. In τετραγώνους latet uocabulum significans: c»quorum numerus per quattuor diuiditur«. Dubitans coniicio: τοῦ
πολυγώνου [ὑπὸ] τετράδος μετρουμένας .[καὶ παραλλή-
λοις] οὔσαις. Cfr. supra p. 76.

P. 105,35: βάσιν μὲν ἔχων ἴσην τῇ ἐπιφανείᾳ] scrib. cum
F, aliis: βάσ. μὲν ἔχ. τὴν ἐπιφάνειαν. Cfr. p. 106,5. Cr.
»basim æqualem superficiei«, sed corrigendo, ni fallor.
P. 119,1 uerba ἴσου ὄντος τῷ ἀπὸ θΑ om. codd. et
Cr., nec sunt necessaria.

P. 122,14: καὶ ιῆς ἔτι ἡμισείας] καὶ ἐπὶ τῆς ἡμισ. F,
alii; scrib. καὶ ἔτι τῆς ἡμισείας.

P. 125,11: οὕτως ἐδείχθη] οὕτως om. Bas., codd. recte.

P. 127,28: καὶ ἐάν recte codd. (»etiamsi«).

P. 128 in figura male in linea maxima ponitur Δ,
quae littera iam alibi usurpata est. Cr. recte 1 (Λ), et
sic sine dubio etiam codices.

II p. 132 quae apud Torellium est prop. 1, in
Bas., Cr., codd. praefationi adiuncta est, ita ut numeratio capitum a secunda demum prop. Torellii incipit;
quare numeius propositionum uno minor est quam
apud Torellium. Itaque ille in Eutocio p. 133 tacite
scripsit ἐν τῷ β' θεωρήματι, cum in Bas., codd. sit ἐν τῷ
α' θεωρήματι.*) Hoc uerum esse, intellegimus ex Eutocii comment. in Apollon. p. 32, ubi citatur II, 4 =
II, 5 ed. Torellii.

P. 152,12: καὶ ἡ ἐπιφάνεια] καί delendum censeo.

Ibid. lin. 22 ex codd. recipiendum: τὸ ὑπὸ ΔΚ, θΑ
τῷὑπὸ τῶν ΔθΚ (ο: Δθ,θΚ); Cr,:»quod continetur igitur
sub dk, ha æquatur ei, quod sub dhk continetur«.
Bas. confuse: τὸ ὑπὸ δθκθα τῷ ὑπὸ τῶν δκ.

P. 158,17: λοιπός] scrib. λοιπόν cum F, aliis. Apud
mathematicos enim semper λοιπός ante articulum poni-

---

*) Etiam p. 192,32 retinendum est τοῦ δευτέρου θεωρήματος
cum Bas., codd.

157

tur; cfr. e magna exemplorum copia: p. 225,8 : καὶ
λοιπὰ ά ΙΓ (»et, quae superest, linea ιg«); 226,2-3 : καὶ
λοιτά ά ΙΓ ποτὶ λοιπὰν τὰν BE; p. 79,45 ; 80,20 ; 81,47 ; 82,
28. Hinc singularis usus ortus est uocabuli λοιπόν in
formula λοιπὸν δὲ δείξομεν ο: iam, deinde: p. 226,47 ;
230,1 ; sic etiam Diophantus: λοιπὸν θέλω Arith. I, 3 ; 4 ;
5 ; 6 ; cfr. I, 2.
    P. 158,23 : ἔχει διορισμόν] sic FBCD; cfr. Eutocius
p. 163,16 ; οὐκ ἔχει διορ. Bas., A. Etiam Cr.: »hoc autem non habet determinationem«.
    P. 182,13 : καὶ γὰρ τοῦτο κατὰ διαίρεσιν] καὶ γὰρ τὰ κατὰ
διαίρεσιν Bas., codd.; »etehim sunt secundum divisionem«
Cr. Scrib. καὶ γὰρ κατὰ διαίρεσιν ο: nam etiam διελόντι
est $\frac{\Pi\theta}{B\Pi} = \frac{NP}{\Lambda P}$, unde συνθέντι $\frac{\theta B}{B\Pi} = \frac{N\Lambda}{\Lambda P}$; cfr. emendatio mea ad p. 49,17.
    P. 188,8 adparet δέ delendum esse; »est sicut«‹ Cr.
    P. 197,2 ἐπί bene om. F, alii.
    Unum hoc loco addam; I p. 70,21 : κείσθω τῷ Δ]
κείσθω διὰ τὸ δεύτερον τοῦ πρώτου τῶν Εὐκλείδου Bas. p, 2,2,
Cr. p. 3, codices (de Parisinis diserte testatur Carolus
Graux), nisi quod D Εὐκλείδων. Et sine dubio recipienda sunt haec uerba, quamquam miramur, cur Archimedes hoc solo loco Euclidem citauerit. Proclus
enim in comment. ad Euclid. p. 68: γέγονε δέ, inquit,
οὗτος ὁ ἀνὴρ (Εὐκλείδης) ἐπὶ τοῦ πρώτου Πτολεμαίου· καὶ γὰρ ὁ
Ἀρχιμήδης ἐπιβαλὼν τῷ πρώτῳ*) μνημονεύει τοῦ Εὐκλείδου.
Sed hoc solo loco apud Archimedem Euclides nomi-
natim commemoratur.

                Κύκλου μέτρησις.
    P. 203,5 scribendum cum codd.: ἐχέτω ὁ ΑΒΙΔ κύ-
κλος τριγώνῳ τῷ Ε, ὡς ὑπόκειται· λέγω, ὅτι ἴσος ἐστίν. »Ha-

---

*) Sic scribendum est omisso καί; et sic iam Dasypodius in
exemplari suo editionis principis, quod Upsaliae adseruatur,
coniecerat. Ceteri hunc locum uarie corruperunt. Uertendum: Archim., qui post Ptolomaeum primum uixit.

bitudinetur circulus *abgd* trigono *e* ut supponitur; dico, quod æqualis est« Tartalea.

P. 204,16 codd. recte: ἔτι ἄρα τὸ περιγεῖρ. εὐθυγρ. τοῦ Ε ἐστιν ἔλασσον. De ἔτι cfr. p. 203,14.

In propp. 2—3 tollenda esse supplementa superuacua Wallisii a Torellio recepta iam Wurmius monuit p. 176, uelut p. 205,28; 48: ἔγγιστα; p. 205,40: τὸ ἄρα ΑΓΖ ... πρὸς ιδ′; p. 206,28: καὶ ἐκβεβλήσθω ἡ ΖΓ ἐπὶ τὸ Μ; p. 207,3 :· καὶ ἡ ΑΓ ἄρα ... πρὸς ρνγ′; lin. 8: ἀνάπαλιν ἄρα ... πρὸς ͵δχογ; p. 208,12: ΛΓ πρὸς ΓΑ ... βιζ′δ′ καὶ; p. 208,4: ͵γχξα′ϑ′ ια′ πρὸς σμ′ ἢ ὄν.

P. 205,44 : codd. ἡ δὲ βάσις τῆς διαμέτρου τριπλασίων καὶ τοῦ ζ′ ἔγγιστα ὑπερέχουσα δειχθήσεται; Cr.:»et basis diametro sit tripla et prope sesquiseptima, uti ostendetur«; Tartalea:»basis autem est tripla dyametro et septima propinquissime excedit demonstrabitur«. Pro τοῦ scribendum τῷ. Ceterum dubito, an non librariis, sed ei, qui hunc libellum in communem linguam uertit, imputanda sit horum uerborum obscuritas; tum δειχθήσεται parenthetice accipiendum est, quo sensu alibi legitur: τοῦτο γὰρ δειχθήσεται. Archimedes certe neque hoc scripsit neque prop. 2 ante prop. 3 posuit. Sed in libris de sphaera et cylindro et de dimensione circuli de restituenda ipsius Archimedis manu desperandum est.

P. 206,22: πρὸς ΓΚ μείζονα λόγον ἔχει ἤ] πρὸς ΓΚ μεῖζον ἤ F, alii; scrib. πρὸς ΓΚ μείζονα ἤ; Cr.:»maiorem habet quam«.

P. 207,13: καὶ ἔλαττον] scrib. καὶ ἐλάττονι (»et maior minore quam«); cfr. p. 205 extr. — 206,1. Sic etiam scrib. p. 208,21 sq.; u. infra.

P. 207,21 τετμήσθω cum F, aliis omitto, ut saepius factum est p. 206—7. Lin. 22 sq. sic interpungendum: ἐπεὶ οὖν ἴση ... τῇ ὑπὸ ΗΑΓ, καὶ ἡ ὑπὸ ΗΓΒ (ἄρα om. codd. et Cr.) τῇ ὑπὸ ΗΑΓ ἐστιν ἴση· καί ... ὀρθή· καὶ τρίτη ἔσται

... τῇ ὑπὸ *ΑΓΗ* ἴση. Excidit ἴση ante ἰσογώνιον; tum in Bas. ante ἔσται insertum est ἄρα ἴση.

P. 208,₁ : ἑκατέρων] Bas., codd. ἑκατέρα γὰρ ἑκατέρας; quod cum etiam p. 208,₅ et apud Eutocium p. 214,₁₁ ; ₁₄ in codd. et Bas. scribatur, uix corrigendum est; audiri putauerim πλευρά (latus numeri quadrati); sententia haec est :»numerator numeratoris, denominator denominatoris $\frac{1}{13}$ est«, ut Eutocius recte explicauit p. 214.

P. 208,₃ : ἑκατέρα γὰρ ἑκατέρας οἶμαι ἄρα πρὸς τὴν κατάλογον αδς πρὸς ϛ Bas.; pro κατάλογον BDV καταγον, C γον, quod etiam in F esse puto, quamquam de eo siletur. Cr. hunc locum in lacuna reliquit. Tartalea :»utraque enim utrique extimo (existimo?).« Habuit sine dubio οἶμαι. Scribendum : ἑκατέρα γὰρ ἑκατέρας ια΄μ΄ (ɔ: $\frac{11}{10}$). ἡ *ΑΓ* ἄρα πρὸς τὴν *ΓΚ* ἢ δν ͵αθ΄ ϛ΄ πρὸς ϛϛ΄ :c) 1009$\frac{1}{6}$: 66); auditur : ἐλάσσονα λόγον ἔχει (cfr. p. 206,₂₂) ex lin. 4. Eadem uerba in codd. recte omissa sunt p. 130,₃.

P. 208,₂₂ sq. uerba: ἢ δέκα ἑβδομηκοστομόνοις ὑπερέχουσά om. Bas., codd. (Tartalea :»est triplus dyametri et minor quam septima parte maior«). Scrib.: τριπλασίων ἐστὶ καὶ ἐλάσσονι μὲν ἢ ἑβδόμῳ μέρει, μείζονι δὲ ἢ ι΄ οα΄ ($\frac{10}{71}$) μείζων.

Περὶ ἑλίκων.

P. 217,₁₅ : καὶ ἄδηλα ἐποίησεν· καὶ ταῦτα πάντα εὑρών καὶ ἄλλα πολλὰ ἐξευρὼν καὶ ἐπὶ τὸ πλεῖον προάγαγε γεωμετρίαν] sic sine sensu idoneo Torellius ex. Bas. In codd. prius καί omittitur. Scribendum puto : δϛ δῆλα ἐποίησέν κα ταῦτα πάντα εὑρών, καὶ ἄλλα πολλὰ ἐξευρών (»de suo inueniens«) ἐπὶ τὸ πλεῖον προάγαγε τὰν γεωμετρίαν.

P. 218,₄ : καὶ γὰρ συμβαίνει δύο τινὰ τῶν ἐν αὐτῷ εἶμεν κεχωρισμένα, τέλους δὲ ἀποτευξομένα] pro εἶμεν FAD μή, BC μέν, pro ἀποτευξομένα Bas. et codd. ποτεσσουμεν habent. Scrib. κ. γ. σ. δύο τινὰ αὐτῶν ἐν αὐτοῖς μὲν κεχωρισμένα. τέλος

160

δὲ ποθεσόμενα; χωρίζω hoc loco, ut lin. 37; 42; 50 est: ponere (cfr. Xenoph. Anab. VI, 5, 11); de ποθέω cfr. Plat. Symp. 204, d.

P. 218,7: οἱ ποθ' ὁμολογηκότες] ἀπὸ ϑ' ὁμολογ. Bas., FA; ἅ ποθ' ὁμολογ. BCD. Scrib. ἅτε ποκὰ ὡμολογηκότες. P. 218,11: κομίζομες δοκιμάζοντες ἐμφανίσω τοι] κομίζοντες δοκιμάζοντες ἐμφανίσαι τοι Bas., codd. Scrib. κομίζομες, δοκιμάζομες ἐμφανίξαι (F) τοι.

P. 219,33: ἄλλο γένος προβλημάτων οὐδὲν ἐπίκοινον ἐχόντων] cum in Bas., codd. sit: ἐπικοίνων ἐόντα, scribendum puto: ἀ. γ. πρ. οὐδὲν ἐπικοίνων ἐόντων.

P. 219,40: τὸ σαμεῖον] scrib. τι σαμεῖον.

P. 220,23: τᾶς ἐπὶ τᾷ αὐτᾷ ἕλικι] scrib. ἐπὶ τὰ αὐτὰ τᾷ ἕλικι. Cfr. prop. 28 p. 253; »illa, quæ in eandem partem cum linea spirali fertur« Cr.

P. 221,32: αὐτῷ ἑαυτῷ φερομένου] scrib. αὐτοῦ ἑαυτῷ φ.; lin. 26 συντεθείσαν recte codd., et lin. 34: ὑπό FV.

P. 222,10: ὁποσοῦν] ὁποσωνοῦν bene FD.

P. 223,1: ἀπὸ δὴ] scrib. ἀπὸ δέ.

P. 224,16 recipiendum νεύουσαν ex FBCD; lin. 33 ἐπ' αὐτὰν FV scribendum.

P. 228,24: τῷ ... τετραγώνῳ] scrib. τοῦ ... τετραγώνου, ut lin. 44. Lin. 38 F recte πάντα τά τετράγωνα.

P. 229,18: εἰ οὖν ἐκδείχθη] εἰ οὖν ΚΑ δείχθη Bas.; scrib. cum FBC εἰ (αἱ) οὖν κα δειχθῇ.

P. 229,29: ἴσα τοῖς FCD bene.

P. 230,32: αἱ κα εὐθεῖα ἐπιζευχθῇ ... καὶ μένοντος τοῦ ἑτέρου πέρατος αὐτᾶς ἰσοταχέως περιενεχθῇ, ἕως ἂν ἀποκατασταθῇ] πέρατος αὐτᾶς * ἰσοταχέως ὡς περιενεχθείσα· ὁσάκις οὖν Bas., codd. (ἰσοταχει ὡς pro ἰσοταχέως ὡς); scrib. igitur: αἱ κα εὐθεῖα ... ἰσοταχέως περιενεχθεῖσα ὁσακισοῦν ἀποκατασταθῇ.

P. 230 exir. scrib. τᾶς εὐθείας ταύτας τὰ ἐπὶ τὰ αὐτά, ἐφ' ἅ κα ἁ περιφορὰ γένηται.

P. 231,10: αἴκα ποτὶ τὰν ἕλικα μιᾷ περιφορᾷ γεγραμμέναν]

ᾱ. π. τ. ε̇. τὰν μὲν μιᾷ π. ὁποια οὖν γεγραμμένα F, alii.
Scrib. τὰν ἐν μιᾷ π. ὁποιᾳοῦν γεγραμμέναν; »in una cir-
cumuolutione descriptam, quæcumque fuerit illa« Cr.
P. 232,3 : διπλάσιαι bene F, alii; lin. 47 : εἰ (αἰ) δέ
κα ex F recipiendum (εἰ δὲ κατά ACDV).
P. 234,21 : δεικτέον ὄν] δεικτέον οὕτως (ου) F, alii.
P. 237,46 : εἰ δὲ κατά ... ἐπιψαύῃ] scrib. αἰ δέ κα ... ἐ.
P. 238,16 : γεγραμμένα] fortasse scrib. γραμμὰ δεδομένα.
P. 241,8 : αἱ ποιοῦσαι τὰς γωνίας εὐθεῖαι ἐκβεβλήσθωσαν
ἐς τ'ἄν κατὰ τὰν ἕλικα ἀχθῶντι] ἐκβεβλήσθωσαν om. Bas.,
codd.; pro ἐς τ'όν habent ἐς τήν, pro ἀχθῶντι ἀχθῶσι.
Scrib. αἱ ποιοῦσαι τ. γ. ἐ. ἔστε ποτὶ ,τὰν ἕλικα ἄχθωσαν.
Cfr. p. 284,16 : ἔστε (ἔσται Bas., codd.) ποτὶ τὰν τοῦ κώνου
τομάν; 285,48 (ἔσται Bas., codd.); 298,16 (ἐσσεῖται Bas.,
codd.); 300,31 (ἐσσεῖται Bas., codd.). Etiam p. 290,7
pro καὶ τὰ ἐπίπεδα τῶν τομῶν ἐσσεῖται ποτὶ τὰν ἐ. Scrib.:
καὶ [ἐκβεβλήσθω] τὰ ἐπιπ. τῶν τομ. ἔστε ποτὶ τὰν ἐπιφ. Nam
etiamsi dici potest εἶναι ποτί τι, hoc tamen loco futurum
prauum est; debebat esse ἔστωσαν. Sine dubio ἔστε
scriptum erat ἐσ̇; inde tot errorum origo.
P. 241,14 ἔστ' ἄν συμπέσῃ] καὶ συμπεσεῖται τᾷ ἔσται κἄν
συμπέσῃ Bas., ἔσται κἄν συμπέσῃ F, alii. Scrib.: ἔστε
κα συμπέσῃ. Eodem modo lin. 20 : ἐς τ'ἄν θΚ συμπέσῃ]
ἔσται καὶ συμπέσῃ· FC; scrib. ἔστε κα συμπέσῃ.
Lin. 21 post τοῦ κύκλου interponendum τᾷ θΚ cum
Parr. (?); nulla significatio codicis huic scripturae in
collatione addita est; sine dubio sic etiam F.
P. 242,41 recipiendum ex F, aliis σχήματος ἐλάσσονι παντός.
P. 243,5 : ἀπὸ τοῦ πέρατος] scrib. ἀπὸ τῶν περάτων
cum FABDV (nam ita etiam ABD habere, non τοῦ
περάτων, quod ex collationis silentio credideris, testis
est C. Graux). Lin. 39 ὥστε pro ὡς bene F, alii.
P. 244,30 ἀπὸ πασᾶν bene V (ceteri?); cfr. p. 245,20.

Lin. 35 οἱ μὲν τομέες bene F, alii; sequitur lin. 37
οἱ δὲ τομ.

P. 246,30 περιγράψαι bene codd.

P. 247,51: ἑαυτᾶν] ταύτῃ FCD, scrib. ταυτᾶν, ut
etiam p. 246,45 puto scribendum esse; cfr. p. 249,43.

P. 248,26 scrib. κατὰ (ποτί omnes) τὸν αὐτὸν ἀριθ.,
ut lin. 24.

Ibid. lin. 29: τοῦ κατὰ τῷ μὲν ἑνὶ ἐλάσσονα] τοῦ κάτὰ
τὰ μὲν ἑνὶ ἐλ. F ; scrib. τοῦ κ. τὸν ἑνὶ ἐλάσσονα (ἀριθμόν).

P. 254,25 om. τομεύς cum F (»npx« Cr.); lin. 28
τομέα om. F, alii (»ad ipsum N« Cr.); lin. 31 om.
χωρίον cum omnibus codd. (»Igitur np« Cr.); lin. 45
χωρίον om. item omnes (»habebit quoque x» Cr.).

Περὶ κωνοειδέων καὶ σφαιροειδέων.

P. 258,51: ὃν ἁ συνάμφοτέρα, ἴσα τῷ ἄξονι] scrib. ὃν ἁ
συναμφοτέραις ἴσα, τῷ τε ἄξονι. Sic etiam p. 259,5 corrigendum; cfr. p. 260,3; 8; 21; 27.

P. 259,14: εἰ δὲ τᾶς ... ἀποκατασταθῇ] scrib. αἰ δέ κα
τᾶς ... ἀποκ. Lin. 12 et 16 περιλαφθέν bene F (»com-
præhensam« Cr.).

P. 259,24: ὑποτερουοῦν scrib. cum A. Lin. 33 scrib.
τᾶς τάς (τὰ τάς FCD).

P. 259,45: ποτ᾽ ἀλλάλους recte FV.

P. 259,52: αἴκα δέ] recipiendum ex FBCD: εἰ (αἰ)
δέ κα, ut p. 260,16; 54. Etiam p. 261,15 scribo αἰ δέ κα
(καί uulgo). Cfr. supra p. 143.

P. 260,30: ἴσων σφαιροειδέων recte F, alii.

P. 260,32: καὶ αἴκα ... τὰ τετράγωνα ... ἀντιπεπόνθασι]
Uidetur scribendum esse ἀντιπεπόνθωντι.

P. 261,19: ὑπὸ τᾶν τῶν ὀξυγωνίων bene F, alii. Sic
etiam p. 260,21: τοῦτον ἕξει τὸν λόγον F; 266,41: τᾷ τοῦ
ὀξυγωνίου FBD; 273,20: τὸ ἐπίπεδον F, alii; 274,12; 14:
ποτὶ τὸ ἀπό F, alii; 281,26: τᾶν ἀφᾶν F, alii; 283,9: τοῦ
ἐπιπέδου F; 285,42: τῷ κατὰ F, alii.

163

P. 261,37: ποτὶ τ'ἄλλα] scrib. ποτί τινα ἄλλα. Idem error corrigendus p. 262,2; 4.

P. 262,5: λόγοις· ὄν] λόγοις· καὶ ὄν scripserim.

P. 262.40: μηδεποθέν] scrib. μηδὲ ποθ' ἔν; sic etiam p. 295,37;40; 299,1; 4; 301,41; 44; 306,43; 46 scribendum. Cfr. οὐδ' ὑφ' ἑνός p. 218,2. Ne Cr. quidem hoc intellexit; habet »non«.

P. 263,20: ἀ Η· Ἡ δέ scrib. ἀ Η· ἔστω δέ. Lin. 21 cum Bas., codd. ἕκαστον τῶν scribendum.

P. 264,9: τᾶν ἑλικᾶν] Cum in formis, quae difficilius commutantur, semper legatur ἕλιξ, ἕλικι, dubium est, Archimedesne forma ἑλίκα usus sit, quamquam etiam p. 219,31; 220,14 in codd: plerisque traditum sit ἑλίκας = ἕλικος. Lin. 32 ὁποσοῦν Bas., codd.; scrib. ὁπωσοῦν.

P. 265,23: ὑπὸ τᾶς ΒΗ] ὑπό cum FCBD delendum.

P. 265,24: ἔχει καί] scrib. ἔχει ἄρα.

Ibid. lin. 41: τᾶς τοῦ ἑνός] τᾷ τοῦ ἑνός scribendum.

P. 266,5: ἔστω δὲ κύκλος FBCD bene.

P. 268,46 scrib.: εὐθεῖαι ἀχθεῖσαι ἐκβεβλήσθων.

P. 269,13: Ἐν δέ] scrib. ἐν δή; contra lin. 25 δέ scribendum. Sed p. 270,38 scrib. οὐ δή; p. 276,4: τετμήσεται δή; 278,26 uero ἄχθω δέ; 279,41: λαφθέντων δή; 282,5: τὸ δὲ λαφθέν. ᴖᴖ

P. 269,14: τοῦ κώνου τούτου bene codd.; »huius coni«. Cr. Lin. 25 pro ἄχθω dubito an scribendum sit ἀνεσταχέτω, quod de hac re sollemne est.

P. 269,34: καί recte om. codd.

P. 273,10: ἦ ἑτέρα] scrib. ἦ ἀ ἑτέρα.

P. 277,36: συμπίπτοντι] σύμπτωμα codd. (»accidens« Cr.), quod recte restituendum esse censet Nizze; significat: proprietatem; cfr. p. 63,20: ταῦτα δὲ τὰ συμπτώματα FB. Nec raro hoc sensu legitur apud mathematicos: Apollonius Con. p. 8: τὰ ἐν αὐταῖς ἀρχικὰ συμπτώματα, quae Eutocius p. 10 sic explicat: ταῦτα δέ ἐστιν, ὅσα συμβαί-

11*

164

νει παρὰ τὴν πρώτην αὐτῶν γένεσιν; Proclus in Eucl. p. 61, 11; 72,12, cett.; p. 79,18: λέγω σύμπτωμα κατηγορούμενον τὸ καθ' αὑτὸ συμβεβηκός, οἷον ἴσον ἢ τομὴν ἢ θέσιν ἢ ἄλλο τι τοιοῦτον. Ceterum conclusio haec corrupta est, ut monuerunt Commandinus, Maurolycus, Peyrardus, Nizzius; hunc puto ueram emendationem repperisse: ... ἐλάσσων τᾶς BP, ὁμοίως καθετοῦ οὔσης τᾶς NP ἐν τᾷ ... τομᾷ· τοῦτο γάρ ... σύμπτωμα· δῆλον οὖν ... ἁ AΓ, omissis uerbis διάμετρος ταύτας μείζων ἐστὶν ἁ ΓΔ (sic Bas., codd.), post linearum permutationem ortis; ὁμοίως, quod omisit Nizzius, retinendum est; intellegendum: similiter atque in acutianguli coni sectione linea KΘ.

P. 278,9: εἰ μὲν οὖν κατμαθῇ] sic Torellius inepte cum Bas.; scrib. αἰ μὲν οὖν κα τμαθῇ; κατατμαθῇ C. Quod Torellius saepius καθετᾶν scribit, id de suo ingenio finxisse uidetur; in Bas. enim et codd. semper recte legitur καθετῶν (p. 276,24; 278,27; 40; 279,1).

P. 280,6: εἰ κατά ... ἐφάπτηται] scrib. αἴ κα κατὰ ... ἐφάπτηται.

Ibid. lin. 7 sq.: ἀχθέντων γὰρ διὰ τοῦ ἄξονος δύο ἐπιπέδων, τοῦ κωνοειδέος αἱ τομαὶ ἐσσοῦνται κώνων τομαὶ διάμετρον ἔχουσαι τὸν ἄξονα. Τοῦ δὲ ἐπιψαύοντος ἐπιπέδου α' εὐθεῖαι ἐπιψαύουσαι τὰν τῶν κώνων τομᾶν κατὰ τὸ πέρας τᾶς διαμέτρου ὀρθὰς ποιοῦντι γωνίας ποτὶ τὰν διάμετρον] Genetiuus τοῦ δὲ ἐπιψαύοντος ἐπιπέδου non habet, quo referatur; nec intellegitur, quae sint lineae illae rectae. Sic scribendum puto, expleta lacuna, quae ob eadem uerba repetita orta est: τοῦ μὲν κωνοειδέος αἱ τομαὶ ... ἄξονα, τοῦ δὲ ἐπιψαύοντος ἐπιπέδου εὐθεῖαι ἐπιψαύουσαι [τὰν τῶν κώνων τομᾶν κατὰ τὸ πέρας τᾶς διαμέτρου· αἱ δὲ εὐθεῖαι αἱ ἐπιψαύουσαι] τὰν τῶν κώνων τομᾶν κατὰ τὸ πέρας τᾶς διαμέτρου ὀρθὰς ποιοῦντι κτλ.

P. 281,20: ὅτι μὲν οὖν κατ' ὀρθὰς ... ἔωντι, δῆλον] scrib.: αἱ μὲν οὖν κα ποτ' ὀρθὰς κτλ.; κατ' ὀρθάς nihil est; αἱ in ὅτι mutatum est, quia ex δῆλον putabatur pendere; quod longe secus est. Nam ad δῆλον αυ-

165

ditur: ὅτι ἁ τὰς ἁφὰς ἐπιζευγνύουσα εὐθεῖα διὰ τοῦ κέντρου τοῦ σφαιροειδέος πορεύσεται.

P. 282,19: εἰ δὲ καὶ ... μὴ διὰ τοῦ κέντρου ἀγμένον] post ἀγμένον et Bas. et codd. habent ἤ; scrib. igitur: αἱ δέ κα ... ἀγμένον ᾖ. Lin. 16 ἄκται om. Bas., codd.; sed in codd. recte post τοῦ κέντρου insertum est.

P. 283,1: τῶν ὀξυγωνίων κώνων τομαί] pro τῶν scrib. δύο.

P. 283,11: ἀπὸ τοῦ σφαιροειδέος τὰ αὐτὰ τῷ Ε, τὸ ἐπὶ τᾶς τῷ ἑτέρῳ τμάματι] sic Torellius prorsus peruerse; in Bas., codd. omittuntur τὰ αὐτὰ τῷ Ε; scrib. ἀπὸ τοῦ σφαιροειδέος τὸ ἐπὶ τὰ αὐτὰ τῷ Ε, τῷ ἑτέρῳ τμ., geminatis litteris τω ε.

P. 283,36: δυνατὸν ἔσται] scrib. δυνατόν ἐστι, ut semper legitur. Lin. 46 scrib. ὀρθὸν εἶμεν ποτὶ (pro ἐπί) τὸν ἄξονα; ham Archimedes et ceteri mathematici semper habent ὀρθὸς ποτί, sed κάθετος ἐπί.

P. 284,20: ἐφ' ἑκάστου] ἀφ' ἑκάστου F, et sic scribendum est; cfr. p. 11,47; 89,15; 119 extr.; 228,5; 230,18. Etiam p. 286,4 ἐφ' in ἀφ' corrigendum.

P. 284,22: ἐπὶ τὰ αὐτὰ τοῦ κυλίνδρου] fortasse potius scrib. τοῦ κύκλου; cfr. p. 286,6.

P. 286,20 scrib. τὰ προβεβλημένα περὶ τῶν σχημάτων.

P. 287,51: πολλῷ ἄρα recte Bas., codd.;»multo magis« Cr.

P. 292,1c: ὁ δὲ ἐκ τῶν εἰρημένων λόγος] scrib. ὁ δὲ ἕτερος τῶν εἰρημένων λόγος. Lin. 17 uerba ita transponenda: ἐπεὶ τὸ μὲν ἕτερον αὐτῶν (sic, non αὐτόν, Bas., codd.).

P. 293,3: ἐγγεγράφθωσαν δή FC bene;»describantur iam coni« Cr.

P. 294,6: εἴγε] scrib. αἰ γάρ.

P. 294,43: ἕξει ἄρα ἀνομοίως τῶν λόγων τεταγμένον] ἕξει αμετριαν ὁμοίως τ. λ. τεταραγμένον Bas., codd. Similia Cr.:»proportionibus non mensis similiter permutatis«; ex τεταραγμένον faciendum τεταγμένων; cfr. p.

305,42; 48,48; 49,7; Eucl. V def. 20; praeterea ἀνομοίως
scribendum esse, ex iisdem locis adparet; sed quid
in αμετρι praeter ἄρα uel οὖν lateat, nescio.

P. 296,22: ἴσον γὰρ κάτερον] scrib. ἴσον γὰρ ἑκάτερον
ἑκατέρῳ, quamquam Cr.:»nam utrumque est æquale«.
P. 297,15: τέμνει δὴ τὰ αὐτὰ δίχα τὰν ΑΓ] τεμεῖ διὰ τὰ
αὐτὰ δ. τ. ΑΓ' F, alii; Cr.:»dividet propter eadem f (?)
æqualia ipsam ac, dividet uersus eam partem ac«
(itaque eadem uerba duobus modis uertuntur). Scribendum puto; τεμεῖ δὴ αὐτὰ δίχα τὰν ΑΓ'. De uocabulo
αὐτά addito cfr. p. 234,29; 236,13; 237,49; 272,39; 274,
2; 277,12; 282,8; 289,10 (ubi etiam cum F scrib. τεμεῖ);
291,38 (δι' αὐτά Bas., V); etiam p. 238,6 pro τὰ αὐτά et
p. 239,20 pro αὐτᾷ scrib. αὐτά.
P. 298,: φαμὶ δὴ ... τῷ Ψ κώνῳ om. Bas., codd.,
et tollenda esse puto, quamquam habet Cr.:»dico,
portionem conoidalis esse æqualem cono z«. Suppleta
sunt ex p. 300,10.
P. 299,4: ἐν τοῖς αὐτοῖς λόγοις F bene; sic etiam
p. 295,40 cum Nizzio scribendum.
P. 300,1: τετάχθαι] scrib. τε ἄχθαι; semper enim dicitur ἄγειν ἐπίπεδον, uelut p. 277,15; 279,8; 24; 280,6; 8;
p. 303,25 pro τετάχθαι in Bas., codd. est ἄχθαι.
P. 300,9: καὶ ἄξονα τὸν αὐτὸν τουτέστι ἁ ΘΒ] τὸν τὰν
τῷ τμήματι· καὶ ἄξονα τὸν αὐτὰν τὰν θβ Bas.; recte codd.:
καὶ ἄξονα τὸν αὐτόν, τὰν ΘΒ; Cr.:»et axem eundem,
scilicet hb«.
P. 302,23 scrib. ἢ ᾧ ὑπερέχει. Lin. 45 ὄν omittendum
cum Bas., codd., et deinde scribendum: τοῦτον ἔχει τὸν
λόγον, ὃν τὸ ὁμοίως τεταγμένον αὐτῷ.
P. 303,44 scrib. ἐσσεῖταί τι ἀπότμαμα.
P. 303,50: ἐγγεγράφθω] ἐνεγράφω F; scrib. ἐνέγραψα,
ut lin. 51 περιέγραψα cum F, aliis. Archimedes enim
saepius sic loquitur, uelut p. 305,13; 14 (quod minime
cum Nizzio corrigendum est): ἐνέγραψα, περιέγραψα. Cfr.

p. 309,37 : ἐνέγραψα; p. 24,12 : ἔλαβον; 27,21 : ἀπέλαβον; 33,49 : ἐνέγραψα (34,1); 34,5 : ἐγγράφω; 236,20; 237,2 : ἔλαβον.

P. 305,51 : ὥστε εἶμεν ἕκαστον τῶν ἐχόντων τᾶς διαμέτρου τετράγωνον] recte F, alii : τὰς διαμέτρους; significantur figurae, in quibus ductae sunt diametri. P.. 306,2 : ἀφ' ἑκάστου] scrib. ἐφ 'ἑκάστου, cum sequatur ἀπὸ τοῦ ἑπομένου χωρίου. P. 306,13 : καὶ τὰ λοιπὰ ὁμοίως τούτοις. Ἐξοῦντι δὲ ὧδε ἐκβεβλήσθω τὰ ἐπίπεδα ... ποτὶ τὰν ἐπιφάνειαν] Adparet, haec omni sensu carere; nec etiamsi ἐξοῦντι in ἐχόντων corrigatur, quod significat Cr. (»his sic se habentibus«), sanus erit locus; nam ὧδε apud Archimedem semper ad sequentia refertur, et in Bas., codd. om. ἐκβεβλήσθω. Sic scribendum putauerim : καὶ τὰ λοιπὰ ὁμοίως τούτοις ἐξοῦντι. Διάχθω δὲ τὰ ἐπίπεδα ... ποτὶ τὰν ἐπιφάνειαν. De ἐξοῦντι cfr. p. 21,42 (et lin. 3, ubi recte Torellius pro ἐόντι suspicatur ἔχοντι); 22,11; 40; 23,15; extr.; 24, 19; 47. De διάχθω cfr. p. 294,12; 298,14; alibi.

P. 307,2 recte παραπέπτωκεν F; παραπέπτωκε Bas.

P. 307,23 : τᾷ δὲ τρίτᾳ δύο μόρια τᾶς ΞΘ] scrib. δύο δὲ τριταμόρια τᾶς ΞΘ. Lin. 48 pro ποτ' αὐτό scrib.: ποτ' ἑαυτό, sicut etiam p. 302,36 corrigo.

P. 308,8 : πρὸ τοῦ λεγομένου τοῦ ἐσχάτου] »ante ultimum dictum« Cr. Sed nihilo minus apertissime scribendum : πρώτου λεγομένου τοῦ ἐσχάτου. Hoc dicit Archimedes, singulos cylindros cylindri integri ad singulos figurae circumscriptae eam habere rationem, quam spatia unicuique respondentia ad gnomones, spatiorum ordine inuerso, ut ultimum, unde gnomon desumptus non est, primo loco numeretur. Nam si spatium ultimum suo loco numeratur, cylindrus secundus cum primo spatio, non cum secundo coniungitur (p. 307,19 sq.).

P. 309,3 sq.: κατὰ τὰ Β,Ζ · καὶ ἐσσοῦνται κορυφαὶ τῶν τμαμάτων ἐπιζευχθεῖσαι καὶ ἔστω ά ΒΖ] scrib. κατὰ τὰ Β,Ζ· καὶ ἐσσοῦνται κορυφαὶ τῶν τμαμάτων (sc. τὰ Β,Ζ). [Ἄχθω

οὖν ἁ τὰς κορυφὰς τῶν τμαμάτων] ἐπιζευγνύουσα, καὶ ἔστω
ἁ BZ. Uerba propter repetitum uocabulum τμαμάτων
omissa facile ex p. 313,26 sq. supplentur.

P. 311,39: τετραπλάσιον γὸρ ἑκάτερον] scrib. ἑκατέρου
ἑκάτερον; cfr. p. 220. Alia res est p. 307,48: ἑκάτερα
γὰρ ἴσα ἐστίν; nam ibi ἑκάτερα num. plural. est: utraque
enim (ɔ: magnitudines et prioris et alterius rationis)
inter se sunt aequalia. Cfr. p. 314,6, ubi D solus om.
ἑκατέρου.

P. 311,43 scrib. ἔχοι κα καί. Optatiuo potentiali
non raro utitur Archimedes: p. 26,21; 27,37, alibi. Quod
Nizzii causa moneo. Porro interpunctio Torellii peruersissima est. Sic enim interpungendum: Ἐπεὶ οὖν ... ὑπὸ
τᾶν BΘ,ΞΔ (τετραπλάσιον γὰρ ἑκάτερον ἑκατέρου), ὁ δὲ κῶνος
... τᾶν ZE,EΔ, ἔχοι κα καί.

P. 312,19: ἔχοι ἂν καί] scribendum puto: ἔχοι οὖν κα.

P. 312,11 sq. uerba περιεχόμενον ὑπὸ τᾶν ZE,EΔ ποτὶ
τὸ περιεχόμενον ὑπὸ τᾶν BE,EΔ· τοῦτον γὰρ ἔχει τὸν λόγον, ὅν
om. Bas.; Torellius ea de suo addidit, quod ad sensum
adtinet, rectissime; sed in codd. sic scribuntur: π. ὁ. τᾶν
ZE,EΔ ποτὶ τὸ ὑπὸ τᾶν BEΔ (ɔ: BE,EΔ)· τὸν γὰρ αὐτὸν ἔχει
λόγον, ὅν. Hoc admonui, ut adpareret summa Torellii
in lacunis supplendis licentia.

ΑΡΧΙΜΗΔΟΥΣ ΨΑΜΜΙΤΗΣ.

Archimedis de arenae numero liber

adparatu critico instructus.

Specimen nouae operum Archimedis editionis.

F est codex Florentinus.
V — codex Venetus.
A — codex Parisinus Nr. 2359.
B — codex Parisinus Nr. 2360.
C — codex Parisinus Nr. 2361.
D — codex Parisinus Nr. 2362.
Bas. est editio Basileensis 1544 fol.
Intp. — interpretatio Latina Jacobi Cremonensis ẹi addita.
Comm. est Commandinus: A. opera lat. Venet. 1558 fol.
W est Wallis: Arch. arenarius. Oxon. 1676. 8.
N — Nizze: Uebersetzung. Stralsund 1824. 4,
R — Riualtus: Archim. opera. Paris. 1615 fol.
T — Torelli: Archim. opera. Oxon. 1792 fol.

Accentus ubique ex ratione dialecti Doricae posui, cum in F nulla omnino accentus significatio exstet (u. p. 113).

Ι. Οἴονται τινές, βασιλεῦ Γέλων, τοῦ ψάμμου τὸν ἀριθμὸν ἄπειρον
εἶμεν τῷ πλήθει· λέγω δὲ οὐ μόνον τοῦ περὶ Συρακούσας τε
καὶ τὰν ἄλλαν Σικελίαν ὑπάρχοντος, ἀλλὰ καὶ τοῦ κατὰ πᾶσαν
χώραν τάν τε οἰκημέναν καὶ τὰν ἀοίκητον· ἐντι τινες δέ, οἳ αὐτὸν
ἄπειρον μὲν εἶμεν οὐκ ὑπολαμβάνοντι, μηδένα μέντοι ταλικοῦτον
κατωνομασμένον ὑπάρχειν, ὅστις ὑπερβάλλει τὸ πλῆθος αὐτοῦ.
οἱ δὲ οὕτως δοξάζοντες δῆλον ὡς εἰ νοήσαιεν ἐκ τοῦ ψάμμου ταλικοῦτον ὄγκος συγκείμενον τῷ μεγέθει, ἁλίκος ὁ τᾶς γᾶς ὄγκος,
ἀναπεπληρωμένων ἐν αὐτῷ τῶν τε πελαγέων παντῶν καὶ τῶν κοι-
λωμάτων τᾶς γᾶς εἰς ἴσον ὕψος τοῖς ὑψηλοτάτοις τῶν ὀρέων
πολλαπλασίως κα ἡγοῖντο μηδένα ἀκαρῆ ἔμμεναι ὑπερβάλλοντα τὸ

2.

1. βασιλευυγέλων Bas. οιοντε F. ἀριθμὸν om. F (addidit manus posterior) ABCD Bas. R; corr. W. 2. τοῦ περί] τὸν
περί FABCD. 4. ἐντί τινες δέ, οἷ] rec. ex RT; ἔν τινες δέ
FACD Bas. εἰ τινές δέ coni. W, sed repugnat constructio uerborum sequentium. τινὲς δὲ B ex coniectura; „nonnulli" intp.
5. μὲν εἶμεν coniectura T. γενιμεν FVABCD ἐνιμεν Bas. μὲν
οὐκ εἶμεν ὑπολ. R. ὑπολαμβάνωντι Bas. F? C. 7. οὕτως] οὐ AD
Bas. (sed mg. οὕτως); οὕτω BR. Cfr. p. 115. εἰ] ἦν VAD.
νοήσαιεν] νοῆσαι ἐν VAC, νοεισαιεν F. 8. τῷ μεγέθει] τᾶ μὲν
FVABCD Bas. R. εἶμεν coni. W, recep. T. Sed νοέω apud
Archimedem cum participio construitur (uelut §. 17; p. 92, 3);
quare putauerim in μὲν latere compendium uerbi μεγέθει,
quod semper alibi additur. §. 7. IV, 2; 4 sqq. ἁλίκος] ἁλίκαν
FBC (in rasura) Bas. R. ἁλίκων ADV; corr. WT. τᾶς] sic W
(prob. N), πᾶς omnes. γᾶς] γὰρ codd., Bas. R. Corr. WT.
9. τε om. BR (qui post πάντων inseruit). 9. κοιλωμάτων]
scripsi cum F (?) ABC; κοιλομάτων cett. εἰς ἴσον] εἰς ego
addidi; facile excidit ante ἰσ. ὑψιλοτάτοις D. 10. ὠρέων C. κα
ἡγοῖντο] sic scripsi; μήγουσίν τε FB Bas. R. μὲν ἡγῶντο
(quod nihil est) WT. μίγουσίτε ACD. Intp. hoc loco mire
peruersa. μηδένα ἀκαρῆ] ego; μηδεν ἀκαρη F, μηδένα κάρη

3. πλῆθος αὐτοῦ. ἐγὼ δὲ πειρασοῦμαι τοῦ δεικνύειν δι᾽ ἀποδειξίων
γεωμετρικᾶν, αἷς παρακολουθήσεις, ὅτι τῶν ὑφ᾽ ἁμῶν κατωνο-
μασμένων ἀριθμῶν καὶ ἐνδεδομένων ἐν τοῖς ποτὶ Ζεύξιππον γεγραμμένοις ὑπερβάλλοντί τινες οὐ μόνον τὸν ἀριθμὸν τοῦ ψάμμου τοῦ
μέγεθος ἔχοντος ἴσον τᾷ γᾷ πεπληρωμένᾳ, καθάπερ εἴπαμες, ἀλλὰ
4. καὶ τὸν τοῦ μέγεθος ἴσον ἔχοντος τῷ κόσμῳ. κατέχεις δέ, διότι
καλεῖται κόσμος ὑπὸ μὲν τῶν πλείστων ἀστρολόγων ἁ σφαῖρα, ἇς
ἐστι κέντρον μὲν τὸ τᾶς γᾶς κέντρον, ἁ δὲ ἐκ τοῦ κέντρου ἴσα
τᾷ εὐθείᾳ τᾷ μεταξὺ τοῦ κέντρου τοῦ ἁλίου καὶ τοῦ κέντρου τᾶς
γᾶς. ταῦτα γάρ ἐντι τὰ γραφόμενα, ὡς παρὰ τῶν ἀστρολόγων διάκου-
σας· Ἀρίσταρχος δὲ ὁ Σάμιος ὑποθεσίων τινῶν ἐξέδωκεν γραφάς,
ἐν αἷς ἐκ τῶν ὑποκειμένων συμβαίνει τὸν κόσμον πολλαπλάσιον
5. εἶμεν τοῦ νῦν εἰρημένου· ὑποτίθεται γὰρ τὰ μὲν ἀπλανέα τῶν

AC, μηδένα κάρη V, μηδένα βάρη D.· μηδ᾽ ἐν ἀκαρεῖ BRWT.
ἔμμεναι suspectum, u. p. 91. 1. πειρασοῦμεν D. τοῦ] recepi
ex FVABD; cfr. Isocr. 19, 23; τοῦτο cett. δι᾽] διά C. ἀποδει-
ξίων] ego pro ἀποδείξεων, u. p. 80. .2. γεωμετρικᾶν scripsi cum
VABC (F?); γεωμετρικῶν cett., μετρικᾶν D. 3. κατονομασμ.
F? CD Bas.; corr. R, recep. WT. ἐνδεδομένων] (— ον C)
ἐκδεδομ. WN, fortasse melius. Ζευξίππου D. γεγραμμένος V.
4. μόνου A. ἀριθμὸν] ͞ς C Bas. R. καὶ F (?) VABD. De ς
compendio uerbi καὶ u. p. 115.· Sed significat etiam ἀριθμός
(ut apud Diophantum); cfr. § 7; III, 2; 4; IV, 2; 3.
5. εἴπαμες] ego p. 93; εἴπαμεν cett. 6. μεγέθεος Bas. R.
μεγέθους FVACD (etiam lin. 7 μεγέθεος Bas. R.). Cfr.§ 7.
IV, 2; 5; 7. ἴσου D. διότι] ex FABCD (B mg. eadem manu
δὴ ὅτι) Bas. R.; ὅτι WT. 7. πλείστων] ex codd. omn.; πλειόνων
cett. 8. κέντρον] μέτρον VAD. ἁ] ἡ BC Bas. ἐκ] om. FACDV
Bas. R; addidit W, rec. T. ἴσα τᾷ εὐθείᾳ] post lacunam
αἱ εὐθείαι codd., εὐθείαι Bas.; τᾷ εὐθείᾳ R; corr. WT; no-
cuit compendium (p. 115). 10. ἐντι τὰ γραφόμενα ὡς] ἐν
ταῖς γραφομέναις omnes; ego dubitans correxi; cfr § 3.
διάκουσας] ɔ: διήκουσας ego; διακρούσας omnes. Tum post
Ἀρίσταρχος inserui δέ. Quae uulgo leguntur, sensu carent,
neque nunc locum sanatum puto. 11. ὑποθεσίων τινῶν] recepi
ex FCR, ὑποθέσεων τινων B, ὑπόθεσιν τινα V(?) AD, ὑποθεσιῶν
Bas. T. γραφάς] ego; γράφας cett. 13. ἀπλανέα] ego, ἀπλανῇ
cett. τῶν] τῶν τῶν D.

ἄστρων καὶ τὸν ἅλιον μένειν ἀκίνητον, τὰν δὲ γᾶν περιφέρεσθαι
περὶ τὸν ἅλιον κατὰ κύκλου περιφέρειαν, ὅς ἐστιν ἐν μέσῳ τῷ
δρόμῳ κείμενος, τὰν δὲ τῶν ἀπλανέων ἄστρων σφαῖραν, περὶ τὸ
αὐτὸ κέντρον τῷ ἁλίῳ κειμέναν, · τῷ μεγέθει ταλικαύταν εἶμεν,
ὥστε τὸν κύκλον, καθ᾽ ὃν τὰν γᾶν ὑποτιθέται περιφερέσθαι, τοι-
αύταν ἔχειν ἀναλογίαν ποτὶ τὰν τῶν ἀπλανέων ἀποστασίαν, οἵαν
ἔχει τὸ κέντρον τᾶς σφαίρας ποτὶ τὰν ἐπιφάνειαν. τοῦτο γ᾽ εὔδηλον,   6.
ὡς ἀδύνατόν ἐστιν. ἐπεὶ γὰρ τὸ τᾶς σφαίρας κέντρον οὐδὲν ἔχει
μέγεθος, οὐδὲ λόγον ἔχειν οὐδένα ποτὶ τὰν ἐπιφάνειαν τᾶς
σφαίρας ὑπολαπτέον αὐτό. ἐκδεκτέον δὲ · τὸν Ἀρίσταρχον
διανοείσθαι τύδε· ἐπειδὴ τὰν γᾶν ὑπολαμβάνομες ὥσπερ εἶμεν
τὸ κέντρον τοῦ κόσμου, ὃν ἔχει λόγον ἁ γᾶ ποτὶ τὸν ὑφ᾽
ἁμῶν εἰρημένον κόσμον, τοῦτον ἔχειν τὸν λόγον· τὰν σφαῖραν,
ἐν ᾇ ἐστιν ὁ κύκλος, καθ᾽ ὃν τὰν γᾶν ὑποτιθέται περιφέρεσθαι,
ποτὶ τὰν τῶν ἀπλανέων ἄστρων σφαῖραν· τὰς γὰρ ἀποδείξιας τῶν   7.
φαινομένων ὡς τούτων ὑποκειμένων ἐναρμόζει· καὶ μάλιστα φαι-
νέται τὸ μέγεθος τᾶς σφαίρας, ἐν ᾇ ποιείται τὰν γᾶν κινουμέναν
ἴσον ὑποτιθέσθαι τῷ ὑφ᾽ ἁμῶν εἰρημένῳ κόσμῳ. φαμὲς δὴ καὶ εἰ

---

1. ακιτον F.   2. ὅς] ὡς D. ἐστιν] ἐστι D.   3. τῶν] τᾶν AD.
ἀπλανέων ego, ἀπλανῶν cett.   4. ταλίκαν B, ταμικάνταν D.
5. ὥστε] ἐν ᾧ B, ἔστω FVAD, ἐς τῶ C, ἔστι ὥστε Bas.   καθ᾽
ὃν τὰν] καθ᾽ αὐτὰν FVD, καθ᾽ αὐ τὰν ABC.   6. ἀπλανέων ego,
ἀπλανῶν cett. οἵαν] οἷον BD (B corr. manu post. in οἵαν).
τᾶς] τῆς ABCD.   7. τοῦτο γ᾽ scripsi cum codd. omnibus,
τοῦτο δ᾽ cett.   8. ἔστι CD. τὸ] τα ACD. τᾶς] τῆς B, sed
corr.   10. αὐτὸν FVACD.   11. τύδε om. D. ἐπεὶ δέ R. ὑπολαμβάνομες ego, ὑπολαμβάνομεν cett.   ὥσπερ εἶμεν ego, ὡς περὶ
μὲν codd., Bas. R., ὥσπερ μὲν WT; sed quid hoc loco sibi
uelit μέν, non intellego; de ὥσπερ cfr. Heindorf. ad Plat.
Cratyl. 384 c.   12. τὸ] τὸν A.   14. ἐν ᾗ codd., Bas., R; corr.
W. recep. T.   καθ᾽ ὃν] καθ᾽ οὐ FABCD, R. ὑποτίθενται Bas.
15. ἀπλανέων] ἁπλᾶν Bas., neglecto compendio syllabae ων.
ἀπλανῶν codd., R; ἀπλανέων ex coni. W recep. T. γάρ om.
FABD Bas. R W; add. T. ἀποδείξιας Bas. F? 16. ὑποκείμενον
AC Bas. R; fortasse etiam F. ὡς τούτων scripsi, οὕτως omnes;
sed τῶν φαινομένων necessario pertinet ad ἀποδείξιας.   18. ὑποτίθεται codd., Bas.; corr. R. φαμές ego, φαμὲν cett.

174

γένοιτο ἐκ τοῦ ψάμμου σφαῖρα ταλικαύτα τὸ μέγεθος, ἁλίκαν
Ἀρίσταρχος ὑποτίθεται τὰν τῶν ἀπλανέων ἄστρων σφαῖραν εἶμεν,
καὶ οὕτως τινὰς δειχθήσειν τῶν ἐν Ἀρχαῖς τὰν κατονομαξίαν
ἐχόντων ὑπερβάλλοντας τῷ πλήθει τὸν ἀριθμὸν τὸν τοῦ ψάμμου
τοῦ μέγεθος ἔχοντος ἴσον τᾷ εἰρημένᾳ σφαίρᾳ, ὑποκειμένων τῶνδε·
8. πρῶτον μὲν τὰν περίμετρον τᾶς γᾶς εἶμεν ὡς τ′ μυριάδων σταδίων
καὶ μὴ μείζονα, καίπερ τινῶν πεπειραμένων ἀποδεικνύειν, καθὼς
καὶ τὸ παρακολουθεῖς, ἐούσαν αὐτὰν ὡς λ′ μυριάδων σταδίων· ἐγὼ
δὲ ὑπερβαλλόμενος καὶ θεὶς τὸ μέγεθος τᾶς γᾶς ὡς δεκαπλάσιον
τοῦ ὑπὸ τῶν προτέρων δεδοξασμένου τὰν περίμετρον αὐτᾶς ὑποτιθέμαι εἶμεν ὡς τ′ μυριάδων σταδίων καὶ μὴ μείζονα· μετὰ δὲ
τοῦτο τὰν διάμετρον τᾶς γᾶς μείζονα εἶμεν τᾶς διαμέτρου τᾶς
σελήνας καὶ τὰν διάμετρον τοῦ ἁλίου μείζονα εἶμεν τᾶς διαμέτρου
τᾶς γᾶς, ὁμοίως τὰ αὐτὰ λαμβάνων τοῖς πλείστοις τῶν προτέρων

1. ψάμμους D. σφαίρων A. ταλίκα BD. ἁλίκων AD.
2. πλανέων VAD. οὕτω BR, οὐ Bas. 3. δειχθήσειν Ahrens
(u. p. 89); δειχθεῖσι F? Bas., δειχθείσην ·B, δειχθεισ˜ C,
δειχθεισῶν AD, δειχθείσας R, δειχθέντων W, δειχθήσεσθαι T.
κατονομαξίαν ego; κατονομαξιῶν FAB, κατανομαξιῶν D, κατ′
ὄνομα ἀξίων C, κατονομαξιῶν Bas., κατονυμασιῶν R, κατονομασίαν WT. τὰν] τῶν omnes. 4. ὑπερβάλλοντα D. ἀριθμὸν] scripsi;
καὶ omnes. 5. μεγέθους FACD. ἔχοντος] ἔχον τὸ FC Bas.
τῇ codd., Bas., R εἰρημένῃ codd., Bas., R. 6. τὰν ex codd.
recepi cum NR. τ′] τῶν ABC F? Bas., R, commutatis τ
(= τριακόσιοι) et τ (= τῶν); corr. W. μοιριάδων FVAD.
7. μὴ om. FABCD Bas., R; corr. W. μείζονα ego, μείζων
codd., Bas., R (coni. μεῖζον), μείζω WT. καὶ περί codd, Bas.
R; corr. W. τινῶν ego, τῶν cett. πεπειραμένων recepi ex codd.
R; πειραμένων cett. 8. καὶ τὸ R coni., καὶ τοι cett. παρ-
ακολουθῆς C. μοιριάδων A Bas. 9. καὶ θεὶς dubitans scripsi
pro καθείς. δεκαπλασίων F? ABCR. δεκαπλασίου VD, corr. W.
9. προτέρου D. δεδοξασμένων FABCD. 11. τ′] τῶν FABC
Bas. R; corr. W, cfr. lin. 6. μυριάδων] Μ FBC, λλ Bas.,
λλ R; μοιριάδων VAD; cfr. lin 6; 8. μή om. Bas., R. μείζονα
ego (cfr. lin. 7), μείζων FBCR; μείζω cett. 12. εἶμεν]
ἐκεῖ μέν ACDV. ἐκειμεν F Bas. διαμέτρου] διάμετρον A.
13. σελάνας B. 14. λαμβάνων VAD.

ἀστρολόγων. μετὰ δὲ ταῦτα τὰν διάμετρον τοῦ ἁλίου τᾶς διαμέτρου   9.
τᾶς σελήνας ὡς τριακονταπλασίαν εἶμεν καὶ μὴ μείζονα, καίπερ
τῶν προτέρων ἀστρολόγων Εὐδόξου μὲν ὡς ἐννεαπλασίονα ἀπο-
φαινομένου, Φειδία δὲ τοῦ Ἀκούπατρος ὡς [δὴ] δωδεκαπλασίαν,
Ἀριστάρχου δὲ πεπειραμένου δεικνύειν, ὅτι ἐστὶν ἁ διάμετρος τοῦ
ἁλίου τᾶς διαμέτρου τᾶς σελήνας μείζων μὲν ἢ ὀκτωκαιδεκαπλασίων
ἐλάσσων δὲ ἢ εἰκοσαπλασίων. ἐγὼ δὲ ὑπερβαλλόμενος καὶ τοῦτον,
ὅπως τὸ ὑποκείμενον ἀναμφιλόγως ᾖ δεδειγμένον. ὑποτίθεμαι τὰν
διάμετρόν τοῦ ἁλίου τᾶς διαμέτρου τᾶς σελήνας ὡς τριακονταπλασίαν εἶμεν καὶ μὴ μείζονα. ποτὶ δὲ τούτοις τὰν διάμετρον τοῦ   10.
ἁλίου μείζονα εἶμεν τᾶς τοῦ χιλιαγώνου πλευρᾶς τοῦ εἰς τὸν μέγιστον κύκλον ἐγγραφομένου τῶν ἐν τῷ κόσμῳ. τοῦτο δὲ ὑποτί-
θέμαι. Ἀριστάρχου μὲν εἰρηκότος τοῦ κύκλου τῶν ζῳδίων τὸν
ἅλιον φαινόμενον ὡς τὸ εἰκοστὸν καὶ ἑπτακοσιοστόν. αὐτὸς δὲ
ἐπισκεψάμενος τόνδε τὸν τρόπον ἐπειράθην ὀργανικῶς λαβεῖν τὰν
γωνίαν. εἰς ἂν ὁ ἅλιος ἐναρμόζει τὰν κορυφὰν ἔχουσαν ποτὶ τᾷ
ὄψει. τὰν μὲν ὁμοίαν ἀκριβῶς λαβεῖν οὐκ εὐχερές ἐστι διὰ τὸ   11.
μήτε τὰν ὄψιν μήτε τὰς χεῖρας μήτε τὰ ἔργανα. δι' ὧν δεῖ

---

1. τὰν] τὸν D. 2. τριακονταπλασίας B, sed corr., λπλασιῶν
VAD. καὶ περὶ codd. Bas., R; corr. W; cfr. § 8. 3. ἐννεαπλασίονα
scripsi cum WN. ἐννεαπλάσιον cett: 4. δὴ om. WT. 5. τοῦ ἁλίου] τοῦ
de meo addidi. 6. ὀκτὼ καὶ δωδεκαπλ. D. 8. ἀναμφιλόγως ego,
ἀμφίλογον Bas., ἀναμφίλογον cett. ὑποτίθεντι D. 9. τοῦ ἁλίουτᾶς διαμέτρου bene suppleuit W, om. cett. ; „suppono diametrum lunae
ueluti trigesies tantum, quantum nunc ponitur" intp.; sed
Comm. recte: „pono diametrum solis trigintuplam diametri
lunae". σελάνας B; § 8. τριακονταπλασίας Bas. 10. μειζόνων Bas. C. μεῖζον F?, μείζω VAD, μείζονα ex B, RWT.
11. εἶμεν μείζονα A. 12. τῶν] τοῦ AD. 13. τὸν] τ AD, τῶν
C. 14. φαίνομαινον D. εἰκοστὸν] εἰκός C. 15. ὀργανικῶν D. 16 εἰς ἂν]
ὡς ἂν ABC, ὡς ἄν FDR; ἐς ἂν W (qui inter ἐς et εἰς miram
quandam differentiam statuit) T. Cfr. § 11; 13; 15; 16; 18.
ἐναρμόζῃ D (sed corr.); cfr. § 11; 13, 15; 16; 18.
17. τὰν μὲν ὁμοίαν ἀκριβῶς ualde dubitans scripsi (cfr. infra
ad § 13); τὸ μὲν ὅμοιον ἀκριβεῖ cett. sine sensu. Post ὅμοιον
in D repetuntur quinque uerba et dimidium: τι τᾷ ὄψει.
τὸ μὲν ὅμοιον. διά rep. D. 18. δεῖ scripsi, δια — codd.; om.
cett. 1. ἀξιοπίστως R.

λαβεῖν, ἀξιοπιστας εἴμεν τὸ ἀκριβὲς ἀποφαινέσθαι. περὶ δὲ τούτων
ἐπὶ τοῦ παρόντος οὐκ εὔκαιρον μακύνειν, ἄλλως τε καὶ πλεονάκις
τοιούτων ἐμπεφανισμένων. ἀποχρὴ δέ μοι εἰς τὰν ἀπόδειξιν τοῦ
προκειμένου γωνίαν λαβεῖν, ἅτις ἐστὶν οὐ μείζων τᾶς γωνίας, εἰς
ἂν ὁ ἅλιος ἐναρμόζει τὰν κορυφὰν ἔχουσαν ποτὶ τᾷ ὄψει, καὶ
πάλιν ἄλλαν γωνίαν λαβεῖν, ἅτις ἐστὶν οὐκ ἐλάσσων τᾶς γωνίας,
εἰς ἂν ὁ ἅλιος ἐναρμόζει τὰν κορυφὰν ἔχουσαν ποτὶ τᾷ ὄψει.

12. τεθέντος οὖν μακροῦ κανόνος ἐπ᾽ ἐπίπεδον ὁμαλὸν ἐν τύπῳ κείμε-
νον, ὅθεν ἤμελλεν ἀνατέλλων ὁ ἅλιος ὁράσθαι, καὶ κυλίνδρου
μικροῦ τορνευθέντος καὶ τεθέντος ἐπὶ τὸν κανόνα ὀρθοῦ εὐθέως
μετὰ τὰν ἀνατολὰν τοῦ ἁλίου, ἔπειτ᾽ ἐόντος αὐτοῦ ποτὶ τῷ ὁρί-
ζοντι καὶ δυναμένου αὐτοῦ ἀντιβλεπέσθαι ἐπεστράφη ὁ κανὼν εἰς
τὸν ἅλιον καὶ ἁ ὄψις κατεστάθη ἐπὶ τὸ ἄκρον τοῦ κανόνος· ὁ δὲ
κύλινδρος ἐν μέσῳ κείμενος τοῦ τ᾽ ἁλίου καὶ τᾶς ὄψιος ἐπεσκύτει
τῷ ἁλίῳ· ἀποχωριζόμενος οὖν [τοῦ κυλίνδρου] ἀπὸ τᾶς ὄψιος,

2. μακαίνειν D. 3. εἰς ego, ἐς cett. 4. ἐστὶν οὐ ego,
ἐστὶ codd., Bas., R; ἐστι μὴ WT, sed lin. 6 est οὐκ. εἰς ἄν]
αἷς ἂν FACD Bas., ἐς ἂν ex B, R; WT. 5. ὁ] ἡ Bas. ἐναρμόζει BDDR, ἐναρμόζῃ cett. τᾷ add. WT, om. cett. 6. ἅτις]
ἅ τες Bas. ἐλάσσων ego, ἐλάττων cett. 7. εἰς ἂν] ἇς ἂν FC
Bas., ἂν AD (V?), ἐς ῾ἂν BRWT. ἐναρμόζει recepi ex BR
(D ἐναρμόζει corr. in — η), ἐναρμόζῃ cett. ἔχουσα B. τᾷ]
CWT, τῇ α (ɔ: τῇ corr. in τᾷ) FVAD, τῇ B Bas. R. 8. ἐπ᾽
ἐπίπεδον scripsi, ἐπίπεδον FC Bas., ἐπὶ πέδον cett.; sed πέδον
poetarum est, ἐπίπεδον mathematicorum. ὁμὰλόν scripsi, ὀρθόν
cett.; sed planum (cogitandum est de mensula mensoris geometrica) non perpendiculare, sed horizontale intellegendum est
(ut recte R in figuris p. 452—53 excusis). 9. ἤμενεν Bas.
ἀνατέλλων ex F recepi (si modo scriptura ῾recte traditur),
ἀνατέλλειν VABCDR; ἀνατελεῖν Bas. WT. 10. τεθέν ῾Bas.
ὄρθρου C, mg. B, R. 11. ἐόντος] ἰόντος codd. Bas. R corr.
W. ὡρίζοντι VD. 12. δυνάμενον FACD Bas. αὐτοῦ] dubitans
recepi ex BT; τοῦ cett.; om. W. ἀντιβλάψεσθαι C. ἐπεστράφη]
ἀπεστράφη VAD, ἐπεγράφη B. εἰς rec. ex codd. omn. cum
R, ἐς WT. 13. ἁ ὄψις] ἀψὶς FABCD; corr. R. in annot.
WT. κατασταθῇ Bas. 15. ἀποχωριζόμενος retineo cum FAC,
mg. B. Bas. (D ὑποχωριζόμενος); ἀποχωριζομένου BRWT,
quod non ferendum uidetur, cum in sententia primaria subiectum sit κύλινδρος; potius delenda τοῦ κυλίνδρου, quae uncis
seclusi. 15. οὖν de meo addidi; nam compendium huius uerbi

ἐν ᾇ ἄρξατο παραφαινέσθαι τοῦ ἁλίου μικρὸν ἐφ᾽ ἑκάτερα τοῦ
κυλίνδρου, κατεστάθη ὁ κύλινδρος. εἰ μὲν οὖν ὁμοίως συνέβαινεν,   13.
τὰν ὄψιν ἀφ᾽ ἑνὸς σαμείου βλέπειν. εὐθειᾶν ἀχθεισᾶν ἀπ᾽ ἄκρου
τοῦ κανόνος, ἐν ᾧ τόπῳ ἁ ὄψις κατεστάθη, ἐπιφαυουσᾶν τοῦ
κυλίνδρου, ἁ περιεχομένα γωνία ὑπὸ τᾶν ἀχθεισᾶν ἐλάσσων κα
ᾗς τᾶς γωνίας, εἰς ἃν ὁ ἅλιος ἐναρμόζει τὰν κορυφὰν ἔχουσαν
ποτὶ τᾷ ὄψει, διὰ τὸ περιβλεπέσθαι τι τοῦ ἁλίου ἐφ᾽ ἑκάτερα
τοῦ κυλίνδρου· ἐπεὶ δ᾽ αἱ ὄψιες οὐκ ἀφ᾽ ἑνὸς σαμείου βλέποντι,
ἀλλὰ ἀπό τινος μεγέθεος. ἐλάφθη τι μέγεθος στρογγύλον οὐκ
ἔλασσον ὄψιος. καὶ τεθέντος τοῦ μεγέθεος ἐπὶ τὸ ἄκρον τοῦ κανόνος, ἐν ᾧ τόπῳ ἁ ὄψις κατεστάθη, ἀχθεισᾶν εὐθειᾶν ἐπιφαυουσᾶν.
τοῦ τε μεγέθεος καὶ τοῦ κυλίνδρου, ἁ οὖν περιεχομένα γωνία
ὑπὸ τᾶν ἀχθεισᾶν ἐλάσσων ἧς τᾶς γωνίας, εἰς ἃν ὁ ἅλιος ἐναρ-

(u. p. 115) facile excidit; cfr. § 13; II, 5. 1. ἄρ-
ξατο] minime cum WN ἤρξατο scribendum; nam u. p. 85.
ἀρξάσθω AD; ἀρξάατω (?) V. μικροῦ codd. Bas. R;
corr. W. 2. οὖν ego addidi; cfr. § 12. ὁμοίως dubitans
reliqui; si uerum est, intellegendum: „sicuti supponimus" et
simili sensu legitur cap. IV, 11; transiit igitur in significa-
tionem: reuera (fort. etiam § 11 scrib. τὰν μὲν ὁμοίως ἀκριβῆ);
sed uereor, ne᾽ hoc nostro loco et IV, 11 lateat aliud uerbum,
uelut ἐόντως. 4. ἐπιφαύουσα codd, Bas.; corr. RWT. 5. ἐλάσ-
σων] ⟨⟩ ABCD (F? u. p. 138), ψ (?) V; ἐλάσσονι R. κα
ᾗς] sic scripsi; κα εἴη WT; om. R; κα εἰς codd. Bas. 6. εἰς] ego; αἱς
FACD Bas.. ἐς B, RWT. ἥλιος BR. ἐναρμόζη FVAD. τᾶς
VAD. ἐχούσας VABCDR. 8. δ᾽ αἱ] δέ D. ἀφ᾽ ἑνὸς σαμείου]
sic WT; ἀφανῆ σημεῖον FBC Bas. R; ἀφαν... σημεῖον A, ἀφα-
νής σημεῖον D; ἀπ᾽ ἀφανοῦς σημείου coni. R in annot. „a
puncto" intp. (supra autem „ab uno puncto"); „ab uno
puncto" Comm. (utrobique). 10. ἔλασσον ego, ἔλαττον omnes.
ὄψιος corr. W; ὄψις FDA Bas., ἢ ὄψις R ex B; ὄψεις C.
κανώνος Bas. (F?). 11. ἀχθεισᾶν εὐθειᾶν rec. ex WT;
ἀχθεῖα εὐθεῖα Bas. F (?), ἀχθεῖσα εὐθεῖα ACDV, ἄχθη ἁ εὐθεῖα BR. ἐπιφαύουσα codd., Bas. R; corr. W. 12. τε rec. cum
R ex FACD; om. cett. 13. ἐλάσσων ego, ἐλάττων cett. (A
ἐλάττωνι). ἧς retineo cum codd. Bas. R (qui tamen in annot. delendum censet), u. p. 91; ἢ male WT. εἰς ἃν ego;

12

14. μύζει τὰν κορυφὰν ἔχουσαν ποτὶ τᾷ ὄψει. τὸ δὲ μέγεθος τὸ οὐκ
ἔλασσον τᾶς ὄψιος τόνδε τὸν τρόπον εὑρισκέται· δύο κυλίνδρια
λαμβανέται λεπτὰ ἰσοπαχέα ' ἀλλάλοις, τὸ μὲν λευκόν, τὸ δὲ οὐ·
καὶ προτιθένται πρὸ τᾶς ὄψιος, τὸ μὲν λευκὸν ἀφεστακὸς ἀπ'
αὐτᾶς, τὸ δὲ οὐ λευκὸν ὡς ἔστιν ἐγγυτάτω τᾶς ὄψιος, ὥστε καὶ
θιγγάνειν τοῦ προσώπου· εἰ μὲν οὖν κα τὰ λαφθέντα κυλίνδρια
λεπτότερα ἐῶντι τᾶς ὄψιος, περιλαμβανέται ὑπὸ τᾶς ὄψιος τὸ
ἐγγὺς κυλίνδριον, καὶ ὁρῆται ὑπὸ αὐτᾶς τὸ λευκόν. εἰ μέν κα
παραπολὺ λεπτότερα ἐῶντι. πᾶν, εἰ δέ κα μὴ παραπολύ, μέρεά
15. τινα τοῦ λευκοῦ ὁρῶνται ἐφ' ἑκάτερα τοῦ ἐγγὺς τᾶς ὄψιος. λαφθέντων δὲ τῶνδε τῶν κυλίνδρων ἐπιταδείων πως τῷ πάχει ἐπισκοτεῖν τὸ ἅτερον αὐτῶν τῷ ἁτέρῳ καὶ οὐ πλείονι τόπῳ, τὸ δὴ
ταλικοῦτον μέγεθος, ἁλίκον ἐστὶ τὸ πάχος τῶν κυλίνδρων τῶν
τοῦτο ποιούντων μάλιστά πώς ἐστιν οὐκ ἔλασσον τᾶς ὄψιος. ἁ δὲ

αἷς ἂν codd. Bas. εἰς om. R; ἐς ἂν BWT. ἐναρμόζει cum BR
(D etiam, sed corr. — η); ἐναρμόζῃ cett. 1. ἔχουσαν N,
ἐχούσας cett. μεγέθεος D. 2. ἔλασσον ego, ἔλαττον cett. τᾶς
ex codd. R; om. cett. τὸν codd. RWT; om. Bas. εὑρήσκεται
Bas. F? κύλινδρα Bas. 3. λαμβανέται ex FVACD cum R;
ἀναλαμβάνεται B Bas. WT. ἰσυταχέα Bas. ἀλλάλοις scripsi cum
codd. omnib. et R; ἀλλάλαν Bas., ἀλλάλων WT. τὸ] τα AD.
οὐ] οὕτως VAD. 4. προτιθένται codd. RWN, προστίθενται
Bas. T. πρό] cum WT; om. R; πρὸς F Bas., ποτὶ ACDV,
πρό πρὸς B. ὄψιος WT, ἄψιας cett. 5. οὐ om. AD. ὡς
ἔστιν BWT, ὃς ἔστι FC Bas. R; ὅσον VAD, ὅσον ἔστι N.
ὄψιας codd. 6. τιγγάνειν D. κα ego addidi. λειφθέντα VAD.
7. λεπτότατα codd. Bas. R; corr. W. ἔοντι AD. ὄψιας
FBCD Bas. προλαμβ. D. ὑπὸ] περὶ VD, 8. ἤρηται D. αὐτῆς
BR. εἰ μέν κα] cum WT; εἰ κο κα codd., εἰκόνα Bas. R.
9. λεπτοτέραν FABC Bas. R; λεπτωτέραν D; corr. W. ἐόντι
FBC Bas. R, ἐάντι AD; corr. W. 10. τοῦ rep. D. ἐφ']
codd., WR; ἀφ' Bas. T. τοῦ] BRW; τᾶς FCD Bas., τοὺς T;
τᾶς uel τοὺς A. τᾶς om. C. 11. κυλινδρίων WT. ἐπιταδείων
WT; ἔπειτα δι' ὧν cett. πως] ὅπως WT. πάσχει D. ἐπισκοτεῖ
FVABD Bas. R; ἐπισκοτεῖν C, et sic coni. W, rec T.
12. ἅτερον et ἁτέρῳ ego; cum ε omnes. δή] δέ C. 13. τελικοῦ-
τον D. μεγέθεος D. κυλινδρίων WT. 14. ἔλαττον omnes. ἁ δὲ] οὐδὲ Bas. 1. ἁ οὐκ] ἁ ego addidi. ἐλάττων omnes.
εἰς] ego; αἷς FACD Bas., ἐς BRWT.

γωνία ά οὐκ ἐλάσσων τᾶς γωνίας, εἰς ἂν ὁ ἅλιος ἐναρμόζει τὰν
κορυφὰν ἔχουσαν ποτὶ τᾷ ὄψει, οὗτως ἐλάφθη· ἀποσταθέντος ἐπὶ
τοῦ κανονίου τοῦ κυλίνδρου ἀπὸ τᾶς ὄψιος οὗτως ὡς ἐπισκοτεῖν
τὸν κύλινδρον ὅλῳ τῷ ἁλίῳ, καὶ ἀχθεισᾶν εὐθειᾶν ἀπ' ἄκρου τοῦ
κανόνος, ἐν ᾧ τύπῳ ά ὄψις κατεστάθη, ἐπιφαυουσᾶν τοῦ κυλάν-
δρου, ά.περιεχομένα γωνία ὑπὸ τᾶν ἀχθεισᾶν εὐθειᾶν οὐκ ἐλάσσων γινέται τᾶς γωνίας, εἰς ἂν ὁ ἅλιος ἐναρμόζει τὰν κορυφὰν
ἔχουσαν ποτὶ τᾷ ὄψει. ταῖς δὴ γωνίαις ταῖς οὗτως λαφθείσαις   16.
καταμετρηθείσας ὀρθᾶς γωνίας ἐγένετο ά ἐν στίγῳ διαιρεθείσας
τᾶς ὀρθᾶς εἰς ρξδ' ἐλάσσων ἢ ἓν μέρος τούτων, ά δὲ ἐλάσσων
διαιρεθείσας τᾶς ὀρθᾶς εἰς σ' μείζων ἢ ἓν μέρος τούτων· δῆλον
οὖν, ὅτι καὶ ά γωνία, εἰς ἂν ὁ ἅλιος ἐναρμόζει τὰν κορυφὰν
ἔχουσαν ποτὶ τᾷ ὄψει, ἐλάσσων μέν ἐστιν ἢ διαιρεθείσας τᾶς
ὀρθᾶς εἰς ρξδ' τούτων ἓν μέρος, μείζων δὲ ἢ διαιρεθείσας τᾶς

---

1. ἐναρμόζῃ VA (D corr.). 2. ἐπὶ] D, coni. W, rec. T;
ἀπὸ cett. 3. τὸ κανόνιον male W, τοῦ κανόνος VAD. ὡς] ὥστ'
WT. ἐπικροτεῖν VABDR, ἐπικρωτεῖν F, ἐπικρατεῖν C. 4. τῷ
om. Bas. WT. ἀχθεισᾶν εὐθειᾶν] εὐ̥θειᾶν D. 5. ἐπιφαυουσῶν
FACD Bas., ἐπιφαύουσα BR; corr. W̥. 6. εὐθειᾶν om. R. ἐλάττων omnes, nisi quod D ἔλαττον. 7. γινέται] γάρ ἐστι ACD,
γίνεται (?) ἐστι V. εἰς ego, αἷς FACD Bas., ἐς BRWT. ἥλιος
BR. ἐναρμόζει rec. ex BR, ἐναρμόζῃ cett. 8. τᾷ] τᾶν D.
δὴ] δέ R. οὗτω ABDR, οὐ C. 9. ά ἐν στίγῳ] ά ἐν τῷ στίγῳ?
u. infra; ά μὲν μείζων coni. W, probat N. 10. ἐλάττων omnes. ρξδθ' εἰς σ' om. uerbis mediis VAD. ἐλάττων omnes.
11. διαιρεθεισῶν B, διαιρεθεῖσα FC Bas.; corr. R. ἢ ἓν μέρος]
ἢ ἓν μέτρος D, ἢ εὔμετρος V, η ἓν μέτρος A. 12. καὶ ex
codd. rec. cum R. ἀγωνία D. εἰς ἂν] ego; ἃς ἂν FVACD
ά ἴσαν Bas. ἐς ἂν BRWT. ἐναρμόζει ABR; ἐναρμόζῃ cett.
ἥλιος FVBADR. 13. ἐλάττων omnes. 14. τᾶς ὀρθᾶς om.
FCDV. ἐς FD. μέτρος A. ἓν μέρος, μείζων δὲ ἢ] ά δὲ ἐλάττων F CDV. διαιρεθείσα F CDV. τῶν ὀρθῶν F CDV. 1. τούτων
ἓν μέρος] τούτων ἔμμετρος A, μείζων ἢ ἓν μέρος τούτων FC,
μείζων ἢ εὔμετρος τούτων V, μείζων ή ἓν μετρος τούτων D.
σ'] ς R. Post μέρος in FVCD haec sequuntur; δῆλον οὖν,
ὅτι καὶ ά γωνία ά ἴσαν ὁ ἅλιος ἐναρμόζη (ἐναρμόζει VD) τὰν
κορυφὰν ἔχουσαν ποτὶ τᾷ (τᾶν D) ὄψει ἐλάττων μέν ἐστιν ἢ
διαιρεθείσας τᾶς ὀρθᾶς εἰς ρξδ' τούτων ἓν μέρος (μέτρος D,
ἔμμετρος V) μείζων δὲ ἢ διαιρεθείσας τᾶς ὀρθᾶς εἰς σ' τούτων

17. ὀρθᾶς εἰς δ΄ τούτων ἓν μέρος. πεπιστευμένων δὲ τούτων δειχθησέται καὶ ἁ διάμετρος τοῦ ἁλίου μείζων ἐοῦσα τᾶς τοῦ χιλιαγώνου πλευρᾶς
τοῦ εἰς τὸν μέγιστον κύκλον ἐγγραφομένου τῶν ἐν τῷ κόσμῳ. νοείσθω
γὰρ ἐπίπεδον ἐκβεβλημένον διά τε τοῦ κέντρου τᾶς γᾶς καὶ διὰ τᾶς
ὄψιος, μικρὸν ὑπὲρ τὸν ὁρίζοντα ἐόντος τοῦ ἁλίου. τεμνέτω δὲ τὸ ἐκ-
βληθὲν ἐπίπεδον τὸν μὲν κόσμον κατὰ τὸν ΑΒΓ κύκλον (fig. 6),
τὰν δὲ γᾶν κατὰ τὸν ΔΕΖ, τὸν δὲ ἅλιον κατὰ τὸν ΣΗ κύκλον·
κέντρον δὲ ἔστω τᾶς μὲν γᾶς τὸ Θ, τοῦ δ΄ ἁλίου τὸ Κ, ὄψις δὲ
ἔστω τὸ Δ· καὶ ἄχθωσαν εὐθεῖαι ἐπιψαύουσαι τοῦ ΣΗ κύκλου,
ἀπὸ μὲν τοῦ Δ αἱ ΔΛ, ΔΞ· ἐπιψαυόντων δὲ κατὰ τὸ Ν καὶ τὸ
Τ· ἀπὸ δὲ τοῦ Θ αἱ ΘΜ, ΘΟ· ἐπιψαυόντων δὲ κατὰ τὸ Χ καὶ
τὸ Ρ· τὸν δὲ ΑΒΓ κύκλον τεμνόντων αἱ ΘΜ· ΘΟ κατὰ τὸ Α καὶ

18. τὸ Β. ἔστι δὴ μείζων ἁ ΘΚ τᾶς ΔΚ, ἐπεὶ ὑπόκειται ὁ ἅλιος
ὑπὲρ τὸν ὁρίζοντα εἶμεν, ὥστε ἁ γωνία ἁ περιεχομένα ὑπὸ τᾶν
ΔΛ, ΔΞ μείζων ἐστὶ τᾶς γωνίας τᾶς περιεχομένας ὑπὸ τᾶν ΘΜ,
ΘΟ· ἁ δὲ περιεχομένα γωνία ὑπὸ τᾶν ΔΛ, ΔΞ μείζων μέν ἐστιν
ἢ διακοσιοστὸν μέρος ὀρθᾶς, ἐλάσσων δὲ ἤ, τᾶς ὀρθᾶς διαιρεθείσας εἰς ρξδ΄, τούτων ἓν μέρος· ἴσα γάρ ἐστι τᾷ γωνίᾳ, εἰς ἃν ὁ

ἓν μέρος (ἔμμετρος DV). Librarius igitur codicis F cum aber-
rans ad superiora (p. 179 lin. 10) omnia turbasset, totam sententiam denuo melius exarauit, falsis non deletis. 1. πεπι-
στευμένον A. δειχθησέται ego; δι᾽ ὧν codd. R; δείκνυται
WT; scriptum fuisse puto δειχ; de commutatis χ et ων u.
Bastii comm. pal. p. 779. 2. καί ἁ ex codd. cum R; om. Bas.,
καὶ om. WT. χιλιαγωνίου FACD; corr. R ex B. 3. τοῦ] τᾶς
VAD. τῶν] τᾶς codd. (A fort. τοὺς) Bas. R; corr. W. νο-
ήσθω D. 4. Post γᾶς inseruit W (quem sequitur T) καὶ
τοῦ ἁλίου, quae uerba pro καὶ διὰ τᾶς ὄψιος restitui uoluit
R. Habet ea B, sed non opus est. 5. ὄψοος A, ὄψος D. 6. ἐκ-
βληθέν scripsi; et hoc mauult W, qui tamen uulgatum ἐκβε-
βληθέν male retinet. κύκλον om. C. 7. κατὰ] κα C̄. 8. δ᾽] δὲ ABR.
10. τοῦ Δ] Δ om. FVCD. 11. ἐπιψαυον των hic et infra F.
κατὰ τὸ Χ καὶ τὸ Ρ retinui cum codd. Bas. RW,
intp. κατὰ τὸ Ρ καὶ τὸ Χ T. 12. τὸν] τῶν D. ΘΜ] θη ABCD,
θχ F; αἱ ΘΜ, ΘΟ om. R. κατὰ] καὶ τὰ D. 13. ἔστω C. ΘΚ]
οκ ABCD. 14. τᾶν ex V rec. T; idem coni. W; cett. τῶν.
15. Alt. τᾶς om. R. τᾶν ADWT, τῶν cett. ΘΜ] θν ABCD.
16. τᾶν WT, τῶν cett. 17. ἐλάττων omnes. 18. ἓν μέρος] ἔμμετρος VAD. ἴσα γάρ] ἴσον γωνίαι Bas. (αὕτη ἡ γωνία ἴση τᾷ

ἅλιος ἐναρμόζει τὰν κορυφὰν ἔχουσαν ποτὶ τᾷ ὄψει· ὥστε ἁ γωνία
ἁ περιεχομένα ὑπὸ τᾶν ΘΜ. ΘΟ ἐλάσσων ἐστὶν ἤ. τὰς ὀρθὰς
διαιρεθείσας εἰς ρξδ΄, τούτων ἓν μέρος· ἁ δὲ ΑΒ εὐθεῖα ἐλάσσων
ἐστὶ τᾶς ὑποτεινούσας ἓν τμᾶμα διαιρεθείσας τᾶς τοῦ ΑΒΓ κύκλου
περιφερείας εἰς χνς΄· ἁ δὲ τοῦ εἰρημένου πολυγωνίου περίμετρος   19.
ποτὶ τὰν ἐκ τοῦ κέντρου τοῦ ΑΒΓ κύκλου ἐλάσσονα λόγον ἔχει
ἢ τὰ μῶ΄ ποτὶ τὰ ζ΄ διὰ τὸ παντὸς πολυγωνίου ἐγγεγραμμένου ἐν
κύκλῳ τὰν περίμετρον ποτὶ τὰν ἐκ τοῦ κέντρου ἐλάσσονα λόγον
ἔχειν ἢ τὰ μδ΄ ποτὶ τὰ ζ΄. ἐπιστάσαι γὰρ δεδειγμένον ὑφ᾽ ἁμῶν,
ὅτι παντὸς κύκλου ἁ περιφέρεια μείζων ἐστὶν ἢ τριπλασίων τᾶς
διαμέτρου ἐλάσσονι ἢ ἑβδύμῳ μέρει· ταύτας δὲ ἐλάσσων ἐστὶν ἁ
περίμετρος τοῦ ἐγγραφέντος πολυγωνίου. ἐλάσσονα οὖν λόγον ἔχει
ἁ ΒΑ ποτὶ. τὰν ΘΚ ἢ τὰ ια΄ ποτὶ τὰ ‚αρμη΄· ὥστε ἐλάσσων ἐστὶν
ἁ ΒΑ τᾶς ΘΚ ἢ ἑκατοστὸν μέρος. τᾷ δὲ ΒΑ ἴσα ἐστὶν ἁ διάμε-   20.
τρος τοῦ ΣΗ κύκλου, διότι καὶ ἁ ἁμίσεια αὐτᾶς ἁ ΦΑ ἴσα ἐστὶ
τᾷ ΚΡ· ἰσᾶν γὰρ ἐουσᾶν τᾶν ΘΚ, ΘΑ, ἀπὸ τῶν περάτων καθέτοι

γωνίᾳ mg.), codd.; αὕτη γὰρ ἡ γωνία et in sequ. ἐστιν ἴσῃ cett.
R coni.; corr. W; credibile est, compendium uerbi γάρ a librariis pro γωνία acceptum esse. ἐστι] εἰσὶ V, ἐστιν BC.
εἰς ἄν ego; ἁ ἰσαν F, αἷς ἂν ACD, ἐς ἂν cett. 1. ἐναρμόζῃ AD.
2. ἐλάττων omnes. 3. ἓν μέρος] ἔμμετρος D. ἐλάττων omnes.
4. ἀποτεινούσας VA, ἀποθειμούσας D. ΑΒΓ] αβν BD. 5. ἐς omnes.
χν 𝟃 Bas., λνς V. εἰρημένου] εἴρη AD. 6. τοῦ ΑΒΓ] τοῦ
rep. B; haec uerba et κύκλου om. D. ἐλάττονα omnes. 7. B
mg. 𝄐 , quae nota quid significet, nescio. 8. ἐλάττονα omnes
9. ἔχειν ex B rec. R, WT; cett. ἔχει. δεδειχμένον B, sed
corr. 11. Post μέρει de suo addit R μείζονι δὲ ἢ δέκα ἑβδομηκοστομόνοις; rec. T; impr. WN. ταύτας δὲ ἐλάσσων] scripsi;
τᾶς δὲ ἐλάττω codd. (δὲ om B) Bas. ὥστε ἐλάττω W, ἐλάττονα οὖν R, ἐλάττω οὖν T. Post ἐλάττω in BD lacuna septem
litterarum relicta. Suppleui ἐστὶν ἁ περίμετρος τοῦ ἐγγραφέντος πολυγωνίου. ἐλάσσονα οὖν; aberratum a priore ἐλάσσ. ad
alterum. 12. ἔχει ἁ] ἔχει ἢ ἁ codd. (excepto B), Bas., R;
corr. W. 13. ἐλάττων omnes. 14. τᾶς om. AD. 15. ΣΗ] εη codd.
(permutatis Ⲉ et Ϲ , quibus formis utitur F, u. Torelli p.
418). ἡμίσεια omnes. 16. ἰσᾶν γάρ om. D. ΘΚ, ΘΑ] ego;
ΘΚ τᾷ ΘΑ omnes. Post περάτων R addit α. κ.

ἐπεζευγμέναι ἐντὶ ὑπὸ τὰν αὐτὰν γωνίαν. δῆλον οὖν, ὅτι ἁ διάμετρος τοῦ *ΣΗ* κύκλου ἐλάσσων ἐστὶν ἢ ἑκατοστὸν μέρος τᾶς *ΘΚ*,
καὶ ἁ *ΕΘΥ* διάμετρος ἐλάσσων ἐστὶ τᾶς διαμέτρου τοῦ *ΣΗ* κύκλου, ἐπεὶ ἐλάσσων ἐστὶν ὁ *ΔΕΖ* κύκλος τοῦ *ΣΗ* κύκλου· ἐλάσσονες ἄρα ἐντὶ ἀμφότεραι αἱ *ΘΥ*, *ΚΣ* ἢ ἑκατοστὸν μέρος τᾶς *ΘΚ*·
ὥστε ἁ *ΘΚ* ποτὶ τὰν *ΥΣ* ἐλάσσονα λόγον ἔχει ἢ τὰ ρ΄ ποτὶ τὰ
ϙϑ΄. καὶ ἐπεὶ ἁ μὲν *ΘΚ* μείζων ἐστὶ τᾶς *ΘΡ*, ἁ δὲ *ΣΥ* ἐλάσσων
τᾶς *ΔΤ*. ἐλάσσονα ἄρα καὶ λόγον ἔχει ἁ *ΘΡ* ποτὶ τὰν *ΔΤ* ἢ τὰ
21. ρ΄ ποτὶ τὰ *ϙϑ΄*. ἐπεὶ δὲ, τῶν *ΘΚΡ*, *ΔΚΤ* ὀρθογωνίων ἐόντων, αἱ
μὲν *ΚΡ*, *ΚΤ* πλευραὶ ἴσαι ἐντί, αἱ δὲ *ΘΡ*, *ΔΤ* ἄνισοι, καὶ μείζων
ἁ *ΘΡ*. ἁ γωνία ἁ περιεχομένα ὑπὸ τᾶν *ΔΤ*, *ΔΚ* ποτὶ τὰν γωνίαν
τὰν περιεχομέναν ὑπὸ τᾶν *ΘΡ*, *ΘΚ* μείζονα μὲν ἔχει λόγον ἢ ἁ
ΘΚ ποτὶ τὰν *ΔΚ*, ἐλάσσονα δὲ ἢ ἁ *ΘΡ* ποτὶ τὰν *ΔΤ*. εἰ γάρ κα δυῶν

---

1. ἐπεζευγμέναι ἐντί ego; ἐπιζευγνύμεναι omnes; ὑπὸ scripsi,
ἐπί omnes sine sensu. 2. ἐλάττων omnes. *ΣΗ*] cum BWT;
αβγ codd. (B corr. manu post. ση); intp. Bas. 3. *ΕΘΥ*] εθγ
AD. διάμετρος] γωνία codd. Bas. intp , corr. R. ἐλάττων omnes. *ΣΗ*] αβη FACD, αβγ (corr. ut supra) B; corr. R. 4. ἐλάττων omnes. τοῦ *ΣΗ* κύκλου om. C; τοῦ εη κύκλου FVAD.
ἐλάττονες omnes. 5 ἄρα] δέ C. *ΘΥ*, *ΚΣ*] θγ κς AD. τᾶς]
τοῦ codd. Bas. τῆς R; corr. W. 6. ὥστε] ὡςAD. *ΥΣ*] F
(qui hic et infra Y per V significat), VBCR.   Bas., γς
AD. ἐλάσσονα C. ἐλάττονα cett. 7. *ΘΚ*] *ΘΚV* F, θχυ VBC
(in B corr. manu post. in θρψ); θx` Bas. θρ R. μείζων
scripsi, ἐλάττων codd. R. Bas. A tamen οὐκ ἐλάττων, quod
recep. WT; puto equidem *Μ* a librariis in $V\frac{\overset{o}{\zeta}}{\chi}$ mutatum esse;
οὐκ ἐλάττων tum demum ferri posset, si fieri posset, ut *ΘΚ*
aequalis esset *ΘΡ*. *ΘΡ*]θΚ R; θχ B man. post. *ΣΥ*] σν Bas.
σγ AD. ἐλάττων omnes. 8. ἐλάσσονα ego; ἐλάττων D. ἐλάττω
cett. καὶ om R. ἔχοι FB. τὰν] τᾷ F? AD Bas. *ΔΤ*] δγ
D, δϑ R. 9. ἐπεὶ δέ ego; ἐπὶ codd., Bas., R; ἐπεὶ WT.
ΔΚΤ] δxϑ R δατ D. Ante ὀρθογωνίων Bas. RWT habent
τριγώνων, quod omisi cum codd. ὀρθογωνίων rep. CD. 10. *ΚΤ*]
xϑ R. πλευρὰν D. *ΔΤ*] θγ D. ἄννισοι D. 11. θΡ. ἁ γωνία
ἁ] ego; ορα γωνία codd. Bas. θδx γωνία R. θρ, ἁ γωνία
WT. τᾶν] τῶν ABCR. *ΔΤ*] δϑ R. 12. τᾶν] cum WT,
τῶν cett. 13. ἐλάσσονα omnes. *ΔΤ*] δγ D. καὶ] κα Bas. καὶ
R. δυῶν] δύο VAD.

τριγώνων ὀρθογωνίων αἱ μὲν ἅτεραι πλευραὶ αἱ περὶ τὰν ὀρθὰν
γωνίαν ἴσαι ἐῶντι, αἱ δὲ ἅτεραι ἀνίσοι, ἁ μείζων γωνία τᾶν ποτὶ
ταῖς ἀνίσοις πλευραῖς ποτὶ τὰν ἐλάσσονα μείζονα μὲν ἔχει λόγον
ἢ ἁ μείζων γραμμὰ τᾶν ὑπὸ τὰν ὀρθὰν γωνίαν ὑποτεινουσᾶν ποτὶ
τὰν ἐλάσσονα, ἐλάσσονα δὲ ἢ ἁ μείζων γραμμὰ τᾶν περὶ τὰν
ὀρθὰν γωνίαν ποτὶ τὰν ἐλάσσονα. ὥστε ἁ γωνία ἁ περιεχομένα
ὑπὸ τᾶν ΔΛ. ΔΞ ποτὶ τὰν γωνίαν τὰν περιεχομέναν ὑπὸ τᾶν θΟ.
θΜ ἐλάσσονα λόγον ἔχει ἤ ἁ θΡ ποτὶ τὰν ΔΤ. ἅτις ἐλάσσονα
λόγον ἔχει ἢ τὰ ρ΄ ποτὶ τὰ Ϙθ΄· ὥστε καὶ ἁ γωνία ἁ περιεχομένα ὑπὸ τᾶν ΔΛ, ΔΞ ποτὶ τὰν γωνίαν τὰν περιεχομέναν ὑπὸ
τᾶν θΜ. θΟ ἐλάσσονα λόγον ἔχει ἢ τὰ ρ΄ ποτὶ τὰ Ϙθ΄· καὶ ἐπεί
ἐστιν ἁ γωνία ἁ περιεχομένα ὑπὸ τᾶν ΔΛ. ΔΞ μείζων ἢ διακοσιοστὸν μέρος ὀρθᾶς, εἴη κα ἁ γωνία ἁ περιεχομένα ὑπὸ τᾶν
θΜ, θΟ μείζων ἤ, τᾶς ὀρθᾶς διαιρεθείσας εἰς δισμύρια, τούτων
ἐνενηκοστὸν καὶ ἐνατὸν μέρος· ὥστε μείζων ἐστὶν ἤ, διαιρεθείσας
τᾶς ὀρθᾶς εἰς σ΄ καὶ γ΄, τούτων ἓν μέρος. ἁ ἄρα ΒΑ μείζων ἐστὶ
τᾶς ὑποτεινούσας ἓν τμᾶμα, διαιρημένας τᾶς τοῦ ΑΒΓ κύκλου
περιφερείας εἰς ωιβ΄· τὰ δὲ ΑΒ ἴσα ἐστὶν ἁ τοῦ ἁλίου διάμετρος.
δῆλον οὖν, ὅτι μείζων ἐστὶν ἁ τοῦ ἁλίου διάμετρος τᾶς τοῦ

1. ἅτεραι] ἄτερ αι F, ἄτεραι αι C. 2. ἔοντι AD. 3. ἐλάττονα omnes. 4. τᾶν] τᾷ FCAD Bas., ἁ τὰν R; α erasum,
τᾶν suprascr. pr. man. B. ὑποτεινουσᾶν WT. ὑποτείνουσα cett.
ποτὶ om. FACDV; ex B habet R, quem sequuntur WT.
5. ἐλάττονα bis omnes; prius om. D. 6. ὀρθὰν γωνίαν]
ὀρθογωνίαν D. ἐλάττονα ABC, ἐλάττω D. 7. τᾶν WT, τῶν
cett. bis. θΟ] WT, θν cett. θμ, θο R, θμ, θν C. 8. ἐλάσσονα ego, ἐλάττονα C, ἐλάττω .cett. Deinde ἐλάττω omnes. 9. καὶ codd. R; om. cett. περιεχομένη AD. 10. τᾶν
ADWT, τῶν cett. 11. τᾶν ADWT, τῶν cett. ἐλάττω omnes. 12. ἁ περιεχ] ἁ om. F. τᾶν] WT, τῶν cett. ΔΛ. ΔΞ
μείζων et sequ. usque ad ὑπὸ τᾶν lin. 13 om. ADV. 13. εἴη κα
scripsi cum B, ἤ εἶκα FC Bas., εἶκα R. ἐσσεῖται WT. τᾶν]
WT, τῶν cett. 14. ἐς omnes. δεσμύρια Bas. 15. Cum in
codd. sit μέρος (ret. Bas ,R), Ϙθ΄ legendum: ἐνενηκοστὸν καὶ
ἐνατόν, non, ut alibi fere, ἐνενήκοντα ἐννέα; μέρεα WT. μεῖζον A, μείζου D. 16. ἁ ἄρα ΒΑ scripsi, ἄρα ἁ βα omnes.
μεῖζον AD. 17. διηρημένας omnes. 18. εἰς] αἶς FACD, ἐς cett.
τᾷ] τὰν FC. Bas. ἐστὶν] cum BR, cett. ἐντὶ. ἁ om A.

1. χιλιαγώνου πλευρᾶς· II. Τούτων δὲ ὑποκειμένων δείκνυται καὶ τάδε·
ὅτι ἁ διάμετρος τοῦ κόσμου τᾶς διαμέτρου τᾶς γᾶς ἐλάσσων ἐστὶν ἢ μυριοπλασίων. καὶ ὅτι ἁ διάμετρος τοῦ κόσμου ἐλάσσων ἐστὶν ἢ σταδίων μυριάκις μυριάδες ρ΄. ἐπεὶ γὰρ ὑπόκειται τὰν διάμετρον τοῦ ἁλίου μὴ μείζονα εἶμεν ἢ τριακονταπλασίονα τᾶς διαμέτρου τᾶς σελήνας. τὰν δὲ διάμετρον τᾶς γᾶς μείζονα εἶμεν τᾶς
διαμέτρου τᾶς σελήνας. δῆλον, ὡς ἁ διάμετρος τοῦ ἁλίου ἐλάσσων ἐστὶν ἢ τριακονταπλασίων τᾶς διαμέτρου τᾶς γᾶς. πάλιν δὲ
ἐπεὶ ἐδείχθη ἁ διάμετρος τοῦ ἁλίου μείζων ἐοῦσα τᾶς τοῦ χιλιαγώνου πλευρᾶς τοῦ εἰς τὸν μέγιστον κύκλον ἐγγραφομένου τῶν
ἐν τῷ κόσμῳ. φανερόν. ὅτι ἁ τοῦ χιλιαγώνου περίμετρος τοῦ εἰρημένου ἐλάσσων ἐστὶν ἢ χιλιοπλασίων τᾶς διαμέτρου τοῦ ἁλίου.
ἁ δὲ διάμετρος τοῦ ἁλίου ἐλάσσων ἐστὶν ἢ τριακονταπλασίων τᾶς
διαμέτρου τᾶς γᾶς· ὥστε ἁ περίμετρος τοῦ χιλιαγώνου ἐλάσσων

2. ἐστὶν ἢ τρισμυριοπλασίων τᾶς διαμέτρου τᾶς γᾶς. ἐπεὶ οὖν ἁ περίμετρος τοῦ χιλιαγώνου τᾶς μὲν διαμέτρου τᾶς γᾶς ἐλάσσων ἐστὶν ἢ τρισμυριοπλασίων· τᾶς δὲ διαμέτρου τοῦ κόσμου μείζων ἢ
τριπλασίων· δεδείκται γάρ τοι, διότι παντὸς κύκλου ἁ διάμετρος
ἐλάσσων ἐστὶν ἢ τρίτον μέρος παντὸς πολυγωνίου τᾶς περιμέτρου,
ὅ κα ᾖ ἰσόπλευρον καὶ πολυγωνότερον τοῦ ἑξαγώνου ἐγγεγραμμένον ἐν τῷ κύκλῳ· εἴη κα ἁ διάμετρος τοῦ κόσμου ἐλάσσων ἢ μυριοπλασίων τᾶς διαμέτρου τᾶς γᾶς. ἁ μὲν οὖν διάμετρος τοῦ κοσ-

---

1. δείκνυται D. καὶ om. BR. 2. ὅτι] scripsi. οἶου D,
οἶον cett., quod post τάδε uix ferri potest. ἁ om D. ἐλάττων
omnes. 3. ὅτι] scripsi; ἔτι omnes; fort. ἔτι ὅτι. ἐλάττων omnes. 5. μείζονα scripsi cum BR, μείζων FACD Bas., μείζω
WT. τριακονταπλασίων FACD Bas. 6. ἑλνᾶς hic et infra
Bas. F? μείζων FC Bas., μεῖζον AD. 7. ἐλάττων omnes.
9. χιλιαγώρου D. 10. τῶν] τοῦ D. 11. φανεροῦ D. 12. ἐλάττων omnes. 13. ἁ δὲ διάμετρος τοῦ ἁλίου om. D. ἐλάττων omnes. 14. ἐλάττων omnes. 16. ἐλάττων omnes. 18. διότι retineo cum codd.
Bas. R; cfr. ad I, 4 δή ὅτι T; etiam W διότι uel ὅτι scribendum censet. 19. ἐλάττων omnes. πάντα D. τᾶς ego addidi. 20. ὅ κα ᾖ ego: ὅ καὶ εἰς codd. Bas. R; ὅ κα WT. ἰσύ-
πλευρον cum WT. qui tamen ἐόν addunt; ὁ εθ πλευρὰν ἐόν codd. ⟨ἐὼν
VAD) Bas. ὁ εθ πλευρᾶς ἐόν R. καὶ πολυγωνότερον τοῦ ἑξαγώνου
ἐγγεγραμμένον ἐν τῷ κύκλῳ· εἴη κα ἁ διάμετρος] scripsi: ἄμε-

μου ἐλάσσων ἐοῦσα ἢ μυριοπλασίων τᾶς διαμέτρου τᾶς γᾶς δεδείκται. ὅτι δὲ ἐλάσσων ἐστὶν ἁ διάμετρος τοῦ κόσμου ἤ. σταδίων μυριάκις μυριάδες ρ΄, ἐκ τούτου δῆλον. ἐπεὶ γὰρ ὑπόκειται, 3.
τὰν περίμετρον τᾶς γᾶς μὴ μείζονα εἶμεν ἢ τριακοσίας μυριάδας
σταδίων, ἁ δὲ περίμετρος τᾶς γᾶς μείζων ἐστὶν ἢ τριπλασία τᾶς
διαμέτρου διὰ τὸ παντὸς κύκλου τὰν περιφέρειαν μείζονα εἶμεν ἢ
τριπλασίονα τᾶς διαμέτρου, δῆλον, ὡς ἁ διάμετρος τᾶς γᾶς ἐλάσσων ἐστὶν ἢ σταδίων ρ΄ μυριάδες· ἐπεὶ οὖν ἁ τοῦ κόσμου διάμετρος ἐλάσσων ἐστὶν ἢ μυριοπλασίων τᾶς διαμέτρου τᾶς γᾶς, δῆλον, ὡς ἁ τοῦ · κόσμου διάμετρος ἐλάσσων ἐστὶν ἢ σταδίων μυριάκις μυριάδες ρ΄. — περὶ μὲν τῶν μεγεθέων καὶ τῶν ἀποστη- 4.
μάτων ταῦτα ὑποτιθέμαι· περὶ δὲ τοῦ ψάμμου τάδε· εἴ κα ᾖ τι
συγκείμενον μέγεθος ἐκ τοῦ ψάμμου μὴ μεῖζον μάκωνος, τὸν
ἀριθμὸν αὐτοῦ μὴ μείζονα εἶμεν μυρίων, καὶ τὰν διάμετρον τᾶς
μάκωνος μὴ ἐλάσσονα εἶμεν ἢ τετρωκοστομόριον δακτύλου. ὑπο-

τρος cett. omissis VAD; καὶ πολυγώνουν ὅτι τοῦ ἑξαγώνου ἐγγεγραμμένου μὲν τοῦ κύκλου εἴη. καὶ ἁ διάμετρος FBC Bas. R;
καὶ πολυγωνιώτερον τοῦ ἑξαγώνου ἐγγεγραμμένον μὲν τῷ κύκλῳ
εἴη· καὶ ἁ διάμετρος WT; sed ab εἴη κα ἁ διάμετρος incipit
sententia secundaria ad ἐπεὶ οὖν p. 184, 15 ; δεδείκται γάρ —
τῷ κύκλῳ parenthetice ponuntur. Hunc totum locum, nondum
fortasse sanatum, intp. liberrime, sententia recte diuinata, sic
exhibet: „cuiuscunque figurae multorum angulorum circulo in-
scriptae, quae plus quam sex lateribus constet; cum hexagono
inscripto in circulo diametros circuli est tertia pars ambitus
ipsius hexagoni, erit ut diametros mundi cett." Similiter
Comm. ἐλάττων omnes 1. ἐλάττων omnes. τᾶς γᾶς δεδείκ-
ται· ὅτι δὲ ἐλάσσων ἐστὶν ἁ διάμετρος ego suppleui, cfr. IV,
11; τᾶς γᾶς ἐλάττων ἐστὶν WT, om. codd., R, qui tantum pro
τοῦ κόσμου lin. 2 coni. τᾶς γᾶς. Aberrauit librarius a διαμέτρου ad διάμετρος. 4. τὰν] τὸν F?D Bas. τὴν C. μεῖζον D.
5. Post σταδίων insertum ἐστιν in FACD Bas. εἶμεν R ex B,
ubi ἐστιν eadem manu in εἶμεν mutatum est del. WT. ἢ om.
FCD Bas. 7. τριπλασίων FACD Bas. ὡς om. Bas. WT.
ἐλάττων omnes. 8. μυριάδες ego, μυριάδων omnes. 9. ἐλάττων
omnes. 10. ἐλάττων omnes. 11. περὶ μὲν τῶν μεγεθέων scripsi ;
μὲν τῶν om. omnes. τῶν] τὰν corr. in τῶν B; id. mg. περὶ
τοῦ ψάμμου. 13. μείζων ACDF? Bas. 14. διαμέτρου D. 15. μάκονος Bas. F? ἐλάττονα omnes. τετρωκοστομόριον cum Ah-

τιθέμαι δὲ τοῦτο ἐπισκεψάμενος τόνδε τὸν τρόπον. ἐτέθεν ἐπὶ
κανόγα λεῖον μακώνες ἐπ' εὐθείας ἐπὶ μίαν κείμεναι, ἁπτόμεναι
ἀλλαλᾶν. καὶ ἀνελάβον αἱ κε' μακώνες πλέονα τύπον δακτυλιαίου
μάκεος· ἐλάσσονα οὖν τιθεὶς τὰν διάμετρον τᾶς μάκωνος, ὑποτιθέμαι ὡς τετρωκοστομόριον εἶμεν δακτύλου καὶ μὴ ἐλάσσονα. βου-
λόμενος καὶ διὰ τούτων ἀναμφιλογώτατα δεικνύσθαι τὸ προκείμε-
1. νον. III. Ἃ μὲν οὖν ὑποτιθέμαι. ταῦτα. χρήσιμον δὲ εἶμεν ὑπολαμ-
βάνω, τὰν κατονόμαξιν τῶν ἀριθμῶν ῥηθῆμεν, ὅπως καὶ τῶν ἄλλων οἱ τῷ βιβλίῳ μὴ περισσεύοντες τῷ ποτὶ Ζεύξιππον γεγραμ-
μένῳ, μὴ πλανῶνται διὰ τὸ μηδὲν εἶμεν ὑπὲρ αὐτᾶς ἐν τῷδε τῷ
2. βιβλίῳ προειρημένον. — συμβαίνει δὴ τὰ ὀνόματα τῶν ἀριθμῶν
εἰς τὸ μὲν τῶν μυρίων ὑπάρχειν ἀμὶν παραδεδομένα καὶ ὑπὲρ τῶν
μυρίων [μὲν] ἀποχρεύντως ἐγγινώσκομες. μυριάδων ἀριθμὸν λε-
γόντες ἔστε ποτὶ τὰς μυρίας μυριάδας· ἔστων οὖν ἀμὶν οἱ μὲν νῦν
εἰρημένοι ἀριθμοὶ εἰς τὰς μυρίας μυριάδας πρῶτοι καλούμενοι· τῶν

rensio (u. p. 83). A; τετροκοστομόριον D, τετρωκοντομόριον
FBC Bas., τετρακοστομόριον VT et W (qui tamen etiam illud
probat). 1. ἐτέθεντο BRN, ἐπετέθων D, ἐπετέθεν V. 2. μάκωνος D. 3. ἀλλαλᾶν cum C, cett. ἀλλαλῶν. μάκονες AD.
δακτυλιαι F. 4. ἐλάττονα omnes. οὖν ego addidi; om. cett. I,
13. μάκονος Bas. F? 5. ὡς τετρωκοστομόριον codd. (nisi quod
D ὥστε τροχοστομόριον), Bas.; ὡς τετραχ. cett. ἐλάττονα
omnes. 6. ἀναμφιλογώτατον omnes (ἀναφιλαγώτατον D). προκειμένου D. 7. χρήσιμα ADV. 9. περισσεύοντες scripsi (,,huius
libri copiam non habentes"); cfr. Polyb. XVIII, 18, 5. περι-
τευατ' ἐς codd., Bas. R; περιζητεύοντες W, περιπεπτωκότες T,
περιτετευχότες N. τῷ] τὸ codd. Bas. R; corr. W, rec. T;
,,ut in his, qui compositi sunt a me in libro, quem ad Zeuxip-
pum scripsi, non curent, qui haec legent" intp. ,,qui in librum a me ad Z. scriptum non inciderunt· Comm. 11. προ-
ειρημένων codd. Bas.; corr. R. 12. εἰς ego, ἐς omnes. τά
codd. Bas. R, τὸ cum WT. μορίων D. 13. μὲν uncis inclusi.
ἀποχρεύντως B. ἐγγινώσκομες ego, ἐγιγνώσκομεν cett. ἀριθμῶν AD. 14. ἔστε ποτὶ ego, ἐς τοῖς ποτὶ FABD Bas. R, ἐς
τοῖς C, ἐς WT. τὰς om. C. μυρίας om. codd. Bas. R, corr.
W. ἔστων ex coni. W cum N; ἔστω cett. 15. εἰς ego, ἐς cett.
τὰς WT, τα AB. τὰν FCD Bas. μυρίας μυριάδας WT, μυρίαν
μυριάδων codd. Bas. R.

δὲ πρώτων ἀριθμῶν αἱ μύριαι μυριάδες μονὰς καλείσθω δευτέρων
ἀριθμῶν καὶ ἀριθμείσθων τῶν δευτέρων μονάδες καὶ ἐκ τᾶν μονάδων δεκάδες καὶ ἑκατοντάδες καὶ·χιλιάδες καὶ μυριάδες εἰς τὰς
μυρίας μυριάδας. πάλιν δὲ καὶ αἱ μύριαι μυριάδες τῶν δευτέρων
ἀριθμῶν μονὰς καλείσθω τρίτων ἀριθμῶν, καὶ ἀριθμείσθων τῶν
τρίτων ἀριθμῶν ; μονάδες καὶ ἀπὸ τᾶν΄ μονάδων δεκάδες καὶ
ἑκατοντάδες καὶ χιλιάδες καὶ μυριάδες εἰς τὰς μυρίας μυριάδας.
τὸν αὐτὸν δὲ τρόπον καὶ τῶν τρίτων ἀριθμῶν μύριαι μυριάδες   3.
μονὰς καλείσθω τετάρτων ἀριθμῶν, καὶ αἱ τῶν τετάρτων ἀριθμῶν μύριαι μυριάδες μονὰς καλείσθω πέμπτων ἀριθμῶν, καὶ ἀεὶ
οὕτως προαγόντες οἱ ἀριθμοὶ τὰ ὀνόματα ἐχόντων εἰς τὰς μυριακισμυριοστῶν ἀριθμῶν μυρίας μυριάδας. ἀποχρέοντι μὲν οὖν καὶ
ἐπὶ τοσοῦτον οἱ ἀριθμοὶ γινωσκομένοι· ἔξεστι δὲ καὶ ἐπὶ πλέον
προάγειν. ἔστων γὰρ οἱ μὲν νῦν εἰρημένοι ἀριθμοὶ πρώτας περιό-   4.
δου καλουμένοι, ὁ δὲ ἔσχατος ἀριθμὸς τᾶς περιόδου μονὰς καλείσθω δευτέρας περιόδου πρώτων ἀριθμῶν. πάλιν δὲ καὶ αἱ μυ-

---

1. πρῶτον A. 2. ἀριθμῶν om. codd. Bas. R; excidit ante
ς (καί); I, 3. ἀριθμείσθων ego, ἀριθμῶν codd., Bas. R, ἀριθμείσθωσαν WT. τῶν δευτέρων] δευτέρων ἀριθμῶν WT. ἐκ
τᾶν ego, ἑκατόν FACD Bas., αἱ ἀπὸ τῶν BR, ἀπὸ τᾶν WT.
3. καὶ ἑκατοντάδες om. D. εἰς τὰς] ego, ἔσται FAC Bas. R.
ἔστε B, ἐς τὰς WT. 4. μυρίων μυριάδων codd. Bas. R; corr. W.
εἰς τὰς κτλ. usque ad μυριάδες lin. 4 om. D. 5. τῶν τρίτων
ABR. ἀριθμείσθων ego, ἀριθμείσθω codd. Bas., R; ἀριθμείσθωσαν WT. τῶν om. WT. 6. τριῶν Bas. FC. καὶ ἀπὸ] ego,
καὶ αἱ ἀπὸ omnes. τᾶν] τῶν BR. 7. εἰς τὰς] ego; ἔσται
FACD Bas. R; ἔστε B, ἐς τὰς WT. μυρίας] WT, μυρίαι Bas.
RF, μυρίαν ABCD. μυριάδας WT; μυριάδες FACD Bas., μυριάδων ΄BR. 9. ἀριθμῶν] ς͞ FBC, οὖν VAD. 10 ἀεὶ omnes.
11. οὕτω BR. ἐχόντων W ex § 4, T; ἔχοντες cett. Sed
fortasse potius scribendum προαγόντων — ἐχόντες, cfr. p. 188,
4. εἰς τὰς ego, ἔσται codd., Bas. R; ἐς τὰς WT. μυριάκις
μηριοστῶν D. 12. μύριαι μυριάδες codd. Bas. R, corr. W. ἀποχρέοντι cum ABDR, ἀποχρέωντι cett. 13. ἐπὶ τοσοῦτον ego, ἀπὸ
τοσούτων omnes. γιγνωσκόμενοι FBD, sed u. p. 92.
14. πρώτας WT, πρώτης cett. 15. Ante περιόδου uocab. πρώτας
supplent BRWT, fortasse recte.. 1. τῆς AD. πρώτων
ἀριθμῶν usque ad περιόδου lin. 2, quae ob exitum similem

ρίαι μυριάδες τᾶς δευτέρας περιόδου πρώτων ἀριθμῶν μονὰς καλείσθω τᾶς δευτέρας περιόδου δευτέρων ἀριθμῶν. ὁμοίως δὲ καὶ
τούτων ὁ ἔσχατος μονὰς καλείσθω τᾶς δευτέρας περιόδου τρίτων
ἀριθμῶν· καὶ αἰεὶ οὕτως οἱ ἀριθμοὶ προαγόντες τὰ ὀνόματα ἐχόντων τᾶς δευτέρας περιόδου εἰς τὰς μυριακισμυριοστῶν ἀριθμῶν
μυρίας μυριάδας. πάλιν δὲ καὶ ὁ ἔσχατος ἀριθμὸς τᾶς δευτέρας
περιόδου μονὰς καλείσθω τρίτας περιόδου πρώτων ἀριθμῶν, καὶ
αἰεὶ οὕτως προαγόντων εἰς τὰς μυριακισμυριοστᾶς περιόδου μυρια-
5. κισμυριοστῶν ἀριθμῶν μυρίας μυριάδας. τούτων δὲ οὕτως κατω-
νομασμένων, εἴ κα ἐῶντι ἀριθμοὶ ἀπὸ μονάδος ἀνάλογον ἑξῆς
κείμενοι, ὁ δὲ παρὰ τὰν μονάδα δεκὰς ᾖ, ὀκτὼ μὲν αὐτῶν οἱ
πρῶτοι σὺν τᾷ μονάδι τῶν πρώτων καλουμένων ἐσσοῦνται· οἱ δὲ
μετ᾽ αὐτοὺς ἄλλοι ὀκτὼ τῶν δευτέρων καλουμένων, καὶ οἱ ἄλλοι
τὸν αὐτὸν τρόπον τούτοις τῶν συνωνύμων καλουμένων ἐσσοῦνται
τᾷ ἀποστάσει τᾶς ὀκτάδος τῶν ἀριθμῶν ἀπὸ τᾶς πρώτας ὀκτάδος
τῶν ἀριθμῶν. τᾶς μὲν οὖν πρώτας ὀκτάδος τῶν ἀριθμῶν
ὁ ὄγδοός ἐστιν ἀριθμὸς χιλίαι μυριάδες, τᾶς δὲ δευτέρας ὀκτάδος ὁ πρῶτος, ἐπεὶ δεκαπλασίων ἐστὶ τοῦ πρὸ αὐτοῦ,
μυρίαι μυριάδες ἐσσεῖται. οὗτος δέ ἐστι μονὰς τῶν δευτέρων ἀριθ-

---

(περιόδου) in codd. exciderunt, suppl. W. 2. τῶν ante δευτέρων
add. AD. 3. τᾶς suppleui; articulus enim, nisi ubi primum adferuntur haec nomina ab Archimede ficta, non omittitur.
4. ἀεὶ omnes. προαγόντες] προαγόντων? § 3. ἐχόντων] ἐχόντες? § 3. Habet BR. 5. εἰς τὰς ego, ἔσται codd. Bas. R,
ἐς τὰς WT. 6. μυρίαι μυριάδες codd., Bas. R; corr. W. καὶ
om. D. ἀριθμός] καὶ BR. 8. ἀεί omnes. εἰς τὰς ego, ἔσται
codd. Bas. R, ἐς τᾶς T, ἐς τὰς W; et articulus ad μυριάδας,
non ad περιόδου pertinet. 9. μυρίαι μυριάδες codd. Bas. R;
corr. W. οὕτω BR. κατονομασμένων Bas. F? κατωνομασμίων
D. 10. ἐξησκημένοι AD Bas. 11. παρά] αρα C. ᾖ scripsi; ἤ
codd. R, τι Bas., εἴη οἱ WT. μὲν ego; cfr. IV, 3 sq.; εἰεν
codd. R, om. WT. 13. μετὰ τούς C. καλούμενοι codd. Bas.
R; corr. W. 14. τὸν] τῶν corr. in τὸν eadem manu B. τρόπων
A. συνονύμων WT; συνωνύμαν D. 15. τᾷ ego addidi. ἀριθ-
μῶν] ϛϛ πρώτων (corr. in ἀριθμῶν) B. 16. ἀριθμῶν] ϛϛ B
(fort. etiam F, u. coll. Torellii p. 418 ad 326, 3). τᾶς BR,
ἁ FAC Bas., ὁ DWT. ἀριθμῶν] ϛϛ BF? 17. ὁ ὄγδοος ex codd.
cum R; ὁ om. Bas. WT. χλλιαι D. 18. ἐστὶν C. 1. μυριάδες]
χιλιάδες VAD.

μῶν· ὁ δὲ ὄγδοος τᾶς δευτέρας ὀκτάδος ἐστὶ χίλιαι μυριάδες τῶν
δευτέρων ἀριθμῶν. πάλιν δὲ καὶ τᾶς τρίτας ὀκτάδος ὁ πρῶτος,
ἐπεὶ δεκαπλασίων ἐστὶ τοῦ πρὸ ἑυτοῦ, μυρίαι μυριάδες ἐσσεῖται
τῶν δευτέρων ἀριθμῶν. οὗτος δέ ἐστι μονὰς τῶν τρίτων
ἀριθμῶν· φανερὸν δέ, ὅτι καὶ ὑποσαιῶν ὀκτάδες ἐξοῦντι,
ὡς εἴρηται. χρήσιμον δέ ἐστι καὶ τόδε γινωσκόμενον· εἴ κα,   6.
ἀριθμῶν ἀπὸ τᾶς μονάδος ἀνάλογον ἐόντων, πολλαπλασιά-
ζωντί τινες ἀλλάλους τῶν ἐκ τᾶς αὐτᾶς ἀναλογίας, ὁ γενόμενος
ὁμοίως ἐσσεῖται ἐκ τᾶς αὐτᾶς ἀναλογίας, ἀπέχων ἀπὸ μὲν τοῦ
μείζονος τῶν πολλαπλασιαξάντων ἀλλάλους, ὅσους ὁ ἐλάσσων τῶν
πολλαπλασιαξάντων ἀπὸ μονάδος ἀνάλογον ἀπέχει, ἀπὸ δὲ τᾶς
μονάδος ἀφεξεῖ ἑνὶ ἐλάσσονας, ἢ ὅσος ἐστὶν ὁ ἀριθμὸς συναμφοτέρων,
οὓς ἀπέχοντι ἀπὸ μονάδος οἱ πολλαπλασιοξάντες ἀλλάλους. ἔστων γὰρ   7.
ἀριθμοί τινες ἀνάλογον ἀπὸ μονάδος, οἱ Α, Β, Γ, Δ, Ε, Ζ, Η,
θ, Ι, Κ, Λ· μονὰς δὲ ἔστω ὁ Α· καὶ πεπολλαπλασιάσθω ὁ Δ τῷ
θ. ὁ δὲ γενόμενος ἔστω ὁ Χ. λελάφθω δὴ ἐκ τᾶς ἀναλογίας
ὁ Λ, ἀπέχων ἀπὸ τοῦ θ τοσούτους, ὅσους ὁ Δ ἀπὸ μονάδος

---

5. ὅτι] ἐστι FCD, ἐστίν Α, ἐστίν ὅτι BR.   καὶ om. AB?
WT Bas. ὑποσαιοῦν scripsi, πολλαι omnes. ἐξοῦτι Bas.
6. γινωσκόμενον cum C, γιγνωσκόμενον cett. § 1.   7. τᾶς] τῆς BCR.
ἀναλόγων corr. in ἀνάλογον Α.   ἐώντων FC Bas Τ; ἐόντων
susp. RWN.   πολλαπλασιαΐζωντι. ego, πολλαπλασιάζοντες omnes.
8. ὁ γενόμενος WT, ὅταν cett.   9. μὲν τοῦ μείζονος] scripsi ;

μὲν οὖν codd. Bas. R ; μείζονος WT. Confusa M͜ et ͡ζ (= οὖν).

10. πολλασιαξάντων Α, πολλαπλασιαζάντων C.' ἀλλάλους om. AD et
sine dubio etiam V (nam signum n apud Torellium falso ad
lin. 43 (apud nos lin. 8) relatum esse puto). ὁ om. AD.
ἐλάττων omnes.   11. πολλασιοξάντων D (manu post. insertum πλα),
πολλαπλασιαζ. C.   ἀπέχη FBC Bas RWT.   12. ἐλάττονας
omnes (ἐλάττονες D). ὁ ego addidi.   13. οὓς] WT, ὡς cett. ἀπομαδος F. ἀπέχοντι cum AD, ἀπέχωντι cett. πολλαπλασιάσαντες
C. ἔστωσαν BR.   14. ἀπομαδος F, ut supra, neglecto compendio syllabae ον.   15. παραπολλαπλασιάσθω Bas. RWT, confusis
Є et 𝒵 (ἄρα); παῖαπολλασιάσθω C, πολλαπλασιάσθω V?
16. Χ. λελάφθω ego, χλ. εἰλήφθω codd. Bas R, λ del. WT.
ἐκ] ὁ ἐκ WT, ὁ θλ R, ὁ θκ codd.   Post τᾶς WT αὐτᾶς
(C τᾶς), sed cfr. § 8.   17. ὁ Λ] ὁ φλ codd. Bas. R, corr.
W. ὅσας V. ἀπὸ μαδος FAD.

ἀπέχει· δεικτέον, ὅτι ἴσος ἐστὶν ὁ Ẋ τῷ Λ. ἐπεὶ οὖν ἀνάλογον
ἐόντων ἀριθμῶν ἴσους ἀπέχει ὅ τε Δ ἀπὸ τοῦ Α καὶ ὁ Λ ἀπὸ
τοῦ θ, τὸν αὐτὸν ἔχει λόγον ὁ Δ ποτὶ τὸν Α, ὃν ὁ Λ ποτὶ τὸν
θ· πολλαπλασίων δέ ἐστιν ὁ Δ τοῦ Α τῷ Δ· πολλαπλασίων ἄρα
8. ἐστὶ καὶ ὁ Λ τοῦ θ τῷ Δ· ὥστε ἴσος ἐστὶν ὁ Λ τῷ Χ. δῆλον
οὖν, ὅτι ὁ γενόμενος ἐκ τᾶς ἀναλογίας τέ ἐστιν καὶ ἀπὸ τοῦ μείζονος τῶν πολλαπλασιαξάντων ἀλλάλους ἴσους ἀπέχων, ὅσους ὁ
ἐλάσσων ἀπὸ τᾶς μονάδος ἀπέχει· φανερὸν δέ, ὅτι καὶ ἀπὸ μονάδος ἀπέχει ἑνὶ ἐλάσσονας, ἢ ὅσος ἐστὶν ὁ ἀριθμὸς συναμφοτέρων, οὓς ἀπέχοντι ἀπὸ τᾶς μονάδος οἱ Δ, θ. οἱ μὲν γὰρ Α, Β,
Γ, Δ, Ε, Ζ, Η, θ τοσούτοι ἐντί, ὅσους ὁ θ ἀπὸ μονάδος ἀπέχει,
οἱ δὲ Ι, Κ, Λ ἑνὶ ἐλάσσονες, ἢ ὅσους ὁ Δ ἀπὸ μονάδος ἀπέχει·
1. σὺν γὰρ τῷ θ τοσούτοι ἐντί. IV. Τούτων δὲ τῶν μὲν ὑποκειμένων, τῶν δὲ ἀποδεδειγμένων, τὸ προκείμενον δειχθησέται. ἐπεὶ
γὰρ ὑποχεῖται τὰν διάμετρον τᾶς μάκωνος μὴ ἐλάσσονα εἶμεν ἢ
τετρωκοστομόριον δακτύλου, δῆλον, ὡς ἁ σφαῖρα ἁ δακτυλιαίαν
ἔχουσα τὰν διάμετρον οὐ μείζων ἐστὶν ἢ ὥστε χωρεῖν μακώνας
ἑξακισμυρίας καὶ τετρακισχιλίας. τᾶς γὰρ σφαίρας τᾶς ἐχούσας

---

1. ἴσος] ἴσαν Bas., ἴσον A. ἀναλόγων R. 2. ἀριθμῶν
ego. cfr. § 6; ἴσον F? B Bas. R; ἴσων ACDV; om. WT.
ἴσους codd. Bas. R, ἴσον WT. Δ] διὰ D. 3. τὸν αὐτὸν] τὰν αὐτὰν F? A Bas. ὁ Δ] ὁ δὲ D. 5. ἐστὶ] ἐστιν BCR. ἴσος]
ἴσον AD. δῆλον] ν in rasura A. 6. ὁ codd. R; om. WT cum
Bas. Ante ἀναλογίας WT suppl. αὐτᾶς. τέ ἐστιν] τουτέστι
DV, τουτέστιν A; apud Torellium p. 327 littera s in textu
excidit, sed ponenda est ante ἀναλογίας lin. 8. 7. τῶν recepi ex
codd. R, om. Bas. WT. πολυπλασιαξάντων A, πολλαπλασιαζάντων C; cfr. § 6. ἴσους ego, cfr. § 7, ἴσον omnes. 8. ἐλάσ-
σων] scripsi, BC (F?), ἔχων VAD; ἐλάττων Bas. RWT.
9. ἐλάττονας omnes. 10. οἱ Δ, θ. οἱ μὲν γάρ] scripsi; οἵδε
μὲν γάρ οἱ omnes. 12. ἐλάττονες omnes. ἑνὶ] ἐπὶ AC. οἱ δέ
Ι, Κ, Λ usque ad ἀπέχει lin. 12. om. D. 13. τοσούτοις Bas.
Hoc loco in BCD spatium figurae relinquitur, duas fere partes
paginae complectens. Littera u apud Torellium nescio quo
pertineat. 14. ἀποδεδειχμένων corr. in ἀποδεδειγμένων B, cfr.
I, 19. 15. μάκωνος Bas. RF? 16. τετρακοστομόριον BRWT.
δῆλον om. B. σφαῖρα ἁ] ἁ om. omnes. 17. οὐ] οὕτως VAD.

τὰν διάμετρον τετρωκοστομόριον δακτύλου πολλαπλασία ἐστὶ τῷ
εἰρημένῳ ἀριθμῷ. δεδείκται γάρ τοι, ὅτι αἱ σφαίραι τριπλάσιον
λόγον ἔχοντι ποτὶ ἀλλάλας τᾶν διαμέτρων. ἐπεὶ δὲ ὑπόκειται καὶ 2.
τοῦ ψάμμου τὸν ἀριθμὸν τοῦ ἴσον τῷ τᾶς μάκωνος μεγέθει ἔχοντος μέγεθος μὴ μείζονα εἶμεν μυρίων, δῆλον, ὡς, εἰ πληρωθείη
ψάμμου ἁ σφαῖρα ἁ δακτυλιαίαν ἔχουσα τὰν διάμετρον, οὐ μείζων κα εἴη ὁ ἀριθμὸς τοῦ ψάμμου ἢ μυριάκις τὰ ἑξακισμύρια καὶ
τετρακισχίλια· οὗτος δέ ἐστιν ὁ ἀριθμὸς μονάδες τε ϛʹ τῶν δευτέρων ἀριθμῶν καὶ τῶν πρώτων μυριάδες τετρακισχίλιαι. ἐλάσσων
οὖν ἐστιν ἢ ιʹ μονάδες τῶν δευτέρων ἀριθμῶν. ἁ δὲ τῶν ρʹ δακτύλων ἔχουσα τὰν διάμετρον σφαῖρα πολλαπλασία ἐστὶ τᾶς δακτυλιαίαν ἐχούσας τὰν διάμετρον σφαίρας· ταῖς ρʹ μυριάδεσσι διὰ
τὸ τριπλάσιον λόγον ἔχειν ποτ' ἀλλάλας τᾶν διαμέτρων τὰς σφαίρας. εἰ οὖν γένοιτο ἐκ τοῦ ψάμμου σφαῖρα ταλικαύτα τὸ μέγεθος,
ἁλίκα ἐστὶν ἁ σφαῖρα ἁ ἔχουσα τὰν διάμετρον δακτύλων ρʹ,
δῆλον, ὡς ἐλάσσων ἐσσεῖται ὁ τοῦ ψάμμου ἀριθμὸς τοῦ γενομένου ἀριθμοῦ πολλαπλασιασθεισᾶν τᾶν δέκα μονάδων τῶν δευτέρων
ἀριθμῶν ταῖς ρʹ μυριάδεσσιν· ἐπεὶ δὲ τῶν δευτέρων ἀριθμῶν 3.

---

1. τετρακοστομόριον omnes. ἐστίν BDR. 3. ἔχωντι FBC
Bas. WT. ποτ' BR. ἀλλάλαν Bas. τᾶν] τῶν C. διάμετρον
AD. 4. τοῦ ἴσον τῷ scripsi, εἰς τό omnes; εἰς et ἰσʹ facile
confundebantur. μάκονος Bas. ADF? μεγέθει ἔχοντος ego
suppleui; aberratum a μεγέθει ad μέγεθος (pro quo F μεγέθεος). 5. μεῖζον codd. Bas. R, corr. W. μορίων D; III, 1.
6. οὐ] οὕτως VAD. μείζων] μεῖζον codd. Bas. R; corr. W.
7. κα εἴη cum WT, κα ιν FBC Bas. R., lacunam reliquerunt
VAD. ἀριθμὸς] οὖν VAD. 8. ϛʹ] ο: ἕξ; ἀριθμὸς Bas. R, ἀριθμοί AD; etiam in V uidetur esse ἀριθμός; nam litteram a
apud Torellium peruerse positam esse puto. Error ortus est
ex compendio illo uerbi ἀριθμός, de quo dixi ad I, 3. 10. μονάδες A, coni. RW, rec. T; μυριάδες cett. 11. δακτυλιαίας Bas.
12. τὰν] τὸν Bas. F? τῶν VAD. σφαίρας ego, ἔφη FBC Bas.
R, ἐφ' ᾗ VAD, ἐπὶ WT. 13. λόγον om. Bas. ἀλλάλαν Bas.
τᾶν] τήν D. διάμετρον codd. Bas. R, corr. W. 14. τηλικαύτα
codd. R, τηλικαύτη Bas, corr. W. 16. ἐλάσσων cum C, ἐλάττων cett. 17. πολλαπλασσθεισᾶν D, πολλαπλάσθησαν Bas., πολ-
λαπλασθεισαν F? 18. μυριάδεσσιν BD. ἐπεί WT, ἐπὶ cett.

δέκα μονάδες δέκατός ἐστιν ἀριθμὸς ἀπὸ μονάδος ἀνάλογον ἐν
τᾷ τῶν δεκαπλεύρων ὅρων ἀναλογίᾳ, αἱ δὲ ἑκατὸν μυριάδες ἕβδομος ἀπὸ μονάδος ἐκ τᾶς αὐτᾶς ἀναλογίας, δῆλον, ὡς ὁ γενόμενος ἀριθμὸς ἐσσεῖται τῶν ἐκ τᾶς αὐτᾶς ἀναλογίας ἑκκαιδέκατος
ἀπὸ μονάδος. δεδείκται γάρ, ὅτι ἑνὶ ἐλάσσονας ἀπέχει ἀπὸ τᾶς
μονάδος, ἢ ὅσος ἐστὶν ὁ ἀριθμὸς συναμφοτέρων, οὓς ἀπέχοντι
ἀπὸ μονάδος οἱ πολλαπλασιαξάντες ἀλλάλους. τῶν δὲ ἑκκαίδεκα
τούτων ὀκτὼ μὲν οἱ πρῶτοι σὺν τᾷ μονάδι τῶν πρώτων καλουμένων ἐντί, οἱ δὲ μετὰ τούτους ὀκτὼ 'τῶν δευτέρων· καὶ ὁ ἔσχα-
τός ἐστιν αὐτῶν χιλίαι μυριάδες τῶν δευτέρων ἀριθμῶν. φανερὸν
οὖν, ὅτι τοῦ ψάμμου τὸ πλῆθος τοῦ μέγεθος ἔχοντος ἴσον τᾷ
σφαίρᾳ τᾷ τὰν διάμετρον ρ´ δακτύλων ἐχούσᾳ ἔλασσόν ἐστιν ἢ
4. χιλίαι μυριάδες τῶν δευτέρων ἀριθμῶν. πάλιν δὲ καὶ ἁ σφαῖρα
ἁ τῶν μυρίων δακτύλων ἔχουσα τὰν διάμετρ ν πολλαπλασία ἐστὶ
τᾶς ἐχούσας τὰν διάμετρον ρ´ δακτύλων ταῖς ρ´ μυριάδεσσι. εἰ
οὖν γένοιτο ἐκ τοῦ ψάμμου σφαῖρα ταλικαῦτα τὸ μέγεθος, ἁλίκα
ἐστὶν ἁ ἔχουσα σφαῖρα τὰν διάμετρον μυρίων δακτύλων, δῆλον,

2. τᾷ WT, τε cett. δεκαπλεύρων bene defendit N; δεκα-
πλῶν, forma quoque ab Archimede aliena, WT. ὅρων] ὁ ρ C.
ἀνάλογον codd. Bas. R. corr. W. 3. δῆλον, ὡς usque ad ἀναλογίας lin. 4 om. C. 4. ἀριθμός] scripsi; cfr. § 6; 7; 8; 9;
10; ἐκτὸς FABR, ἐκ τᾶς D, ὅρος WT; ς male legerunt, quasi
esset numerus ordinalis. 5 δεδείκται γὰρ usque ad μονάδος
lin. 6 om. B. ἑν'] RWT, ἓν cett. ἀπέχει, quod ego hoc
loco inserui, post μονάδος habent WT; om. codd. Bas. R;
facilius excidit ante ἀπὸ. 6. ἢ ὅσος cum WT; cfr. III, 6;
ἅσσος AV (huc enim referenda littera h); ασσος F Bas. ᾷ
ὅσος BR, αοσος CD. ὁ ἀριθμός WT, ἐλάττων codd. Bas. R;
confusa sunt compendia. συναμφοτέρων WT, σύναμφο δε
FB Bas. R, συνάμφω δέ C; συναμφότερα δέ ADV. ἀπέχοντι
ex ABDR; ἀπέχωντι cett. 7. πολλαπλασιάσαντες C; III. 6.
8. τᾷ] WT, τῇ cett. 10. τῶν cum WT; om. cett. δευτέρων
om. Bas. φανερὸν οὖν et sequ. usque ad ἀριθμῶν lin 13 om.
VAD. 11. μέγεθες Bas. 12. τᾷ] WT, τᾷ τε cett. ἐχούσῃ
codd. Bas. R; corr. W. ἔλασσον ego, ἐλάττων codd. Bas. R,
ἔλαττον WT. 14. ἐστὶ om. Bas. WT; ἐστιν C. 15. μυριάδεσιν AD. μυριάδεσι C. 16. γέννοιτο A. 17. μυρίων FVBCDR, prob.
WN; μυριάδων Bas. AWT.

ὡς ἐλάσσων ἐσσεῖται ὁ τοῦ ψάμμου ἀριθμὸς τοῦ γενομένου πολλαπλασιασθεισᾶν τᾶν χιλιᾶν μυριάδων τῶν δευτέρων ἀριθμῶν ταῖς
ρ΄ μυριάδεσσιν. ἐπεὶ δ᾽ αἱ μὲν τῶν δευτέρων ἀριθμῶν χιλίαι μυριάδες ἑκκαιδέκατός ἐστιν ἀριθμὸς ἀπὸ μονάδος ἀνάλογον, αἱ δὲ
ρ΄ μυριάδες ἕβδομος ἀπὸ μονάδος ἐν τᾷ αὐτᾷ ἀναλογίᾳ, δῆλον,
ὡς ὁ γενόμενος ἐσσεῖται δυοκαιεικοστὸς τῶν ἐκ τᾶς αὐτᾶς ἀναλογίας ἀπὸ μονάδος. τῶν δὲ δύο καὶ εἴκοσι τούτων ὀκτὼ μὲν οἱ   5.
πρῶτοι σὺν τᾷ μονάδι τῶν πρώτων καλουμένων ἐντί, ὀκτὼ δὲ οἱ
μετὰ τούτους τῶν δευτέρων καλουμένων. οἱ δὲ λοιποὶ ἓξ τῶν τρίτων καλουμένων. καὶ ὁ ἔσχατος αὐτῶν ἐστι δέκα μυριάδες τῶν
τρίτων ἀριθμῶν. φανερὸν οὖν, ὅτι τὸ τοῦ ψάμμου πλῆθος τοῦ μέγεθος ἔχοντος ἴσον τᾷ σφαίρᾳ τᾷ τὰν διάμετρον ἐχούσᾳ μυρίων
δακτύλων ἔλασσόν ἐστιν ἢ ι΄ μυριάδες τῶν τρίτων ἀριθμῶν. καὶ
ἐπεὶ ἐλάσσων ἐστὶν ἁ σταδιαίαν ἔχουσα τὰν διάμετρον σφαῖρα
τᾶς σφαίρας τᾶς ἐχούσας τὰν διάμετρον μυρίων δακτύλων, δῆλον.
ὅτι καὶ τὸ τοῦ ψάμμου πλῆθος τοῦ μέγεθος ἔχοντος ἴσον τᾷ
σφαίρᾳ τᾷ τὰν διάμετρον ἐχούσᾳ σταδιαίαν ἔλασσόν ἐστιν ἢ ι΄
μυριάδες τῶν τρίτων ἀριθμῶν. πάλιν δὲ ἁ σφαῖρα ἁ ἔχουσα τὰν   6.
διάμετρον ρ΄ σταδίων πολλαπλασίων ἐστὶ τᾶς σφαίρας τᾶς ἐχούσας τὰν διάμετρον σταδιαίαν ταῖς ρ΄ μυριάδεσσιν. εἰ οὖν γένοιτο
ἐκ τοῦ ψάμμου σφαῖρα ταλικαύτα τὸ μέγεθος, ἁλίκα ἐστὶν ἁ
ἔχουσα τὰν διάμετρον ρ΄ σταδίων, δῆλον, ὅτι ἐλάσσων ἐσσεῖται

---

1. πολλαπλασθεισᾶν, sed manu post. corr. B.   2. τᾶν χι-
λιᾶν] τάν χιαν Bas., τᾶν χιλίων BR.   3. ρ΄] ἑκατὸν BR.   μυριάδεσιν ACD.   ἐπειδ᾽ Bas., ἐπεὶ δὲ C.   4. ἀνάλογον αἱ WT,
ἀναλογίαι codd. R;   significans — ον legerunt ι;   ἀναλογίας
Bas.   5. αὐτῇ FACD Bas.   8. ἐντὶ] ἐστί Bas.   9. μετὰ τούτους ego, cfr. § 6;   μετὰ τοὺς codd. Bas. R;   μετ᾽ αὐτούς WT.
τῶν suppleui, om. omnes.   ἓξ cum WT, ἐκ cett.   τριῶν
FACD Bas.   11. τρίτων supra scriptum ead. man. B.   μεγέθους FACD Bas.   12. τᾷ τὰν] τᾷ om. Bas. WT.   13. ἐλάσσων BR (sed. corr. ipse).   τῶν suppleui; cfr. tamen lin. 9;
p. 192, 10.   15. ἐχούσης Bas.   16. μεγέθεος Bas.   17. ἐχούσαν
D.   18. δὲ ego, cfr. § 4; 7; 8;   δὴ omnes   ἡ σφαῖρα B.
ἁ ἔχουσα] ά om D.   19. ρ΄] ἑκατὸν BR. § 4.   20. μυριάδεσιν ACD,
μυριάδεσσι BR.   21. ἁλίκα] ἁλίξα A.   ά WT, om. cett.

ὁ τοῦ ψάμμου ἀριθμὸς τοῦ γενομένου ἀριθμοῦ πολλαπλασιασθεισᾶν τᾶν δέκα μυριάδων τῶν τρίτων ἀριθμῶν ταῖς ρ΄ μυριάδεσσιν.
καὶ ἐπεὶ αἱ μὲν τῶν τρίτων ἀριθμῶν δέκα μυριάδες δυοκαιεικο-
στός ἐστιν ἀπὸ μονάδος ἀνάλογον, αἱ δὲ ρ΄ μυριάδες ἕβδομος ἀπὸ
μονάδος ἐκ τᾶς αὐτᾶς ἀναλογίας. δῆλον, ὡς ὁ γενόμενος ἐσσεῖται
ὀκτωκαιεικοστὸς ἐκ τᾶς αὐτᾶς ἀναλογίας ἀπὸ μονάδος. τῶν δὲ
ὀκτὼ καὶ εἴκοσι τούτων ὀκτὼ μὲν οἱ πρῶτοι, σὺν τᾷ μονάδι τῶν
πρώτων καλουμένων ἐντί, οἱ δὲ μετὰ τούτους ἄλλοι ὀκτὼ τῶν
δευτέρων, καὶ οἱ μετὰ τούτους ὀκτὼ τῶν τρίτων, οἱ δὲ λοιποὶ
τέσσαρες τῶν τετάρτων καλουμένων, καὶ ὁ ἔσχατος αὐτῶν ἐστι
χιλίαι μονάδες τῶν τετάρτων ἀριθμῶν. φανερὸν οὖν, ὅτι τὸ τοῦ
ψάμμου πλῆθος τοῦ μέγεθος ἔχοντος ἴσον τᾷ σφαίρᾳ τᾷ τὰν διάμετρον ἐχούσᾳ σταδίων ρ΄ ἔλασσόν ἐστιν ἢ χιλίαι μονάδες τῶν
7. τετάρτων ἀριθμῶν. πάλιν δὲ ἁ σφαῖρα ἁ ἔχουσα τὰν διάμετρον
μυρίων σταδίων πολλαπλασία ἐστὶ τᾶς σφαίρας τᾶς ἐχούσας τὰν
διάμετρον σταδίων ρ΄ ταῖς ρ΄ μυριάδεσσιν· εἰ οὖν γένοιτο ἐκ τοῦ
ψάμμου σφαῖρα ταλικαύτα τὸ μέγεθος. ἁλίκα ἐστὶν ἁ σφαῖρα ἁ
ἔχουσα τὰν διάμετρον σταδίων μυρίων, δῆλον. ὅτι ἔλασσον ἐσσεῖται τὸ τοῦ ψάμμου πλῆθος τοῦ γενομένου ἀριθμοῦ πολλαπλασιασθεισᾶν τᾶν χιλιᾶν μονάδων τῶν τετάρτων ἀριθμῶν ταῖς ρ΄
μυριάδεσσιν. ἐπεὶ δὲ αἱ μὲν τῶν τετάρτων ἀριθμῶν χιλίαι μονάδες ὀκτωκαιεικοστός ἐστιν ἀπὸ μονάδος ἀνάλογον, αἱ δὲ ἑκατὸν
μυριάδες ἕβδομος ἀπὸ μονάδος ἐκ τᾶς αὐτᾶς ἀναλογίας. δῆλον.
ὅτι ὁ γενόμενος ἐσσεῖται ἐκ τᾶς αὐτᾶς ἀναλογίας τέταρτος καὶ
τριακοστὸς ἀπὸ μονάδος. τῶν δὲ τεσσάρων καὶ τριάκοντα τούτων
ὀκτὼ μὲν οἱ πρῶτοι σὺν τᾷ μονάδι τῶν πρώτων καλουμένων

---

1. ψάμμον A. 2. τῶν suppleui; u. tamen ad p. 193, 13.
μυριάδεσι BCD, μυριάδεσσι cett. 3. καὶ ἐπεὶ ad μυριάδες om
AD et V (habet μυριάδες?). 6. ὀκτωκαιεικοστός C. 10. τέτ-
ταρες C. 11. μονάδες] μυριάδες Bas. τὸ om. R. 12. μεγέθεος Bas. 13. μονάδες] μυριάδες C. τῶν] τῶν δὲ Bas. 14. πάλιν δή omnes 16. μυριάδεσιν ACD, μυριάδεσσι BR. ἐκ] τὸ
ἐκ C. 18. διαμέτρων AD. ἐλάσσων Bas. R et B (sed corr.
ead. manu). 19. πολλαπλασιασθεισῶν τῶν VAD 20. χιλίων
AD. 21. μυριάδεσιν ACD. ϑ΄ αἱ ABCD. ὀὲ R. 22. ἀπομαδος
F; III, 7. ὀὲ] ϑ΄ ABCD. 25. τριάκοντα A. sed corr.

ἐντί, οἱ δὲ μετὰ τούτους ὀκτὼ τῶν δευτέρων, καὶ οἱ μετὰ τού
τους ἄλλοι ὀκτὼ τῶν τρίτων, καὶ οἱ μετὰ τούτους ὀκτὼ τῶν τε
τάρτων. οἱ δὲ λοιποὶ δύο τῶν πέμπτων καλουμένων ἐσσοῦνται·
καὶ ὁ ἔσχατος αὐτῶν ἐστι δέκα μονάδες τῶν πέμπτων ἀριθμῶν.
δῆλον οὖν, ὅτι τὸ τοῦ ψάμμου πλῆθος τοῦ μέγεθος ἔχοντος ἴσον
τᾷ σφαίρᾳ τᾷ τὰν διάμετρον ἐχούσᾳ σταδίων μυρίων ἔλασσον
ἐσσεῖται ἢ ι′ μονάδες τῶν πέμπτων ἀριθμῶν. πάλιν δὲ ἁ σφαῖρα 8.
ἁ ἔχουσα τὰν διάμετρον σταδίων ρ′ μυριάδων πολλαπλασία ἐστὶ
τᾶς σφαίρας τᾶς τὰν διάμετρον ἐχούσας σταδίων μυρίων ταῖς ρ′
μυριάδεσσιν. εἰ οὖν γένοιτο ἐκ τοῦ ψάμμου σφαῖρα ταλικαύτα τὸ
μέγεθος, ἁλίκα ἐστὶν ἁ σφαῖρα ἁ ἔχουσα τὰν διάμετρον σταδίων
ρ′ μυριάδων, δῆλον, ὡς ἐλάσσων ἐσσεῖται ὁ τοῦ ψάμμου ἀριθ
μός· τοῦ γενομένου ἀριθμοῦ πολλαπλασιασθεισᾶν τᾶν δέκα μονά
δων τῶν πέμπτων ἀριθμῶν ταῖς ρ′ μυριάδεσσιν. καὶ ἐπεὶ αἱ μὲν
τῶν πέμπτων ἀριθμῶν δέκα μονάδες τέταρτός ἐστι καὶ τριακο
στὸς ἀπὸ μονάδος ἀνάλογον. αἱ δὲ ρ′ μυριάδες ἕβδομος ἀπὸ μο
νάδος ἐκ τᾶς αὐτᾶς ἀναλογίας, δῆλον, ὅτι ὁ γενόμενος ἐκ τᾶς
αὐτᾶς ἀναλογίας ἐσσεῖται τετρωκοστὸς ἀπὸ μονάδος. τῶν δὲ τε
τρώκοντα τούτων ὀκτὼ μὲν οἱ πρῶτοι σὺν τᾷ μονάδι τῶν πρώ
των καλουμένων ἐντί. οἱ δὲ μετὰ τούτους ἄλλοι ὀκτὼ τῶν δευτέ
ρων, καὶ οἱ μετὰ τούτους ἄλλοι ὀκτὼ τῶν τρίτων, οἱ δὲ μετὰ
τοὺς τρίτους ὀκτὼ τῶν τετάρτων, οἱ δὲ μετὰ τούτους ὀκτὼ τῶν

---

2. οἱ ἄλλοι codd. R; sed uix ferri potest οἱ; om. Bas.
WT. 4. μονάδων FACD Bas. τᾶν A. 5. μεγέθους F? AD Bas.
6. ἐλάσσων F? CD Bas. R (sed corr. ipse). 7. δὴ omnes.
ἁ σφαῖρα] αἱ σφ. D. 8. μυράδων cum Bas. WT; μυριάδες
AR; μυριάδας cett. 9. τᾶς alterum ego addidi. 10. μυριάδεσιν AD.
τὸ μέγεθος om. Bas. WT; recepi ex codd. R, prob. N.
11. ἁ alt. om C. 12. δήλων, sed corr. in δῆλον A. 13. πολλαπλασια
σθεισῶν τῶν VAD. δέκα] δὲ Bas. μονάδας D. 14. ρ′] ἑκα
τὸν BR. μυριάσιν FC Bas., μυριάδεσι, δε expunctis, D, μυ
ριάσι cett. ἐπεὶ] ἀπεὶ A. 18. τετρακοστός RWT. τετρώκοντα
ego, τεσσαράκοντα cett. 19. τῇ Bas. F? 20. καλουμένων]
καμένων ·F (sed corr.) C Bas. τούτους recepi ex WT; fortasse retinendum erat ταῦτα (sic codd. Bas. R).

13*

πέμπτων καλουμένων· καὶ ὁ ἔσχατος αὐτῶν ἐστι χιλίαι μυριάδες
τῶν πέμπτων ἀριθμῶν. φανερὸν οὖν, ὅτι τοῦ ψάμμου τὸ πλῆθος
τοῦ μέγεθος ἔχοντος ἴσον τᾷ· σφαίρᾳ τᾷ τὰν διάμετρον ἐχούσᾳ
σταδίων ρ΄ μυριάδων ἔλασσόν ἐστιν ἢ χιλίαι μυριάδες τῶν πέμπ-
9. των ἀριθμῶν. ἁ δὲ τὰν διάμετρον ἔχουσα σφαῖρα σταδίων μυριᾶν μυριάδων πολλαπλασίων ἐστὶ τᾶς σφαίρας τᾶς ἐχούσας τὰν
διάμετρον σταδίων ρ΄ μυριάδων ταῖς ρ΄ μυριάδεσσιν. εἰ δὴ γένοιτο ἐκ τοῦ ψάμμου σφαῖρα ταλικαύτα τὸ μέγεθος, ἁλίκα ἐστὶν
ἁ σφαῖρα ἁ ἔχουσα τὰν διάμετρον σταδίων μυριᾶν μυριάδων, φανερόν, ὅτι ἔλασσον ἐσσεῖται τὸ τοῦ ψάμμου πλῆθος τοῦ γενομένου ἀριθμοῦ πολλαπλασιασθεισᾶν τᾶν χιλιᾶν μυριάδων τῶν πέμπτων ἀριθμῶν ταῖς ρ΄ μυριάδεσσιν. ἐπεὶ δ᾽ αἱ μὲν τῶν πέμπτων
ἀριθμῶν χιλίαι μυριάδες τετρωκοστύς ἐστιν ἀπὸ μονάδος ἀνάλογον, αἱ δὲ ρ΄ μυριάδες ἕβδομος ἀπὸ μονάδος ἐκ τᾶς αὐτᾶς ἀναλογίας, δῆλον, ὡς ὁ γενόμενος ἐσσεῖται ἐκτὸς καὶ τετρωκοστὸς
ἀπὸ μονάδος·. τῶν δὲ τετρώκοντα καὶ ἐξ τούτων ὀκτὼ μὲν ο
πρώτοι σὺν τᾷ μονάδι τῶν πρώτων καλουμένων ἐντί, ὀκτὼ δὲ
οἱ μετὰ τούτους τῶν δευτέρων, καὶ οἱ μετὰ τούτους ἄλλοι ὀκτὼ
τῶν τρίτων, οἱ δὲ μετὰ τοὺς τρίτους ἄλλοι ὀκτὼ τῶν τετάρτων,
καὶ οἱ μετὰ τοὺς τετάρτους ὀκτὼ τῶν πέμπτων, οἱ δὲ λοιποὶ

---

1. χιλίαι om. VAD. 3. ἴσον τᾷ] ἴσον μετὰ D. ˙ 4. μυριάδες codd. Bas. R; corr. W. ἐλάσσων F? BC Bas. R (corr. in
annot.), ἔλα A · in fine lin. 5. σφαῖρα] σφαίρας F (sed corr.)
ACD. μυριᾶν WT, μυρίας cett. 6. μυριάδων] μυριάδας BR.
7. ρ΄] ἑκατὸν bis BR; altero loco om. D. μυριάδεσιν ACD.
δή] ego, δὲ codd. Bas. R; οὖν WT. 9. μυριᾶν WT, μυρίας
cett. μυριάδων] μυριάδας B. σφανερόν D. 10. ἐλάσσων Bas. F?
R (sed corr.). 11. πολλαπλάσιον FAC Bas., πολλαπλασίων D.
τᾶν χιλιᾶν] FBCRWT, χιλιᾶν Bas., τῶν χιλίων ADV. 12. ταῖς
ρ΄ μυριάδεσσιν usque ad ἀριθμῶν lin. 13 om. VAD. μυριάδεσσιν ego, μυριάσι BR, μυριάσιν cett. 13. τετρακοστός omnes.
μονάδος ἀνάλογον] νομάδος D. 14. ρ΄ om. D. ἐκ τᾶς αὐτᾶς
et sequ. ad ἀπὸ μονάδος lin. 16 om. C. 15. τετρακοστός omnes.
16. τεσσαράκοντα omnes. ὀκτὼ μέν] WT, οἱ μὲν ὀκτὼ BR,
εἶμεν cett.; scriptum erat η΄ (= ὀκτώ) μὲν. 18. μετὰ τούτους]
cum ACDV, μετὰ τούς F? BR Bas., μετ᾽ αὐτοὺς WT; § 5.

ἐξ τῶν ἔκτων καλουμένων ἐντί· καὶ ὁ ἔσχατος αὐτῶν ἐστι ι μυριάδες τῶν ἔκτων ἀριθμῶν. φανερὸν οὖν, ὅτι τὸ τοῦ ψάμμου
πλῆθος τοῦ μέγεθος ἔχοντος ἴσον τᾷ σφαίρᾳ τᾷ τὰν διάμετρον
ἐχούσᾳ σταδίων μυριάδων μυριᾶν ἔλασσόν ἐστιν ἢ ι μυριάδες
τῶν ἔκτων ἀριθμῶν. ἁ δὲ τὰν διάμετρον ἔχουσα σφαῖρα σταδίων   10.
μυριάκις μυριάδων ρ´ πολλαπλασία ἐστὶ τᾶς σφαίρας τᾶς ἐχούσας
τὰν διάμετρον σταδίων μυριάδων μυριᾶν ταῖς ρ´ μυριάδεσσιν. εἰ
οὖν γένοιτο ἐκ τοῦ ψάμμου σφαῖρα ταλικαύτα τὸ μέγεθος, ἁλίκα
ἐστὶν ἁ σφαῖρα ἁ ἔχουσα τὰν διάμετρον σταδίων μυριάκις μυριάδων ρ´, φανερόν, ὅτι τὸ τοῦ ψάμμου πλῆθος ἔλασσον ἐσσεῖται
τοῦ γενομένου ἀριθμοῦ πολλαπλασιασθεισᾶν τᾶν ι μυριάδων τῶν
ἔκτων ἀριθμῶν ταῖς ρ´ μυριάδεσσιν. ἐπεὶ δ᾽ αἱ μὲν τῶν ἔκτων
ἀριθμῶν δέκα μυριάδες ἕκτος καὶ τετρωκοστός ἐστιν ἀπὸ μονάδος ἀνάλογον, αἱ δὲ ρ´ μυριάδες ἕβδομος ἀπὸ μονάδος ἐκ τᾶς αὐτᾶς ἀναλογίας, δῆλον, ὅτι ὁ γενόμενος ἐσσεῖται δυοκαιπεντακοστὸς ἀπὸ
μονάδος ἐκ τᾶς αὐτᾶς ἀναλογίας· τῶν δὲ δύο καὶ πεντήκοντα
τούτων οἱ μὲν ὀκτὼ καὶ τετρώκοντα σὺν τᾷ μονάδι οἵ τε πρῶτοι
καλουμένοι ἐντὶ καὶ οἱ δεύτεροι καὶ τρίτοι καὶ τετάρτοι καὶ πέμπ-
τοι καὶ ἕκτοι. οἱ δὲ λοιποὶ τέσσαρες τῶν ἑβδόμων καλουμένων

---

1. ἐξ τῶν ἔκτων] WT, τῶν ἐκ τῶν Bas. F? AD, τῶν ἐκ
τῶν ἔκτων C, τῶν ἐξ τῶν ἔκτων B, τῶν ἔκτων R. αὐτός ACD.
μυριάδες] WT, μοιριάδων F; I, 8; μυριάδων cett. 3. μεγέθεος Bas. 4. μυριάδων μυριᾶν] ego; cfr. supra et § 10;
μυριάκις μυριάδων μυρίων codd Bas. R (μυριάκις μυριάδων μυριάδων C); μυριάκις μυρίων WT. ἐλάσσων codd. Bas. R (corr.
in ann.; quèm secuti sunt WT). 5. ἔκτων] ἐκ τῶν Bas. ἐχούσας
AD. 7. μυριάδων ego, μυριάδας FACD Bas., μυριάκις BRWT.
μυριᾶν] ego, μυρίας FACD Bas., μυρίων BRWT; sed cfr. § 9.
ταῖς ρ´ μυριάδεσσιν] ταῖς μυριάσιν D, ταῖς ρ´ μυριάσιν A, ταῖς
ρ´ μυριάδεσιν C. 8. τηλικαύτα D. 9. ἐστὶν ἁ] ἐστὶ τὰ D.
10. ρ´ om. Bas. τὸ om. C. ἔλαττον AD. 11. πολλαπλασίων
FACD Bas. μυριάδαν ACD. 12. ταῖς] WT, τᾶν FBC Bas.
R, τῶν ADV. μυριάδεσσιν] WT; μυριάδες FACD Bas. R,
μυριαδ. B. τῶν ἔκτων] τῶν ἀριθμῶν ἔκτων D, τῶν ἀριθμῶν
τῶν ἔκτων BR (qui om. sequens ἀριθμῶν); cfr. § 3. 13. τεσσαρακοστός omnes. 15. δῆλον] δῆλον οὖν AD. πεντηκοστός
ABCDR. ἀπὸ μονάδος om. C. 17. τεσσαράκοντα omnes.

ἐντί, καὶ ὁ ἔσχατος αὐτῶν ἐστι χιλίαι μονάδες τῶν ἑβδόμων
ἀριθμῶν. φανερὸν οὖν, ὅτι τοῦ ψάμμου τὸ πλῆθος τοῦ μέγεθος
ἔχοντος ἴσον τᾷ σφαίρᾳ τᾷ τὰν διάμετρον ἐχούσᾳ σταδίων μυριάκις μυριάδων ρ΄ ἔλασσόν ἐστιν ἢ ,α μονάδες τῶν ἑβδόμων
11. ἀριθμῶν. ἐπεὶ οὖν ἐδείχθη ἁ τοῦ κόσμου διάμετρος ἐλάσσων
ἐοῦσα σταδίων μυριάκις μυριάδων ρ΄, δῆλον, ὅτι καὶ τοῦ ψάμμου
τὸ πλῆθος τοῦ μέγεθος ἔχοντος ἴσον τῷ κόσμῳ ἔλασσόν ἐστιν ἢ
,α μονάδες τῶν ἑβδόμων ἀριθμῶν. ὅτι μὲν οὖν ὁμοίως τὸ τοῦ
ψάμμου πλῆθος τοῦ μέγεθος ἔχοντος ἴσον τῷ ὑπὸ τῶν πλείστων
ἀστρολόγων καλουμένῳ κόσμῳ ἔλασσόν ἐστιν ἢ ,α μονάδες τῶν
ἑβδόμων ἀριθμῶν, δεδείκται· ὅτι δὲ καὶ τὸ πλῆθος τοῦ ψάμμου
τοῦ μέγεθος ἔχοντος ἴσον τᾷ σφαίρᾳ ταλικαύτᾳ, ἁλίκαν Ἀρίσταρχος ὑποτιθέται τὰν τῶν ἀπλανέων ἄστρων σφαῖραν εἶμεν. ἔλασσόν ἐστιν ἢ ,α μυριάδες τῶν ὀγδόων ἀριθμῶν, δειχθησέται.
12. ἐπεὶ γὰρ ὑποκείται τὰν γᾶν τὸν αὐτὸν ἔχειν λόγον ποτὶ τὸν ὑφ᾽
ἁμῶν εἰρημένον κόσμον, ὃν ἔχει λόγον ὁ εἰρημένος κόσμος ποτὶ
τὰν τῶν ἀπλανέων ἄστρων σφαῖραν, ἃν Ἀρίσταρχος ὑποτιθέται,
καὶ αἱ διάμετροι τᾶν σφαιρᾶν τὸν αὐτὸν ἔχοντι λόγον ποτὶ ἀλλά-
λας· ἁ δὲ τοῦ κόσμου διάμετρος τᾶς διαμέτρου τᾶς γᾶς δεδείκται ἐλάσσων ἐοῦσα ἢ μυριοπλασίων· δῆλον οὖν, ὅτι καὶ ἁ διάμετρος τᾶς τῶν ἀπλανέων ἄστρων σφαίρας ἐλάσσων ἐστὶν ἢ μυριοπλασίων τᾶς διαμέτρου τοῦ κόσμου. ἐπεὶ δὲ αἱ σφαῖραι τριπλάσιον λόγον ἔχοντι ποτ᾽ ἀλλάλας τᾶν διαμέτρων. φανερόν, ὅτι ἁ

3. ἴσα Bas. τὰν] τὸν FC Bas., τῶν ˙ D. 4. ἐλάσσων
F? BCR (corr. in annot.). ,α] χίλιαι VAD. 5. In B mg. adscriptum μυρίων. 7. τοῦ μέγεθος om. D. ἐλάσσων, sed corr.
R. 8. ,α] χίλιαι AD. τῶν] τᾶν D. οὖν ego; II, 3; om. cett.;
in codd. lacuna relinquitur. ὁμοίως] ἐόντως? I, 18 9. τῷ]
τὸ Bas. F? 10. ἀστρολόγων] ἀποστόλων D. ,α] χίλιαι AD.
13. ἐλάσσων F? CD Bas. R (sed corr.˙. 14. ἐστι Bas. ,α]
χίλιαι AD 16. εἰρημένων A. 17. ἂν om. DV. 18. τῶν
σφαιρῶν AD. ἔχωντι C. ποτὶ ἀλλάλας WT, ποτ᾽ ἀλλάλας
BR, ποτ᾽ ἄλλας cett. 20. ἐοῦσα] οὖσα V. μυριοπλασίων cum
WT, μυριοπλασίαν FB Bas., μυριοπλασία ABDR. 22. τᾶς
om. D. ἐπειδή codd. Bas. R, corr. W. 23. ἔχωντι C.
ἀλλάλαν Bas.

τῶν ἀπλανέων ἄστρων σφαίρα, ἂν Ἀρίσταρχος ὑποτιθέται, ἐλάσσων ἐστὶν ἢ μυριάκις μυρίαις μυριάδεσσι πολλαπλασίων τοῦ κόσμου. δεδείκται δέ, ὅτι τὸ τοῦ ψάμμου πλῆθος τοῦ μέγεθος ἔχον-   13.
τος ἴσον τῷ κόσμῳ ἔλασσόν ἐστιν ἢ ,α μονάδες τῶν ἑβδόμων
ἀριθμῶν· δῆλον οὖν. ὅτι, εἰ γένοιτο ἐκ τοῦ ψάμμου σφαῖρα ταλικαύτα τὸ μέγεθος, ἁλίκαν ὁ Ἀρίσταρχος ὑποτιθέται τὰν τῶν
ἀπλανέων ἄστρων σφαῖραν 'εἶμεν, ἐλάσσων ἐσσεῖται ὁ τοῦ ψάμμου ἀριθμὸς τοῦ γενομένου ἀριθμοῦ πολλαπλασιασθεισᾶν τᾶν χιλιᾶν μονάδων ταῖς μυριάκις μυρίαις μυριάδεσσι. καὶ ἐπεὶ αἱ μὲν
τῶν ἑβδόμων ,α μονάδες δυοκαιπεντακοστός ἐστιν ἀπὸ μονάδος
ἀνάλογον, αἱ δὲ μυριάκις μυρίαι μυριάδες τρισκαιδέκατος ἀπὸ μονάδος ἐκ τᾶς αὐτᾶς ἀναλογίας, δῆλον. ὅτι ὁ γενόμενος ἐσσεῖται
τέταρτος καὶ ἑξηκοστὸς ἀπὸ μονάδος ἐκ τᾶς αὐτᾶς ἀναλογίας·
οὗτος δέ ἐστι τῶν ὀγδόων ὄγδοος. ὃς κα εἴη χιλίαι μυριάδες τῶν
ὀγδόων ἀριθμῶν. φανερὸν τοίνυν, ὅτι τοῦ ψάμμου τὸ πλῆθος τοῦ
μέγεθος ἔχοντός ἴσον τᾷ τῶν ἀπλανέων ἄστρων σφαίρα, ἂν Ἀρίσταρχος ὑποτιθέται, ἔλασσόν ἐστιν ἢ ,α μυριάδες τῶν ὀγδόων
ἀριθμῶν. ταῦτα δέ, βασιλεῦ Γέλων. τοῖς μὲν πολλοῖς καὶ μὴ κε-   14.
κοινωνηκότεσσι τῶν μαθημάτων οὐκ εὔπιστα φανήσειν ὑπολαμ-
βάνω. 'τοῖς δὲ μεταλελαβηκότεσσι καὶ περὶ τῶν ἀποστημάτων καὶ

---

1. ἂν om. VAD; in mgg. AD est ⩘ ; cfr. p. 198, 17.
ἐλάττων omnes. 2. μυρίαις ego ; om. FBD Bas. R, μυριάδων
AC, et sic coni. RWT. μυριάδεσι AD. 3. δὲ] γὰρ Bas. ὅτι scripsi
cum R (in annot.) om. omnes. 4. ἔλασσον B mg., RWT,
ἐλάσσων cett. ,α] χίλιαι AD. 7. εἶμεν om. C. 8. πολλαπλασιασθεισᾶν BRWT, πολλαπλασίαν cett. χιλιᾶν RWT, χιλίαν B.
χιλίων cett. 9. μονάδων om. R. Post hoc uerbum WT supplent
(sicut iam in B factum est) τῶν ἑβδόμων ἀριθμῶν; sed uix
opus est. μυρίαις] μυρίες A. μυριάδεσι AD, μυριάδεσσιν C.
10. Post ἑβδόμων a BRWT insertum ἀριθμῶν; non opus est. ,α]
χίλιαι AD, λ´ R. μονάδες] μυριάδες C. 11. αἱ WT, om. cett.
14. ὃς κα εἴη χιλίαι] scripsi; καὶ πεντα χίλιαι F Bas., καὶ πεντα-
κισχίλιαι VABCDR, καὶ χίλιαι WT; pro εἴη legerunt ε´.
15. τοίνυν] οὖν C. 16. τᾷ WT. om. cett. 17. ἐλάσσων ABDR.
,α] χίλιαι ABDR. 18. κεκοινωκηκότεσσι B, sed corr. 19. ὑπο-
λαμβάμβανω D.

τῶν μεγεθέων τᾶς τε γᾶς καὶ τοῦ ἀλίου καὶ τᾶς σελήνας καὶ
τοῦ ὅλου κόσμου πεφροντικότεσσι πιστὰ διὰ τὰν ἀπόδειξιν ἐσσεί-
σθαι. διόπερ ᾤηθην, ὡς καὶ τὶν οὐκ ἀνάρμοστον εἴη-ἔτι ἐπιθεωρῆσαι ταῦτα.

2. τὰν] τήν C. ἐσσείσθαι] ἐσσειαθαι A, ἐσσεῖται DR.
3. ᾤηθων D. ὡς καὶ] ὡς ego addidi; facile excidit ante καὶ;
cfr. Bast. Comm. palæogr. p. 781. τὶν Gomperz; τινάς omnes.
ἂν ἄρμον VAD. εἴη ἔτι] εἶμεν Gomperz. ἐπιθεώρηται Bas.
In fine: Ἀρχιμήδους ψαμμίτης FBC.

Notae.

Quid hoc libello Archimedes sibi proposuerit, ipse statim in initio (I, 1—3) declarat; demonstrare uoluit seriem numerorum infinitam esse nec ullam fingi posse multitudinem, quae numeris denominari non posset. Quod arenae potissimum numerum sumpsit, id ea de causa factum est, quod prouerbium tritum erat, arenam innumerabilem esse (Pindar. Olymp. II, 98 : ψάμμος ἀριθμὸν περιπέφευγεν; cfr. ἄμμον μετρεῖν, ἐπὶ τῶν ἀδυνάτων. Paroemiogr. Gr. p. 11 ed. Gaisf.; Diogenian. II, 27 p. 167; Zenob. I, 80 p. 250). Male igitur Libri (Hist. des sc. math. en Italie II p. 295): „A. a écrit, comme on sait, un traité intitulé l'Arenaire, qui n' a d' autre but que de simplifier la numération des Grecs". Nam quae Archimedes de numeris ingentibus denominandis adtulit, minime primum locum obtinent, sed demonstrationi inseruiunt. Et hoc intellexerunt multi (Chasles: Eclaircissements sur le traité de numero arenae. Comptes rend. de l' acad. des sc. 1842. XIV p. 547—59; Cantor: Mathem. Beitr. p. 149 sq.). Sed idem Libri recte ex hoc libro concludere mihi uidetur, Archimedi saltem eam numerandi rationem, qua nunc utimur, notam non fuisse. Hac enim perspecta per se intellegitur, numerum denominari posse qualibet multitudine maiorem, nec, ut id demonstretur, longis illis ambagibus opus est.

I, 1. βασιλεῦ Γέλων] IV, 14; Gelo, Hieronis filius, a patre in partem regni receptus, etiam a Diodoro (XXVI, 24) rex uocatur.

τοῦ ψάμμου] ψάμμος in hoc libello semper gen. mascul.
est, quod uix alibı occurrit.

3. Ζεύξιππον] ignotus est; fuit amicus Archimedis, qui ad
eum, ut ad Cononem et Dositheum, librum quendam misit,
cui nomen erat Ἀρχαί; § 7; III, 1,

4. διότι] 1. q. ὅτι; II, 3; cfr. supra p. 150.

Ἀρίσταρχος δὲ κτλ.] hinc concludendum esse uidetur,
Aristarchum, Archimedis aequalem, librum edidisse, qui ὑπο-
θέσεις inscriptus esset. Ibi coniecturam illam ab aliis quoque
scriptoribus commemoratam (uelut a Plutarcho De luna 6;
Quaest. Platon. VIII, 1) proposuerat, terram circum solem
circumuolui (§ 5).

5. ὅς ἐστιν ἐν μέσῳ κτλ.] ὅς refertur ad τὸν ἅλιον. In
libro illo Aristarchus dixerat, circulum, quo terra moueretur,
ad astrorum distantiam eam rationem habere, quam centrum
sphaerae ad superficiem. Sed quoniam centrum punctum sit,
οὗ μέρος οὐδέν (Euclid. I def. 1), Archimedes suspicatur, eum
hoc dicere uoluisse, terram ad mundum illam rationem habere,
cum terra quasi centrum sit mundi. Sed ueri simile est, Aristarchum hoc tantum significasse, distantiam astrorum tam
immensam esse, ut circulus, quo terra feratur, ad eam com-
paratus puncti locum obtineat. Alioquin non dixisset: τὸν
κύκλον, καθ᾽ ὃν ἁ γᾶ περιφερέται, sed, ut Archimedes ipse
infra loquitur: τὰν σφαῖραν, ἐν ᾇ ἐστιν ὁ κύκλος κτλ. Cfr.
Aristarch. De dist. lun. et sol. thes. 2: τὴν γῆν σημείου τε
καὶ κέντρου λόγον ἔχειν πρὸς τὴν τῆς σελήνης σφαῖραν; Ptolemaeus σύντ. II, 5 p. 74: καὶ ἐπεὶ ὅλη ἡ γῆ σημείου τε καὶ
κέντρου λόγον ἔχει πρὸς τὴν τοῦ ἡλίου σφαῖραν. Quare putandum est, Archimedem sententiam Aristarchi non intellexisse;
sed hoc ad propositum eius nihil refert.

8. ὡς λ΄ μυριάδων σταδίων] significatur sine dubio Eratosthenes, qui circuitum terrae ducenta quinquaginta duo millia stadiorum esse proposuerat (Bernhardy: Eratosth. p. 57
sq.). Hinc cum satis adpareat, Archimedem ipsum de ambitu
terrae quaestionem non iniisse, putandum est, Martianum Ca-

pellam VIII, 858 huc spectare: „ab Eratosthene ,Archimedeque persuasum, in circuitu terrae esse CCCCVI millia stadiorum et decem stadia"; sed numerus ab eo positus peruersus est; uerum ipse praebet VI, 596.

δεκαπλασίων] Archimedes numeros uero longe maiores sumit, quia demonstrationem suam ab omni parte certam esse uult; cfr. § 9; II, 4.

9. Εὐδόξου μὲν κτλ.] neque de Eudoxi dimensione diametri solis neque de Phidia Acupatroque quidquam nobis notum est.

10. Ἀριστάρχου δέ] De distant. prop. 9: ἡ τοῦ ἡλίου διάμετρος τῆς διαμέτρου τῆς σελήνης μείζων μέν ἐστιν ἢ σθ΄, ἐλάσσων δὲ ἢ κ΄.

Ἀριστάρχου μὲν εἰρηκότος κτλ.] hoc fortasse in libro illo ὑποθέσεων dixerat; nam in libro de distantiis de solis diametro - nihil habet, de luna falso tradit, diametrum eius esse ¹/₁₈₀ Zodiaci (thes. 6: τὴν σελήνην ὑποτείνειν ὑπὸ πεντεκαιδέκατον μέρος ζῳδίου). Inuentor est scaphii, quo in dimetienda solis diametro utebantur astrologi (Macrob. in Somn. Scip. I, 20). Cfr. Schaubach: Gesch. d. Astron. p. 418 sq.

φαινόμενον] de participio apud εἴρηκα cfr. Eurip. Alcest. 1012; Iphig. Aul. 802.

11. πλεονάκις τοιούτων ἐμπεφανισμένων] de mechanicis ad subtilitatem mathematicae parum aptis et Plato (Plutarch. Sympos. VIII, 2, 1; Marcell. 14) et Archimedes ipse (u. supra p. 8) saepe disputauerant.

ἅτις] = ἅ (ἥ); § 22; περὶ ἰσορρ. II, 10 p. 57,₂₂.

12. De hac Archimedis methodo cfr. Riualtus p. 474; Commandinus Annot. fol. 60.

ἐν ᾧ ἄρξατο] ἐν ᾧ idem esse uidetur, quod ἐν ᾧ, sicut Latine dicitur: qua pro: ubi.

13. ἐπεὶ δ' αἱ ὄψιες κτλ.] quia hoc loco agitur de inueniendo angulo minore, quam quanta adparet diametros solis, cum angulus repertus maior sit uero, quia oculi non ab uno puncto spectant, sumenda est magnitudo quaedam non minor oculo.

Quod in altero angulo inueniendo non opus est, quia ibi (§ 15) angulus non minor diametro quaeritur.

ἁ οὖν περιεχομένα ὑπὸ κτλ.] de hoc uerborum ordine apud Archimedem usitatissimo cfr. § 15; 18; 22; u. praeterea p. 42,5 (ed. Torell.); 88,3; 89,4; 92,6; 117,2; 218 extr.; 223,15; 231,3; 236,2; 258,22; 29; 266,6; 282,10; 19; 287,18; 23.

14 προτιθένται] apud Archimedem etiam apud subiecta neutri gen. pluralıs numerus ponitur, uelut p 34,6; 39,20; 40,1; 41,11; 257, 7; 9; 11; 259; 268,23; 279,2; 286,1; 292,21; 299,9; 307,11; 14; 308,19; 309 3; 313,3₀.

16. ἁ ἐν στίγῳ] στίγυς uel στίγον nusquam alibi legitur; sed deriuatum esse potest a uerbo στίζειν; cfr. στιγεύς, στίγμη. Significat: punctum; ἁ ἐν (τῷ) στίγῳ γωνία ea est, cuius uertex est punctum ın extrema amussi positum; opponitur ἁ ἐλάσσων γωνία, cuius uertex extra amussim cadit, quia in ea ınuenıenda usurpati sunt cylindruli illi (§ 13).

18. ὥστε ἁ γωνία ἁ περιεχομένα κτλ.] ∠ ΛΙΞ ⤳ ΜΘΟ ex Euclid. Opt. 24.

19. δεδειγμένον] κύκλ. μετρ. 3.

ἐλάσσων ἁ περίμετρος] περὶ σφαίρ. καὶ κυλ. I, 1.

20 ἰσᾶν γὰρ ἐουσᾶν κτλ.] ɔ. Θ.ΙΦ ⇆ ΘΚΡ ex Euclıd. Elem. I, 26.

21. Proposıtıonem memorabilem, trigonometrıam spectantem, quam hoc loco Archımedes demonstratione non addita usurpat, sic demonstrat Commandinus fol. 62: sint (fig. 7) abc, gbc trianguli rectanguli, et gh = ab; ducatur deinde hi ⌐ ac, et circumscribantur circuli circum abc, ghi. Erit igitur

$$\frac{\angle hgi}{\angle bac} = \frac{\text{arc. } hi}{\text{arc. } bc} \text{ (Eucl. Elem. VI, 33) ɔ:} > \frac{hi}{bc} \text{(Ptolem. σύντ.}$$

I p. 34 ed. Halma) $= \frac{hg}{bg}$; quare $\frac{\angle bgc}{\angle bac} > \frac{ab}{bg}$ Praeterea

(fig. 8) sint abc, ade trianguli rectanguli, et de = bc; ducatur circum centrum n et cum radio ag circulus ıgh. Erit igitur

$$\frac{\text{sector } afg}{\text{sector } agh} < \frac{\text{sect. } afg}{\triangle age} < \frac{\triangle adg}{\triangle age}; \text{ sed } \frac{\text{sect. } afg}{\text{sect. } agh} = \frac{\angle dag}{\angle gae}$$

205

(Eucl. VI, 33 πόρισμα), et $\dfrac{adg}{nge} = \dfrac{dg}{ge}$ (Eucl. VI, 1) $\mathfrak{o} : \dfrac{\angle\, dag}{\angle\, gae}$

$< \dfrac{dg}{ge}$; unde $\dfrac{\angle\, dae}{\angle\, gae} < \dfrac{de}{ge}$; sed $\dfrac{de}{ge} = \dfrac{bc}{ge} = \dfrac{ac}{ae}$; quare

$\dfrac{\angle\, dae}{\angle\, gae} < \dfrac{ac}{ae}$.

II, 1. δῆλον, ὡς] § 3; IV, 1; 2; 3 4; 6; 8; 9; p. 282,17; 21; 283,20; 288,10; 293,7; 307,9, alibi.

2. δεδείκται γάρ] cfr. Fucl. IV, 5 πόρισμα.

3. διὰ τὸ παντὸς κύκλου] κύκλ. μέτρ. 3.

4. αἱ κε' μακώνες] cfr. Kaestner: Gesch. der Mathem. II p. 746.

III, 1-5. De numerândi ratione hoc loco proposita u. supra p. 59.

2. ἔστων καλουμένοι] § 4; cfr. p 39,46: ἐσσούνται διαιρέοντα; p. 111,26 : ἔστω ἔχων; p. 241,4: ἔστω γεγενημένος; p. 242,12: ἔστω γεγραμμένα; p. 280,16 : ἔστω ἐπιψαῦον.

6-8. De propositionibus hic adlatis u. supra p. 58.

IV, 1. δεδείκται γάρ] Eucl. XII, 18.

3. ἐν τᾷ τῶν δεκαπλεύρων ὅρων ἀναλογίᾳ] haec Nizzius sic explicat p. 291 : ὅρος est terminus proportionis (Eucl. V def. 9), πλευρά latus siue radix (Eucl. VIII, 11; 12). Itaque in proportione 1 : a : a² : a³ ... πλευρὰ τῶν ὅρων est a. Recte igitur proportio 1 : 10 · 10² : 10³ ... uocatur ἡ τῶν δεκαπλεύρων ὅρων ἀναλογία· In hac explicatione hoc tamen offendit, quod δεκάπλευρος alibi significat: decem latera habens, non : cuius latus est decem.

5. ἐλάσσων ἁ σταδιαίαν κτλ.] stadium enim est dactylorum nouem millia sexcenti (Heron. defin. 131).

11. ἐδείχθη] cap. II, 3—4.

12. τριπλάσιον λόγον ἔχοντι] Eucl. XII, 18.

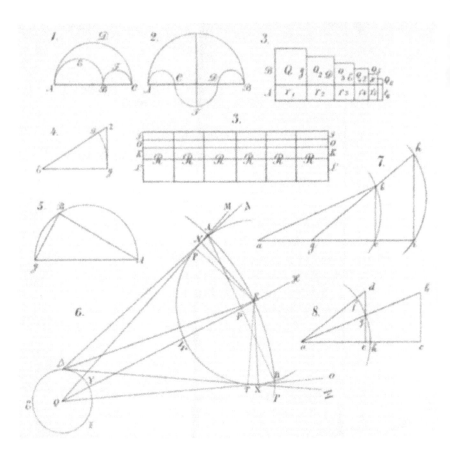

The material originally positioned here is too large for reproduction in this reissue. A PDF can be downloaded from the web address given on page iv of this book, by clicking on 'Resources Available'.

Milton Keynes UK
Ingram Content Group UK Ltd.
UKHW032319161024
449665UK00001B/49